环境与生态学术研究丛书

硫自养反硝化脱氮技术及其反应过程模拟方法

阳 妍 傅慧敏 王建辉 著

西南交通大学出版社
·成都·

图书在版编目（CIP）数据

硫自养反硝化脱氮技术及其反应过程模拟方法 / 阳妍，傅慧敏，王建辉著. -- 成都：西南交通大学出版社，2024. 8. -- ISBN 978-7-5774-0006-8

Ⅰ. X703.1

中国国家版本馆 CIP 数据核字第 20243049PR 号

Liuziyang Fanxiaohua Tuodan Jishu ji qi Fanying Guocheng Moni Fangfa
硫自养反硝化脱氮技术及其反应过程模拟方法

阳　妍　傅慧敏　王建辉　著

策 划 编 辑	李芳芳　李华宇
责 任 编 辑	李华宇
封 面 设 计	墨创文化
出 版 发 行	西南交通大学出版社
	（四川省成都市金牛区二环路北一段 111 号
	西南交通大学创新大厦 21 楼）
营销部电话	028-87600564　028-87600533
邮 政 编 码	610031
网　　　址	http://www.xnjdcbs.com
印　　　刷	成都蜀通印务有限责任公司
成 品 尺 寸	185 mm × 260 mm
印　　　张	10.5
字　　　数	249 千
版　　　次	2024 年 8 月第 1 版
印　　　次	2024 年 8 月第 1 次
书　　　号	ISBN 978-7-5774-0006-8
定　　　价	62.00 元

图书如有印装质量问题　本社负责退换
版权所有　盗版必究　举报电话：028-87600562

前言

随着"双碳"目标的提出,我国生态文明建设进入了以降碳为重点战略方向的关键时期。污水处理是排列前十的高碳排放行业。碳排放除了直接来源于污水和污泥处理产生的 CO_2、CH_4、N_2O 外,更大程度间接来源于污水污泥处理过程消耗的燃油、电力、药剂等。全国城镇污水实际处理量呈逐年递增的趋势,同时污水处理厂提标改造会进一步增加处理能耗,因此污水处理行业面临着"减污"和"降碳"双重压力。绿色低碳是新时期城镇污水处理行业发展的必然方向,亟须开发新型绿色低碳污水处理技术,协同推进污水处理全过程污染物削减与温室气体减排。

我国 70%以上的污水处理厂面临着碳源不足的问题(进水 COD/N 小于 6),严重制约了异养反硝化环节的脱氮效率。投加外部有机碳源来保障硝酸盐的去除率是目前常用的解决方案,但这一措施不仅会增加水处理能耗,不适当的投加还可能引发二次污染和增加 N_2O 排放。硫自养反硝化是促进低碳氮比污水深度脱氮的绿色低碳工艺。还原态的无机硫替代有机碳源成为反硝化菌的电子供体,不仅可以获得更高的脱氮速率、更低的污泥产率及更少的温室气体排放,无机硫还可取材于工业废水、废渣,实现"以废治废"。在"双碳"背景下,硫自养反硝化成为污水处理减污降碳协同增效的一个研究热点。然而,硫自养反硝化脱氮代谢过程复杂增加了其工艺调控的难度。一方面,硫元素的价态很多,低价态无机硫被硫细菌氧化进行自养反硝化过程中会产生多种价态的中间产物;同时,硫细菌能以不同的反应速率继续利用不同价态的中间产物进行自养反硝化。另一方面,固体无机硫和可溶性无机硫在不同反应系统中的动力学存在巨大差异。对此,本书在系统总结了国内外研究进展的基础上,结合作者对多种无机硫自养反硝化脱氮的最新研究成果,力图厘清不同无机硫在自养反硝化过程中的氧化途径、限速步骤、动力学特征;并建立适用于不同场景的数学模型,对不同无机硫驱动的自养反硝化物质代谢动力学和电子传递途径进行量化分析,为硫自养反硝化脱氮技术的工程化应用提供理论指导和技术支撑。

本书共分为5章，系统介绍了4种常见无机硫化合物驱动的自养反硝化脱氮基础理论、工艺发展及反应过程模拟方法。第1章概述了传统生物脱氮技术和新型生物脱氮技术的基本原理、微生物学基础以及研究方向；简要介绍了自然界中硫循环与氮循环耦合的微生物学基础及相关水处理工艺。第2章详述了硫化物自养反硝化脱氮技术的硫化物氧化途径、脱氮影响因素、工艺发展，以及其在活性污泥系统与生物膜系统中的反应过程模型构建方法。第3章详细介绍了不同途径生成的单质硫的物化性质、单质硫的氧化途径，并结合最新的研究成果介绍了单质硫自养脱氮工艺的影响因素、工艺发展与应用，以及其在活性污泥系统与生物膜系统中的反应过程模型构建方法。第4章详述了硫代硫酸盐作为自养反硝化电子供体的氧化途径、脱氮影响因素、工艺发展；针对硫代硫酸盐氧化途径的复杂性，开发了硫代硫酸盐自养反硝化电子竞争模型和硫代硫酸盐自养半程反硝化耦合厌氧氨氧化模型。第5章简要介绍了硫铁化合物的分类及其物化性质，详述了硫铁化合物的化学氧化途径和生物氧化途径、脱氮影响因素、以硫铁矿为核心的工艺发展，在阐明硫铁矿自养反硝化动力学的基础上进一步开发了生物炭-硫铁矿改良生物滞留设施雨水水质模型。

本书第2、4、5章由阳妍负责撰写，第1章和第3章由傅慧敏负责撰写，王建辉主要对全书的结构、内容进行完善和补充。感谢本课题组黎冀星、白继春等研究生参与资料收集、文献梳理等工作。此外，"山地城市水环境保护与治理"重庆市高校创新研究团队的许多研究生参与了本书的部分相关研究工作，在此一并表示感谢。对本书引用的参考文献作者谨表谢忱。

本书的相关研究工作得到了国家自然科学基金面上项目"生物滞留设施硫协同处理城市降雨径流的脱氮代谢途径"（51878094）、科技部创新人才推进计划项目（2017RA2251）的资助。同时，本书还获得了重庆工商大学智能制造服务国际科技合作基地提供的学术著作出版基金资助。

由于作者水平有限，书中难免有疏漏和不足之处，敬请广大读者批评指正。

作　者
2024年5月于重庆

目录

第1章 生物脱氮技术理论基础 ········· 001
- 1.1 氮素污染现状 ········· 001
- 1.2 脱氮技术概述 ········· 001
- 1.3 传统的生物脱氮技术 ········· 002
- 1.4 新型生物脱氮技术 ········· 006
- 1.5 硫循环与氮循环的耦合 ········· 017
- 参考文献 ········· 025

第2章 硫化物自养反硝化脱氮技术 ········· 036
- 2.1 硫化物氧化途径 ········· 036
- 2.2 硫化物自养脱氮影响因素 ········· 037
- 2.3 硫化物自养脱氮工艺发展 ········· 040
- 2.4 硫化物自养脱氮模拟方法 ········· 042
- 参考文献 ········· 062

第3章 单质硫自养反硝化脱氮技术 ········· 066
- 3.1 单质硫的分类 ········· 066
- 3.2 单质硫氧化途径 ········· 074
- 3.3 单质硫自养脱氮影响因素 ········· 075
- 3.4 单质硫自养脱氮工艺发展 ········· 077
- 3.5 单质硫自养脱氮模拟方法 ········· 080
- 参考文献 ········· 092

第4章 硫代硫酸盐自养反硝化脱氮技术 ········· 103
- 4.1 硫代硫酸盐氧化途径 ········· 103
- 4.2 硫代硫酸盐自养脱氮影响因素 ········· 104
- 4.3 硫代硫酸盐自养脱氮工艺发展 ········· 106
- 4.4 硫代硫酸盐自养脱氮模拟方法 ········· 112
- 参考文献 ········· 129

第 5 章　硫铁化合物自养反硝化脱氮技术 ························ 132
　5.1　硫铁化合物的分类 ······································ 132
　5.2　硫铁化合物的氧化途径 ·································· 134
　5.3　硫铁化合物自养脱氮影响因素 ···························· 138
　5.4　硫铁矿自养脱氮工艺发展 ································ 141
　5.5　硫铁矿自养脱氮模拟方法 ································ 146
参考文献 ·· 155

第1章 生物脱氮技术理论基础

1.1 氮素污染现状

关于水体氮污染,国际研究始于较早时期。自20世纪60年代起,美国、欧洲等地区便已识别出由硝态氮引起的水环境问题。到了20世纪70年代,水体氮污染研究迅速成为水环境科学领域的焦点之一,众多研究相继展开[1-7]。特别是,美国墨西哥湾及切萨皮克湾区域的水体长期遭受富营养化的影响,这一现象严重破坏了当地水生态系统的健康。进一步研究发现,自1950年以来大量使用的氮肥是导致该地区水体氮污染的主要原因。美国长岛地区的水体,由于长期接纳农业、居民生活及工业活动排放的大量氮,氮含量超标,进而引发氮污染问题。数据表明,在美国受污染的湖泊和河流中,分别有约67%和53%是因氮污染导致。在Georgetown(乔治敦)、Pontiac(庞蒂亚克)和Decatur(迪凯特)等地的供水湖中,检测到湖水中的硝态氮含量超过了饮用水标准[3-5]。西欧一些国家由于工业发展,其地表水中硝态氮浓度高达 40~50 mgN/L,成为地中海和黑海等重要海域的主要污染源。根据英国环境机构20年的监测数据,德文特河中硝态氮浓度自1988年以来呈现显著上升趋势[5-7]。在非洲,对东非Victoria(维多利亚)湖的研究表明,流入湖中的氮约94%来源于大气沉积和土壤淋溶。此外,南非城市聚集区水体中硝态氮的最高浓度可达 779 mg/L[8,9]。

水体氮污染已成为我国突出的环境问题之一。超半数江河氮素输入量过高,Cui等人的研究指出,从1910年至2010年,我国人为氮输入量从 9 TgNyr^{-1} 激增至 56 TgNyr^{-1},导致大量氮通过降雨径流进入水体造成污染[10]。Tong等通过营养盐质量平衡模型发现,在黄河流域,氮排放占较大比例,黄河水体遭受严重氮污染。长江流域同样面临问题[11],Liu等对长江流域1900—2010年氮负荷量模拟评估显示,氮负荷量急剧增加,对上海周边河流和长江入海口生态造成严重影响。钱塘江杭州段硝态氮浓度在1991—2001年逐年上升,氨氮浓度经常超标[12-14]。我国许多湖泊和水库显示不同程度富营养化,2018年评估结果显示69.6%水库处于中营养状态,30.4%水库处于富营养状态。2018年调查显示三峡水库支流香溪河和神农溪,总氮浓度超五类水质标准。太湖、巢湖等地农业活动导致氮污染区域高达60%,农业总氮排放占46.52%。松嫩平原地下水硝态氮浓度最高可达 566.2 mg/L,约60%区域超《生活饮用水卫生标准》[15-21]。总体而言,全球水体普遍存在氮污染,若氮浓度持续上升,将威胁水生生物和人类用水安全。因此,开展防治研究对于解决水体氮污染问题至关重要。

1.2 脱氮技术概述

在目前的水处理技术中,脱氮方法主要分为物理化学法和生物法。物理化学脱氮技术主要涵盖了吸附技术、离子交换技术以及化学还原技术[22-35]。

吸附技术通过利用吸附剂的多孔结构和较大的表面积，以物理或化学方式去除水中的硝酸盐氮（NO_3^--N）。典型的吸附剂包括活性炭、沸石、粉煤灰、多孔有机聚合物和纳米复合材料等。例如，通过将活性炭与锆（Zr）和十六烷基三甲基溴化铵（CTAC）结合改性，可提升其对NO_3^--N的吸附能力，尽管水中的其他阴离子可能会干扰NO_3^--N的去除效果。通过硫酸改性沸石，当硫酸浓度为3%、处理时间为2 h、温度为60 ℃时，沸石的吸附性能最佳，NO_3^--N的去除率可达68.62%。利用氯化镧改性粉煤灰时，镧离子浓度为0.5%、pH为9、吸附时间为30 min时，对NO_3^--N的去除率可高达86.41%。废弃枯叶通过特定方法改性后，可制备成季胺基改性材料，对NO_3^--N的去除率可达98.31%。

离子交换技术依靠具有离子交换能力的材料（如离子交换膜、离子交换纤维和离子交换树脂）与水中的NO_3^--N发生交换，从而实现氮的去除。使用不同等级的阴离子交换树脂可以有效去除工业废水中的NO_3^--N和SO_4^{2-}。结合苯乙烯系强碱性阴离子交换树脂与渗透反应墙（PRB）技术，可在pH为6时，最有效地吸附NO_3^--N，其吸附量可达133.60 mg/g，而吸附量与水中盐浓度呈反比关系。NDP-5和D213阴离子交换树脂对废水中NO_3^--N的去除研究表明，D213树脂的去除效果优于NDP-5。

化学还原法通过使用易于氧化的金属或化合物，将NO_3^--N还原成N_2等气态物质，从而达到脱氮目的。利用表面积为0.49 m^2/g的铁粉，可通过FeO提供的电子实现地下水中NO_3^--N的去除。电催化氧化还原系统中，采用铁板作为阴极和Ti/RuO_2电极作为阳极的连续流反应器，在电流密度7.5 mA·cm^{-2}和水力停留时间为3 h的条件下，NO_3^--N的去除率可达89%。钯和石墨烯复合膜碳纸（Pd/rGO/C）电极在阴极电压降至-1.0 V时，对NO_3^--N的去除效果最佳，1.5 min反应体系中NO_3^--N的去除率为98.6%。

物理化学方法脱氮效率高，适应性强，可控性好，但往往操作成本高，过程复杂，不适用于大规模使用，存在二次污染的风险，因此污水处理厂大多选用生物方法达到脱氮的目的。

1.3 传统的生物脱氮技术

1.3.1 传统的生物脱氮技术原理

传统的生物脱氮技术以硝化-反硝化为技术核心，即通过微生物的作用在好氧段将氨氮氧化为硝酸盐，然后在厌氧段将硝酸盐还原为氮气的过程[36-38]。

硝化反应是氨氮在氨氧化细菌（Ammonia-Oxidizing Bacteria, AOB）或氨氧化古菌（Ammonia Oxidizing Archaea, AOA）的作用下以氧气为电子受体在氨单加氧酶（Ammonia monooxygenase, Amo）作用下将氨氮转化为NH_2OH，再在羟胺氧化还原酶（Hydroxylamine oxidoreductase, Hao）作用下转化为NO_2^--N；随后在亚硝酸盐氧化菌（Nitrite-Oxidizing Bacteria, NOB）的亚硝酸盐氧化还原酶（nitrite oxidoreductase, NXR）作用下将NO_2^--N进一步转化为NO_3^--N[39-41]。在废水处理厂中，氨氧化主要由AOB而非AOA主导。AOB和NOB都是好氧化能自养菌。但AOB的生长速度快，世代周期短，较NOB更能适应环境变化和冲击负荷。在硝化过程中 AOB 和 NOB 共存并在物质利用上存在密切的联系[42,43]。一方面，AOB 产生的亚硝酸盐是 NOB 利用的底物，从能量利用上其紧密的物理缔合利于其生长代谢；另一方面，NOB 能防止亚硝酸盐的积累或形成有毒副产物（如 NO）来帮助 AOB 抵御亚硝盐的毒性。16S rRNA 分析发现 NOB 和 AOB 属于变形菌门（Proteobacteria）的两个独立谱系，两者的生理特性存在一些差异：一是生长代谢存在区别，AOB 的生长速度大于 NOB；二是环境因素影响两者生态位分配，在较高温度下 AOB 的性能优于 NOB，NOB 对存在游离氨等更利于 AOB 生长且会抑制 NOB 的活性的环境因素更敏感[43-44]。溶解氧浓度可能是 NOB 生态位分配的另一个重要环境因素。NOB 在没有氧存在的情况下，亚硝酸盐氧化还原酶可以将硝酸盐还原为亚硝酸盐，其对氧限制的敏感性比 AOB 高，在氧气浓度为 0.5 mg/L 时亚硝酸盐氧化被完全抑制。此外，硝化过程对酸碱环境十分敏感，硝化反应最优时的 pH 范围为 7.5~8.0。由于硝化过程是消耗碱度产酸的过程，会造成系统内 pH 的下降。因此，需要保证反应系统碱度的充足，避免反应后 pH 降低引起的反应抑制[45]。

反硝化反应是在反硝化菌作用下利用硝化反应生成的 NO_x^--N（NO_3^--N 或 NO_2^--N）实现 NO_3^--N → NO_2^--N → NO → N_2O → N_2 的转化。硝酸盐通过周质硝酸还原酶（Nap）或细胞质硝酸还原酶（Nar）还原为亚硝酸盐。亚硝酸盐通过亚硝酸还原酶（Nir）还原为一氧化氮，一氧化氮还原酶（Nor）将一氧化氮还原为一氧化二氮。最终，一氧化二氮还原酶（Nos）将一氧化二氮还原为 N_2。有些反硝化菌含有以上所有途径的基因，部分反硝化菌只含其中一个或多个步骤的基因，说明存在多种反硝化微生物协同完成反硝化[37,38]。

目前，发现的反硝化菌有兼性化能自养型、异养型、自养型。传统生物脱氮中反硝化菌是兼性化能自养型或异养型，在缺氧环境下以有机物碳源作为电子供体将 NO_x^--N 转化成氮气实现氮的去除，而溶解氧存在时反硝化菌优先利用溶解氧，且溶解氧会抑制反硝化酶的合成，从而影响了硝态氮的去除[38]。此外，反硝化菌能利用 NO_x^--N 进行合成代谢生成 NO_4^+-N，以供其自身细胞生长。废水中通常含有大量的有机污染物，因此异养反硝化也是目前应用最为广泛的废水生物脱氮方法，可通过多种工艺及组合工艺的形式出现，如 A/O、AAO、氧化沟、膜生物反应器（MBR）、序批式活性污泥反应器（SBR）、连续搅拌槽（CSTR）、生物转盘、生物滤池、膨胀颗粒污泥床（EGSB）等[39]。

然而，传统生物脱氮过程中硝化过程需提供氧气，而反硝化过程更适宜在缺氧条件下进行；反硝化顺利完成需要有机物碳源作为电子供体，而大量有机物存在的情况下会使硝化菌与异养菌竞争氧气等营养物质时处于劣势地位；实现传统生物脱氮的氨氧化菌、亚硝化菌和反硝化菌的世代周期不同。这些矛盾影响了传统生物脱氮的效果。此外，还存在工艺流程长、占地多、常需外加碳源、能耗大、成本高等缺点，无法契合当前国家的"双碳"目标[39]。

1.3.2 传统的生物脱氮微生物

1. 氨氧化细菌（AOB）

AOB 由俄罗斯科学家 Winogradsy 首次分离获得，并被证明是一类能够在好氧条件下将 NH_3 氧化为 NO_2^- 的化能无机自养型细菌。早期关于 AOB 的研究依赖于分离培养，根据其细胞形态及细胞膜的排列方式将其分类到变形菌纲下的五个属中：属于β亚纲的 *Nitrosomonas*、*Nitrosospira*、*Nitrosovibrio* 和 *Nitrosolobus* 以及属于γ亚纲的 *Nitrosococcus*。随着分子生物学发展[41-45]，基于16S rRNA基因序列同源性的比较分析为AOB的分类提供了新的方法，研究发现虽然 *Nitrosospira*、*Nitrosolobus* 和 *Nitrosovibrio* 这三个属在细胞形态方面存在差异，但16S rRNA基因序列同源性较高，故将这三个属合并为一个属，统称为 *Nitrosospira*。因此，目前基于16S rRNA基因序列的系统发育分析将AOB分为三个属，分别是变形菌门β亚纲的 *Nitrosomonas* 属和 *Nitrosospira* 属，以及γ亚纲的 *Nitrosococcus* 属。也有部分研究根据amoA基因来对AOB进行分类，但是得到的结果与基于16S rRNA基因序列的分析结果大致相同。属于变形菌门β亚纲的 AOB 广泛分布于土壤和淡水生态系统中，而目前已发现的γ亚纲的氨氧化细菌主要来自海洋或盐湖，后来也有研究发现其在牧场草地土壤中也有较高占比[45,46]。

在AOB中，NH_3分子首先在Amo酶的作用下被氧化为NH_2OH，然后NH_2OH再在Hao酶的作用下被氧化NO_2^--N。然而，最近有科学家提出Hao的产物是一氧化氮而不是亚硝酸盐，然后一氧化氮再通过非生物或未知酶催化为亚硝酸盐。这一发现推翻了数十年来所认为的Hao将羟胺直接氧化为亚硝酸盐的理论，并提出了鉴定这种未知酶的新挑战。因此，NH_3在AOB中的氧化途径应该是：NH_3分子首先在Amo酶的作用下被氧化为NH_2OH，然后NH_2OH被Hao氧化为NO，最后NO被一种未识别的酶氧化为NO_2^--N[46]，如图1.1所示。

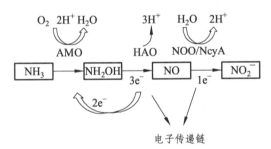

图1.1 AOB的氨化反应及其电子传递过程

2. 氨氧化古菌（AOA）

一个多世纪以来，氨氧化这一重要的生物地球化学循环步骤被认定为只由AOB主导。然而，宏基因组研究在开放的海洋和土壤中发现了一个新的具有氨单加氧酶的同源基因的古细菌组。随后，分离纯培养的中温泉古菌菌株SCM1的生理研究证实了古菌对于氨氧化的作用。氨氧化古菌（AOA）隶属于被新命名的奇古菌门，这种古菌近年来被发现其种类多样且都具有重要的功能，在土壤、海洋、淡水、沉积物，以及嗜热生境中都有广泛的分布[46]。越来越多的研究发现，AOA 在各种陆地环境中的丰度和分布范围甚至超过其对应的AOB。如今，AOA跟AOB一样，也已成为研究氨氧化微生物生态功能的模式微生物。基于amoA功能基因的分子生态学研究表明，氨氧化古菌AOA可分为3大类：海洋类群（Group 1.1a 或 Group 1.1a-associated）、土壤类群（Group 1.1b）以及嗜热型ThAOA。Pester等人2014年根据基因库中所有AOA的amoA基因序列重新构建系统发育树，将AOA分为目前公认的 5 个类群：*Nitrosopumilus*、*Nitrososphaera*、*Nitrosocaldus*、*Nitrosotalea* 和 *Nitrososphaera-sister*[47]。*Nitrosopumilus* 主要分布在海洋、水体及沉积物中，*Nitrososphaera* 则是大量在土壤及陆地生态系统被发现，在中性和碱性土中占主导地位，虽然其对低 pH 敏感，但仍然在大多数酸性土中占比不低。

AOA 的氨氧化途径与 AOB 不同，目前关于 AOA 中的氨氧化途径尚不清楚，但是基因组分析表明，AOA 中编码 Amo 的三个亚基基因与 AOB 的 Amo 亚基存在一定差异。此外，AOA 还具有被称为 ORF38 或 amoX 的基因，可能编码第四个 Amo 亚基[48]。

3. 亚硝酸盐氧化菌 NOB

相较于氨氧化微生物，人们对于 NOB 知之甚少，Daims 等人在其 2016 年的一篇综述中将 NOB 称为是氮循环中的"Big Unkown"[49]。长期以来，硝化作用的研究基本主要集中在氨氧化微生物上，导致此问题的原因有以下几点：① 氨氧化过程是硝化作用的限速步骤；② AOA 的发现使得科学家们对于氨氧化微生物的研究进入一个新的热潮；③ 相较于 AOA 和 AOB，NOB 更难在实验室里分离纯培养，NOB 生长极其缓慢，其分离纯培养需要 12 年以上。以上因素都直接或间接导致了对 NOB 的研究明显滞后于其他硝化功能微生物。由于土壤中亚硝酸盐的去向决定了被活化的氮是留在土壤中还是被释放到大气中，NOB 在氮循环中的重要调节作用不容忽视[50]。

NOB 的系统发育要比 AOA 和 AOB 复杂许多，目前已发现 7 个不同属的 NOB，它们隶属于 4 个不同的门：Chloroflexi 门（*Nitrolancea*）、Proteobacteria 门（*Nitrococcus*、*Nitrotoga* 和 *Nitrobacter*）、Nitrospinae 门（*Nitrospina* 和 *Candidatus* Nitromaritima）和 Nitrospirae 门（*Nitrospira*）。除了 *Nitrolancea hollandica* 外，所有的 NOB 都是革兰氏阴性菌[51]。NOB 各类群在不同生境的分布极其不均，例如：属于 Nitrospinae 门的 NOB 只被发现分布于海洋生态系统中；属于 Chloroflexi 门的 NOB 则只存在于污水处理厂及饮用水厂等工程系统中；属于 Proteobacteria 和 Nitrospirae 门的 NOB 广泛分布于包括土壤、淡水及海洋等所有生态系统中。在所有的 NOB 类群中 *Nitrospira-NOB* 的多样性是最丰富的，包含有至少 6 个系统发育子类群，且每个子类群都有一个栖息地特有的菌株。

亚硝酸氧化还原酶 NXR 是 NOB 的关键酶，该酶是在 *Nitrobacter* 中被首次分离发现，能将亚硝酸盐氧化为硝酸盐，并且每次反应将两个电子传递到呼吸链中[52]。NXR 属于细胞膜结合酶，由三个亚基 NxrA (α)、NxrB (β) 和 NxrC (γ) 组成，前两个亚基的编码基因常常被作为功能和系统发育标记来分别检测和识别未培养的 *Nitrobacter-NOB* 和 *Nitrospira-NOB*。根据 NXR 蛋白在细胞中的位置将 NXR 分为两种，一种 NXR 亚基位于周质空间中，另外一种 NXR 亚基则位于胞质空间中。*Nitrospira*、*Nitrospina* 和 *Candidatus Nitromaritima* 的 NXR 属于周质 NXR，而 *Nitrobacter*、*Nitrococcus* 和 *Nitrolancea* 的 NXR 则属于胞质 NXR。这两种 NXR 蛋白之间差异较大，周质 NXR 属于 II 型 DMSO 还原酶家族，而胞质 NXR 在系统发育上隶属于膜结合呼吸硝酸盐还原酶（Nar）。这两种 NXR 所主导的亚硝酸盐氧化过程也有一定差异，周质 NXR 更经济、节能，而具有胞质 NXR 的 NOB 必须通过细胞质膜运输 NO_2^- 和 NO_3^-。这两种 NXR 类型独立进化并可能通过横向基因转移传播到不同的生物体中，从而产生了 NOB 如此巨大的系统发育多样性[53]。

4. 传统反硝化菌

自然界中具有反硝化能力的微生物，除部分古菌和真核生物（如小球藻和真菌）外，绝大部分分布在细菌界，目前假单胞菌属（Pseudomonas）、固氮弧菌属（Azoarcus）、陶厄氏菌属（Thauera）、产碱杆菌属（Alcaligenes）、芽孢杆菌属（Bacillus）、无色菌属（Achromobacter）、不动杆菌属（Acinetobacter）、赤杆菌属（Erythrobacter）、土壤杆菌属（Agrobacterium）、色杆菌属（Chromobacterium）、棒状杆菌属（Corynebacterium）、黄杆菌属（Flavobacterium）、螺菌属（Spirillum）、盐杆菌属（Halobacterium）、盐单胞菌属（Halomonas）、水螺菌属（Aquaspirillum）、披毛菌属（Gallionella）等细菌属中均有具有反硝化能力的菌株被报道[54-57]。异养反硝化菌的生长条件较广，正常污水成分中除溶解氧及某些抑制剂对其反硝化速率影响较大外，可在很宽的pH（4.0~9.0）及温度（15~35 ℃）范围内进行反硝化脱氮。此外，异养反硝化菌可利用的有机碳源种类也十分广泛，除葡萄糖、简单的单碳及二碳化合物（如甲醇、乙酸等）外，还可以以苯系物、萘类及纤维素类等做电子供体进行反硝化过程[58-63]。Pseudomonas PN-1 可通过好氧呼吸或者硝酸盐呼吸作用进行苯甲酸的降解，60%~70%的苯甲酸可通过硝酸盐反硝化作用被矿化降解[64]。Rockne 等人从富集液中筛选出 NAP-3-1、NAP-3-2 和 NAP-4 三株萘降解菌，其中 Vibrio Pelagius NAP-4 在将硝酸盐转化为亚硝酸盐的过程中，萘去除率可达 70%~90%[65]。Jang 等人发现 Cellulomonas sp. WB49 可以降解木屑等多糖化合物作为碳源和电子供体进行反硝化代谢。异养反硝化微生物分布广泛，具有强大的代谢体系（可利用多种形式的有机物）且易于培养的特征，是异养反硝化脱氮工艺得以大范围应用的重要原因[66]。

1.4 新型生物脱氮技术

随着分子生物学的迅速发展和对参与氮转化微生物的进一步认识，研究人员在重新审视传统生物脱氮的缺点的基础上，依据对脱氮微生物生理特性的新发现不断研发针对低碳氮比废水的生物脱氮除磷新技术。目前，常用的新型生物脱氮方法有全程氨氧化、异养硝化-好氧反硝化、短程硝化反硝化、甲烷反硝化工艺、厌氧氨氧化（Anammox）和自养反硝化等[39,67]。

1.4.1 全程氨氧化

全程氨氧化（Complete ammonia oxidizer，Comammox）的发现打破了传统观点认为的硝化反应由两类微生物分别将氨氮氧化为亚硝酸盐氮及亚硝酸盐氧化成硝酸盐两个步骤组成。2015 年 Daims 等和 van Kessel 等分别发现和报道了 3 种属于 Nitrospira 谱系 Ⅱ 的细菌（分别是 Candidatus Nitrospira inopinata、Candidatus Nitrospira nitrosa 和 Candidatus Nitrospira nitrificans）具有可以完成氨氮氧化成硝酸盐的过程，也就是全程氨氧化的能力[68,69]。这三种硝化细菌 NOB 被证实含有氨单加氧酶（Amo）和羟胺脱氢酶（Hao）。Comammox 根据 Amo 的亚基基因分为 clade A 和 clade B 两大分支。目前的研究报道发现低氨氮浓度的环境是较为理想的 Comammox 生长环境，研究发现 Comammox 在低氨氮浓度的 PD-Anammox 体系中起了主导地位。研究人员通过对 amoA 基因的筛查，发现 Coammox 广泛分布于自然环境和人工系统中[68-70]。

相比于两步硝化，一步硝化在热力学上更容易实现，因为一步硝化比两步硝化（氨氧化和亚硝酸盐氧化）代谢途径更短，ATP 的合成效率更高，能产生更多的能量（见图 1.2）。这种由单一微生物主导完成的硝化作用从根本上改变了人们对氮循环的认识，从而引起了世界范围内的高度关注，引出了大量与硝化作用研究相关的亟待解决的科学问题，使得硝化作用及氮循环再次成为全球科学家们研究的热点[70]。

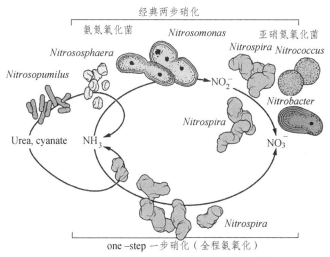

图 1.2 单步和两步硝化过程示意图[70]

目前已确定的全程氨氧化细菌，包括可培养的和未培养的，均属于硝化螺菌属谱系Ⅱ（Nitrospira ClusterⅡ）。Comammox 中编码 NXR 功能酶的基因与半程硝化微生物 NOB 的 NXR 的编码基因相似度高，但是其编码 Amo 的基因与 AOA/AOB 有明显差异，因此目前的研究主要是通过 Comammox 的 amoA 基因来将其与半程硝化微生物进行区分[68]。基于 Comammox 的 amoA 基因对其进行系统发育分析，Comammox Nitrospira 可以划分为两个分支（Clade A 和 Clade B）。后来又有研究表明 Comammox 的分支 A 可以进一步分为分支 A.1 和分支 A.2。通过富集培养获得的 3 种 Comammox 菌株（Ca. Nitrospira nitrificans、Ca. Nitrospira nitrosa、Ca. Nitrospira inopinata）均属于分支 A.1，目前还没有获得属于 Comammox 分支 B 的纯培养菌株，严重阻碍了对 Comammox 分支 B 的微生物生理生化及功能特性方面的研究[69]。

目前已发现的 Comammox 为自养微生物，在土壤中与 AOB 和 AOA 共存，并且都利用氨作为氮源，利用 CO_2 为碳源，所以它们之间很可能存在着对底物和能源的竞争。具有亚硝酸盐氧化能力的 Nitrospira 可以将尿素降解为氨以供氨氧化生物生长，氨氧化微生物又反过来可以为具有亚硝酸盐氧化能力的 Nitrospira 提供亚硝酸盐，所以 AOA/AOB 与 Comammox 之间可能存在互利共生的关系。

1.4.2 异养硝化-好氧反硝化

异养硝化-好氧反硝化（Heterotrophic Nitrification-Aerobic Denitrification, HNAD）可在同一个空间和时间内实现硝化反应和反硝化反应的同时进行。其中，异养硝化是指微生物在好氧条件下将氨氮氧化到羟胺、亚硝酸盐和硝酸盐的过程，而好氧反硝化是指微生物在好氧条件下以有机物为电子供体，氧气和硝态氮为电子受体，将硝酸盐和亚硝酸盐还原成氮气的过程[71]。由于传统的硝化反硝化限制条件和影响因子不同，需分别创造硝化反应和反硝化反应的适宜条件，具有控制难度大、占地面积大等缺点。而异养硝化-好氧反硝化过程的发现则可实现构筑物的一体化，减小占地面积，方便运行管理。但由于异养硝化-好氧反硝化对碳源的需求量较大，不符合目前污水处理降低能耗的发展趋势[72]。

第一种 HNAD 细菌在 1988 年被发现。截至今日，已从不同生境中分离出数种 HNAD 细菌，例如 *Alcaligenes faecalis*、*Acinetobacter sp*、*Agrobacterium sp. LAD9*、*Achromobacter sp. GAD3*、*Comamonas sp. GAD4*、*Bacillus subtilis*、*Cupriavidus sp*、*Chryseobacterium sp. R31*、*Pseudomonas putida*，*Pseudomonas stutzeri*、*Rhodococcus sp. CPZ24* 和 *Thiosphaera pantotropha* 等，这些细菌来源包括制药、猪场、垃圾填埋场渗滤液、屠宰场和含盐水废水等[71,72]。其中，*Rhodococcus sp. CPZ24* 在氮循环中表现出高效的能力，因为它生成惰性 N_2 而非 N_2O。此外，一些真菌种类（如 *Penicillium tropicum*）也表现出 HNAD 能力。这些候选菌株具有多种优势，包括：① 相较于传统自养硝化细菌有更高的生长速度；② 部分碱度及酸中和能力；③ 简化过程设计和操作条件；④ 对环境压力（如盐度、重金属离子和抗生素）的抵抗力；⑤ 适合处理低碳氮比（C/N）的废水[72]。

当前许多与异养硝化-好氧反硝化（HNAD）过程相关的早期研究仍主要局限于实验室规模的试验。尽管 HNAD 细菌在好氧条件下与同时硝化反硝化（SND）过程有许多相似之处，但由于其系统发育多样性和生理差异，它们在城市污水处理厂（WWTPs）中的功能仍不明确。到目前为止，还没有一个模型 HNAD 细菌能够用于通过现代组学方法（基因组学、转录组学和蛋白质组学）解析通用的分子信息。因此，对 HNAD 细菌的多样性、影响其生长和表现的因素，以及在描述其代谢途径方面当前的局限性进行文献综述，对于评估这类细菌在有效废水处理中的整体潜力是及时且必要的[71]。

1.4.3 短程硝化反硝化

短程硝化反硝化（Shortcut Nitrification Denitrification）指将硝化反应控制在第一步，即亚硝化阶段，随即进行反硝化，将亚硝化生成的 NO_2^--N 还原为 N_2。该步骤主要通过在硝化反应体系中使得 AOB 成为优势菌种，淘汰了 NOB。由于不需要进行亚硝酸盐氧化成硝酸盐的步骤，该工艺可节约约 25% 的氧气消耗，且无须进行硝酸盐到亚硝酸的氧化过程，又可节约约 40% 的碳源消耗。由于短程硝化反硝化的控制要求高，实际污水厂运行进水水质不稳定，操作控制难度大，故短程硝化反硝化的应用有一定难度且需要更精细的控制[73]。

1.4.4 甲烷反硝化工艺

近期发现的硝酸盐/亚硝酸盐依赖的厌氧甲烷氧化（DAMO）过程被视为一种新型生物氮去除方式，该过程将厌氧甲烷氧化与硝酸盐/亚硝酸盐还原相结合。这种结合利用现场可用的甲烷作为电子供体进行反硝化作用，可以同时实现 WWTPs 的甲烷减排和氮去除[75]。Smith 等人在受硝酸盐和亚硝酸盐污染的地下水中发现了厌氧条件下微生物可以利用甲烷为电子供体进行反硝化的现象[76]。2006 年，Raghoebarsing 等人从荷兰的 Twentekanal（特文特运河）内河中成功富集了厌氧甲烷反硝化微生物，这一研究发表后引起了全世界的生物科学家关注[77]。Ying 等人以污水处理厂的出水为培养基成功富集了具有甲烷反硝化能力的微生物菌群，表明 DAMO 工艺具有潜在的推广应用能力。n-DAMO 过程由两个不同的微生物群落根据不同的电子受体进行，其中一群被鉴定为候选菌"*Methanoperedens nitroreducens*"（ANME-2d 类群），该类群属于 n-DAMO 古菌，能将硝酸盐还原为亚硝酸盐；另一群则命名为候选菌"*Methylomirabilis oxyfera*"，属于 NC10 门的 n-DAMO 细菌。n-DAMO 过程的发现不仅拓展了我们对全球碳循环和氮循环的理解，还为开发具有最小碳足迹的可持续污水处理系统提供了新视角[78]。

目前，基于硝酸盐/亚硝酸盐依赖的 DAMO 过程的可持续且经济的氮去除方法研究正在增加，旨在降低环境影响和能源消耗。然而，DAMO 微生物的生长速度缓慢和氮去除效率较低极大限制了该技术的应用和推广。目前的研究主要停留在实验室小试阶段，关注通过优化反应器设计（如滤床生物反应器和膜生物反应器）实现污泥的固定化，从而防止因生物量流失而导致的脱氮效率下降[75]。

为了将这种新型生物技术扩展到中试规模乃至全规模应用，迫切需要进一步的科学研究和技术突破。迄今为止，关于 DAMO 的研究主要集中在研究微生物的代谢途径、形态特征、环境因素影响以及甲烷减排潜力等方面。尽管如此，DAMO 工艺的工程化路线图仍不明确，存在诸多挑战，需要进一步解决技术和工程难题，以实现其在实际应用中的广泛推广。因此，推动 DAMO 工艺从实验室向实际应用的过渡，不仅需要深入理解微生物生态和功能，还要开发高效的生物反应系统，并解决与规模化生产相关的技术和经济障碍[75]。图 1.3 所示为 DAMO 过程通过两种不同途径的机制。

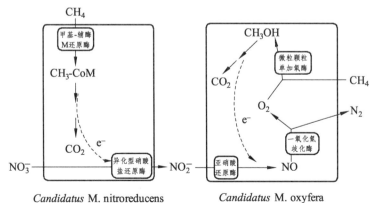

图 1.3　DAMO 过程通过两种不同途径的机制，即 *Candidatus* M. nitroreducens 进行的逆向甲烷生成途径和 *Candidatus* M. oxyfera 进行的互氧途径[75]

1.4.5 厌氧氨氧化技术

1.4.5.1 Anammox 原理

在过去的 20 年中，Anammox 作为脱氮的替代工艺出现。在紧凑型生物反应器中，需氧氨氧化细菌，在氧气限制下将一半的可用氨转化为亚硝酸盐，这被称为"部分亚硝酸化"。随后，通过执行 Anammox 过程的细菌（AAOB）（如"*Candidatus* Kuenenia stuttgartiensis"），将亚硝酸盐和剩余的氨转化为氮气。但在这些部分亚硝化-Anammox 系统中，好氧亚硝氮氧化菌或硝化细菌产生的硝酸盐是需要被限制的。部分亚硝化-Anammox 反应器的曝气要求比传统脱氮系统低，不需要添加有机碳，产生的一氧化二氮也更少。目前，部分亚硝化-Anammox 系统越来越多地用于高氨氮废水，例如厌氧污泥消化池的出水。在低氨氮的市政污水处理中实施这些系统，可以为更可持续的污水处理铺平道路[79]。

厌氧氨氧化（Anammox）是指 AAOB 在缺氧条件下以亚硝酸盐（NO_2^-）为电子受体将氨（NH_4^+）转化为氮气（N_2），同时伴随着以亚硝酸盐（NO_2^-）为电子供体固定 CO_2，产生硝酸盐（NO_3^-）的生物过程。其具体分子机制如图 1.4 所示。

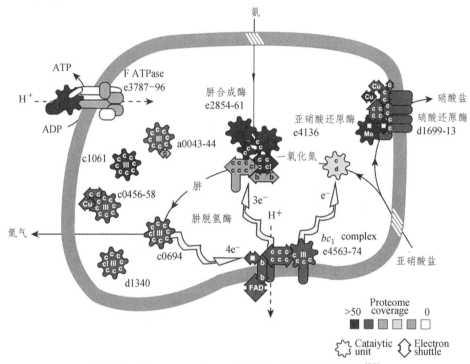

图 1.4 *K. stuttgartiensis* 的生化途径及酶促机制[80]

AAOB 是浮游菌门内的厌氧革兰氏阴性微生物，具有区室化的细胞结构。除了含有肽聚糖的细胞壁，这个额外的隔间为细胞内营养物质和共底物的运输以及蛋白质分选增加了一层复杂性。Anammox 酶体以 Fe-S 蛋白和多血红素细胞色素中辅因子的形式包含绝大多数细胞铁，它们参与将氨氧化为氮气。在目前的模型中，亚硝酸盐被亚硝酸还原酶还原为一氧化氮，随后肼合酶催化一氧化氮和铵的缩合反应生成肼[81-83]。然后通过肼脱氢酶将肼氧化成氮气。该反应中释放的四个低电位电子应通过一系列电子转移穿过厌氧酶体膜内的生电呼吸复合物，以建立膜电位。然后，电子返回Anammox酶体为Anammox反应的前两步提供燃料，从而关闭电子转移循环。在CO_2固定过程中，从循环Anammox途径中提取的电子通过亚硝酸盐氧化还原酶（NXR）催化的亚硝酸盐氧化为硝酸盐来补偿[81]。

$$NO_2^- + NH_4^+ \longrightarrow N_2 + 2H_2O \quad \Delta G^{\ominus'} = -357 \text{ kJ/mol} \quad (1.1)$$

$$NO_2^- + 2H^+ + e^- \longrightarrow NO + H_2O \quad E^{\ominus'} = +0.38 \text{ V} \quad (1.2)$$

$$NO + NH_4^+ + 2H^+ + 3e^- \longrightarrow N_2H_4 + H_2O \quad E^{\ominus'} = +0.06 \text{ V} \quad (1.3)$$

$$N_2H_4 \longrightarrow N_2 + 4H^+ + 4e^- \quad E^{\ominus'} = -0.75 \text{ V} \quad (1.4)$$

1.4.5.2 Anammox细菌种类及特性

Anammox菌隶属于浮霉菌门。截至目前，利用现代先进的分子生物学手段，如DNA和RNA提取、荧光原位杂交技术（Fluorescence In Situ Hybridization，FISH）等检测报道有7属23种Anammox菌，分别为以Anammox发现地命名的 *Candidatus* Brocadia、以荷兰代尔夫特理工大学Kuenen教授命名的 *Ca. Kuenenia*、以荷兰奈梅亨大学Jetten教授命名的 *Ca. Jettenia* 及 *Ca. Scalindua*、*Ca. Anammoxoglobus*、*Ca. Anammoximicrobium* 和 *Ca. Brasilis*（见表1.1）[82]。除 *Ca. Scalindua* 主要存在于高盐度海洋底泥和低氧区外，其他6个属多存在于污水处理构筑物或实验室反应器等淡水环境中。不同种的Anammox菌在生态位上存在着差异，这些因素影响Anammox菌在生态系统中的地理分布和地球化学意义。

表1.1 目前已知的Anammox菌[82]

属	种	来源
Ca. Brocadia	*Ca. Brocadia anammoxidans*	污水处理厂 Wastewater treatment plant
	Ca. Brocadia fulgida	污水处理厂 Wastewater treatment plant
	Ca. Brocadia sinica	脱氮反应器 Nitrogen removal reactor
	Ca. Brocadia brasiliensis	序批式反应器 Sequencing batch reactor
	Ca. Brocadia caroliniensis	上流式生物反应器 Up-flow bioreactor
	Ca. Brocadia sapporoensis	膜生物反应器 Membrane bioreactor
Ca. Kuenenia	*Ca. Kuenen stuttgartiensis*	滴滤池 Trickling filter
Ca. Jettenia	*Ca. Jettenia asiatica*	生物膜反应器 Biofilm reactor
	Ca. Jettenia caeni	生物膜反应器 Biofilm reactor
	Ca. Jettenia moscovienalis	实验室生物反应器 Laboratory bioreactor
Ca. Scalindua	*Ca. Scalindua brodae*	填埋场渗滤液处理厂 Landfill leachate treatment plant
	Ca. Scalindua sorokinii	海洋沉积物 Marine sediments
	Ca. Scalindua wagneri	填埋场渗滤液处理厂 Landfill leachate treatment plant
	Ca. Scalindua profunda	海洋沉积物 Marine sediments
	Ca. Scalindua arabica	海洋沉积物 Marine sediments

续表

属	种	来源
Ca. Scalindua	Ca. Scalindua sinooified	油藏 Oil reservoirs
	Ca. Scalindua zhenghei	海洋沉积物 Marine sediments
	Ca. Scalindua richardsii	海洋沉积物 Marine sediments
	Ca. Scalindua marina	海洋沉积物 Marine sediments
Ca. Anammoxoglobus	Ca. Anammoxoglobus propionicus	序批式反应器 Sequencing batch reactor
	Ca. Anammoxoglobus sulfate	生物转盘 Rotating biological contactor
Ca. Anammoximicrobium	Ca. Anammoximicrobium moscowii	河流沉积物 River sediment
Ca. Brasilis	Ca. Brasilis concordiensis	上流式生物反应器 Up-flow bioreactor

尽管 Anammox 细菌种类较多，不同种之间的进化距离较大，但是不同种之间的 Anammox 细菌在细胞结构和生理特征以及新陈代谢上有很高的一致性。Anammox 菌是革兰氏阴性菌，细胞外无荚膜。细胞壁表面有火山口状结构。细胞内分隔成 3 部分：厌氧氨氧化体、核糖细胞质及外室细胞质。核糖细胞质中含有核糖体和拟核，大部分 DNA 存在于此。厌氧氨氧化体是 Anammox 菌所特有的结构，占细胞体积的 50%～80%，是 Anammox 反应发生的场所。其结构示意图如图 1.5 所示[83-85]。

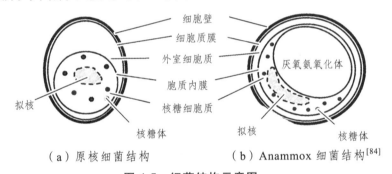

（a）原核细菌结构　　　（b）Anammox 细菌结构[84]

图 1.5　细菌结构示意图

从图 1.5 中可以看出，Anammox 细菌有一个其他原核细菌所没有的细胞器结构——厌氧氨氧化体，如图 1.6 所示。从图 1.6 中可以看出，Anammox 细菌内的厌氧氨氧化体结构占据绝大部分的细胞体积。

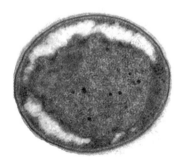

图 1.6　Anammox 细菌的透射电镜成像图[84]

根据之前文献报道，虽然 Anammox 细菌种类较多，但是厌氧氨氧化体的体积比比较固定（见表1.2）。厌氧氨氧化体由双层膜包围，该膜深深陷入厌氧氨氧化体内部，含有独特的梯烷脂结构，这种梯烷脂结构在自然界中目前仅在 Anammox 细菌中被发现，在 Anammox 细菌所有脂质中的含量占 34%，这种梯烷脂结构十分致密，能很好地限制 Anammox 过程中产生的有价值的中间代谢产物和质子的扩散。Anammox 细菌结构十分特殊，因此这种独特的结构特点受到了广泛的关注[86-89]。

表1.2 厌氧氨氧化体在 Anammox 细菌中所占体积比[84]

厌氧氨氧化菌	细胞平均直径/nm	厌氧氨氧化体所占细胞体积/%
Candidatus *Kueneniaia stuttgartiensis*	800	61±5
Candidatus *Brocadia fulgida*	800	61±5
Candidatus *Scalindua spp.*	950	51±8
Candidatus *Anammoxoglobus propionicus*	1100	66±6

1.4.5.3 Anammox 技术应用

作为一种典型的脱氮工艺，Anammox 工艺具有不需要有机物、不需要氧、污泥产率低等优点，氮去除负荷最大可达 9.5 kg/(m^3·d)，污水处理成本较低，是一种高效低耗的脱氮工艺，具有极大的应用前景[90-93]。自 2002 年，荷兰鹿特丹污水处理厂建立世界首座 Anammox 装置后，荷兰、德国、中国、美国、奥地利等国已将 Anammox 工艺成功应用于废水脱氮领域[94]。目前，Anammox 工艺已用于垃圾渗滤液、制药废水、畜禽养殖废水、光伏废水等多种类型的废水处理工程中，取得了很好的应用效果[95,96]。

由于 Anammox 工艺具有巨大的社会价值，为拓宽其应用范围，与 Anammox 耦合的相关衍生工艺，如 SHARON（Single reactor high activity ammonium removal over nitrite）-ANAMMOX 工艺、OLAND（Oxygen-limited autotrophic nitrification-denitrification）工艺、CANNON（Completely autotrophic ammonium removal over nitrite）工艺、DEMON（deammonification）工艺、DEAMOX（Denitrifying Ammonium OXidation）工艺、SAD（Simultaneously and Denitrification）工艺、SNAD（Simultaneous partial Nitrification, Anammox and Denitrification）工艺、Anammox-DAMO（denitrifying anaerobic methane oxidation）工艺等也应运而生[97-105]。实际运行中，由于废水成分复杂、环境条件多变，很难确保 Anammox 工艺的稳定运行。如何在高 C/N 比、低氮浓度、低温环境下淘汰或抑制异养反硝化菌和 NOB，富集 AnAOB 菌，维持 Anammox 工艺长期的稳态运行仍是当前的研究难点[106-111]。

1.4.6 自养反硝化技术

自养反硝化脱氮有别于传统的异养反硝化脱氮，区别在于不依靠外加碳源作为电子供体，而是利用硫单质、硫化物、氢等作为电子供体，摄取 CO_2、CO_3^{2-}、HCO_3^- 等无机碳做碳源，相同之处为均在厌氧条件下进行反应。目前研究较为热门的自养反硝化主要有氢自养反硝化、铁自养反硝化、硫自养反硝化等[112-115]。

1.4.6.1 氢自养反硝化

氢自养反硝化细菌利用氢（H_2）作为电子供体再生 NO_3-N 或 NO_2-N，无机碳 CO_3^{2-} 或 HCO_3^-，是微生物生长和代谢的碳源。化学式（1.5）和（1.6）给出了氢自养反硝化过程中 NO_3^--N 和 NO_2^--N 的去除原理。当 H_2 用作电子供体时，产物是纯水，因此氢自养反硝化具有纯度高、无二次污染的特点[113,114]。

$$H_2 + NO_3^- \longrightarrow NO_2^- + OH^- \tag{1.5}$$

$$3H_2 + 2HO_2^- \longrightarrow N_2 + 2H_2O + OH^- \tag{1.6}$$

余静等从厌氧污泥中分离出一株氢自养反硝化细菌，通过模拟地下水环境，研究了硝酸盐浓度、碳氢化合物剂量、pH、温度和硫酸根-浓度对菌株反硝化能力的影响[112]。结果表明，该菌株属于 Taueria，最佳碳源添加量为 0.5 g/h。当 NO_3^--N 质量浓度大于 100 mg/L 或 SO_4^{2-} 浓度大于 90 mg/L 质量浓度时，NO_3^--N 去除受到抑制。脱氮速度随着 pH 从 7 增大到 10 而增大。在 10~30 ℃ 范围内，温度越高，速度越快。随着电流强度的增加，生物电化反应器的脱氮速度增加。周艳等研究了氢自养反硝化与纳米铁还原耦合体系处理含硝态氮污水，并将氢自养菌分离出来，模拟地下水缺酸、低温、黑暗环境、硝酸浓度、碳源、pH、温度的影响。研究证明，添加的碳源为 0.5 g/L 能有效促进脱氮，而亚硝浓度高于 100 mg/L 会干扰脱氮过程。当 pH=6 时，会抑制硝酸盐还原菌活性；当 pH=7 时，能促进脱氮[114]。

1.4.6.2 铁自养反硝化

铁自养脱氮细菌通常使用零价铁或二价铁离子（亚铁离子）作为电子供给体，NO_3^--N 或 NO_2^--N 作为电子受体，使用无机碳 CO_3^{2-} 或 HCO_3^- 作为微生物的生长和代谢的碳源，实现脱氮[115,116]。铁自养脱氮细菌，能够从这些反应得到能量，持续成长和繁殖。零价铁是价格较低的金属，不仅可以作为铁自养脱氮过程中的电子供给体，也可以作为铁自养脱氮细菌的附着填料使用。铁的自养脱氮过程中 NO_3^--N 和 NO_2^--N 的去除原理在化学式（1.7）~（1.10）中表示。零价铁或亚铁离子作为电子供给体使用，在铁的自养脱氮过程中产生 OH^-，导致排水的 pH 上升。

$$Fe + NO_3^- + H_2O \longrightarrow NO_2^- + Fe^{2+} + OH^- \tag{1.7}$$

$$3Fe + 2NO_3^- + 4H_2O \longrightarrow N_2 + Fe^{2+} + 8OH^- \tag{1.8}$$

$$2Fe^{2+} + NO_3^- + 2H^+ \longrightarrow NO_2^- + 2Fe^{3+} + H_2O \tag{1.9}$$

$$3Fe^{2+} + NO_3^- + 2H^+ \longrightarrow Fe^{3+} + 1/2N_2 + H_2O \tag{1.10}$$

周可等研究了铁自养反硝化污泥在富集培养过程中化学、生物作用的变化规律，以铁自养脱氮系统为研究对象，结合反应动力学，分析了活性污泥在自养脱氮过程中各个阶段的生物学和化学变化，探究了此过程中的脱氮机制[115]。结果表明，在铁自养反硝化的条件下,亚铁离子的氧化由化学作用支配,NO_2^--N 的还原由生物作用支配。张宁波等通过测定铁自养脱氮过程中 pH 的变化和铁自养脱氮的氮去除率,通过批量实验和连续流反应器实验,研究了 pH 对零值铁自养脱氮矿渣活性的影响。批处理实验显示,初始 pH 为 6.2、6.7、7.5、8.8 四个处理瓶和初始 pH=6 的对照瓶。结果表明,初始 pH 为 6.7 具有最高的氮去除率。批处理瓶的 pH 持续上升到 10 左右,有 4 个不同的初始 pH 的批处理瓶的 pH 集中在 7.5~7.8[116]。Zhang 等研究了铁自养反硝化中合适的电子供体以及不同环境因素对铁自养反硝化的影响,通过分析硝化微生物群落的多样性和代谢功能,为铁自养反硝化技术的实际应用提供了理论依据。他们通过监测脱氮效率和 pH 变化研究各种类型电子供体的最佳脱氮效率,并为后续实验选择最佳电子供体提供参考。实验结果表明,他们进一步构建了以铁为电子供体的自养反硝化工艺[117]。通过对 NO_3^--N、NO_2^--N、NH_4^+-N、TN 浓度和 pH 检测,结果发现,溶解氧对微生物的生长有很大的影响。在 pH=7.5 时脱氮效率最高,脱氮率为 76.3%。在最佳条件下,铁自养反硝化的反硝化率达到 96%。实验结果表明,由于氮负荷过高,反应器内去除 TN 的效率降低,反应器内铁粉表面氧化严重,存在反硝化细菌形成的细菌胶束。对门级微生物群落结构的分析表明,Proteobacteria、Acidobacteria、Bacteroidetes 是最丰富的细菌。Proteobacteria 是铁细菌自养反硝化的主要功能组。*Subgroup 6* 的相对丰度最高,*Subgroup 6* 是硝酸盐和亚硝酸盐之间转化的重要细菌。

1.4.6.3 硫自养反硝化

硫自养反硝化技术是指在缺氧或厌氧条件下,无机化能营养型、光能营养型的硫氧化细菌以还原态硫(S^{2-}、S^0、$S_2O_3^{2-}$ 等)为电子供体,将水中的 NO_3^--N 还原为 N_2 的过程。由于硫元素的价位丰度,多用含硫化合物作为电子供体进行反硝化脱氮。较异养反硝化技术,硫自养反硝化技术无须外加碳源,节约了运行成本;同时污泥产量较低,减少了后续处理污泥的烦琐过程[118-120]。

1. 硫自养反硝化技术概述

硫自养反硝化(SADN)过程是一种资源效率高的生物废水处理技术,用于反硝化处理。该技术不依赖有机碳,而是使用还原态无机硫化合物(RISCs)作为电子供体,将 NO_3^--N 还原为 N_2。RISCs 展示出较高的特定基质利用率(比氢高 5~15 倍),以及较高的 NO_3^--N 还原电位(RISCs:0.74~0.80 V;铁:0.30 V;氢:0.88 V),并且资源获取方便,显示出在自养反硝化中的巨大潜力。鉴于这些优势,SADN 过程在水和废水处理中的硝酸盐减少上引起了重大关注;与异养反硝化过程相比,它表现出各种优势,如卓越的反硝化能力(80%~100%)、节省有机碳(100%)、减少污泥产量(55%)、降低运营成本(80%)及减少温室气体[如二氧化碳和笑气(N_2O)]排放(95%~100%)[119]。

SADN 由硫氧化细菌(SOB)进行,其反应通常描述为

$$\text{RISCs} + NO_3^- \longrightarrow 硫酸盐(SO_4^{2-}) + N_2 \tag{1.11}$$

自从 1954 年首次分离并鉴定出硫杆菌(*Thiobacillus denitrificans*)以来,发现 SADN 过程在特定生态系统中,如好氧水体与厌氧沉积物的交界处,成为氮转化的主导途径,有

希望成为废水处理领域异养反硝化过程的替代技术[118]。自 2010 年以来，涉及 SADN 过程的出版物增至 560 余篇，大多数与其技术过程、影响因素（如氧浓度、有机物浓度和重金属）及功能性细菌相关。特别是，使用元素硫（S^0）-石灰石（固态电子供体与无机碳源相结合）自养反硝化生物滤床是最受欢迎的废水中硝酸盐去除系统，并对其影响因素（如 pH、温度和氧浓度）和操作策略进行了优化[118,119]。此外，广泛的实验室规模研究已尝试将 anammox 与 SADN 过程结合（即 SDA），以提高氮去除性能。这些出版物进一步丰富了我们对 SADN 过程的理解，并增强了我们提高生物氮去除（BNR）过程的质量和效率的信心[120]。

尽管已证明 SADN 是一种从废水中去除氮的有效过程，但关于这一过程的知识仍然远少于传统的异养反硝化过程，特别是关于负责 SADN 的功能细菌硫氧化菌（SOB）的代谢特性。此外，鲜有报道完全规模的 SADN 系统在废水处理中的稳定性。因此，是否可以将 SADN 作为处理家庭或工业废水中硝酸盐的主要反硝化过程，以及 RISCs 能否作为高质量的电子供体替代有机碳进行反硝化或仅作为补充电子供体，以实现 WWTPs 的碳中和，这些问题仍待解决[121]。

2. 基于不同 RISCs 的 N 和 S 转换路径

在硫自养反硝化（SADN）过程中，常用的四种还原态无机硫化合物（RISCs）被作为电子供体，包括元素硫（S^0）、硫化物（S^{2-}）、亚硫酸盐（$S_2O_3^{2-}$）和亚硫酸盐（$S_2O_3^{2-}$），如图 1.7 所示。在这些电子供体中，元素硫是最受欢迎的电子供体，因其无毒、成本低及易获取等优点，被广泛用于实现经济且有效的 SADN 过程。亚硫酸盐（如硫代硫酸钠）是另一种受青睐的电子供体，因其高生物可利用性而被推荐于高效率的 SADN 过程中[119-121]。

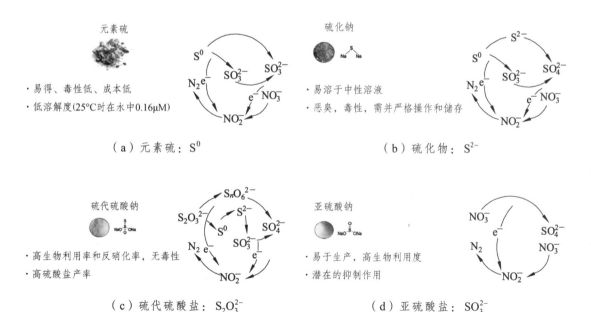

（a）元素硫：S^0
（b）硫化物：S^{2-}
（c）硫代硫酸盐：$S_2O_3^{2-}$
（d）亚硫酸盐：SO_3^{2-}

图 1.7　硫自养反硝化过程中常见的电子供体[119]

就氮的转化而言，SADN 过程中的转化路径与传统的异养反硝化过程相同，即 $S_2O_3^{2-} \rightarrow NO_2^- \rightarrow NO \rightarrow N_2O \rightarrow N_2$。关于硫的转化，SADN 过程可能会生成各种硫化合物（如 S^0、S^{2-}、SO_3^{2-}、多硫化物、多硫代硫酸盐和四硫酸盐：$S_4O_6^{2-}$），从而导致与硝酸盐之间的反应比使用甲醇或乙酸作为电子供体的异养反硝化过程更为复杂。例如，在使用 $S_2O_3^{2-}$ 作为电子供体的 SADN 过程中，可能会产生五种硫化合物，即 S^0、S^{2-}、$S_2O_3^{2-}$、$S_4O_6^{2-}$ 和 SO_4^{2-}。

值得注意的是，与异养反硝化过程相比，SADN 过程显著减少了 WWTPs 的直接碳排放，因为在 SADN 过程中 CO_2 不是产物。这种优势使得 SADN 成为一种更具可持续性的废水处理技术选择。

1.5 硫循环与氮循环的耦合

由于硫的广泛氧化态和参与硫循环的各种微生物，硫的生物转化很复杂。参与生物硫循环的两大类微生物是硫酸盐还原菌（SRB）和 SOB。SRB 使用氧化硫化合物（例如 SO_4^{2-}、SO_3^{2-} 和 S^0）作为电子受体，在氧化有机物的同时产生硫化物，以产生能量和细胞生长。SOB 使用还原形式的硫作为电子供体，并根据其能量来源和生长条件分为两组：① 光养硫细菌；② 化学营养无色硫细菌[122-124]。

1.5.1 硫还原

1.5.1.1 生物硫还原反应原理

硫酸盐还原发生在缺氧区，包括淡水、河口、海洋沉积物和污水管道。据估计，每年有 11.3 Tmol 硫酸盐在海洋沉积物中还原为硫化物。在自然环境中，硫酸盐还原通常发生在氧、硝酸盐和氧化金属浓度较低的氧化还原电位低的位置。硫酸盐还原微生物（硫酸盐 RMs）通过多步异化硫酸盐呼吸获得能量，以硫酸盐作为电子受体，以氢气、甲醇、乙醇、挥发性脂肪酸（VFA）、糖类甚至甲烷等物质作为电子供体[125]。

H_2 可以作为许多 SRB 的有效能源（电子供体），这些 SRB 能够以 SO_4^{2-} 作为电子受体利用 H_2 生长。当 H_2 和 CO_2 共同作为底物时，可以在 10 天内在嗜温和嗜热生物反应器中实现高 SO_4^{2-} 还原率。当以 H_2、CO_2 和 CO 的合成气体混合物为底物时，可降低流化床生物反应器的运营成本[125-127]。

甲烷也可以用等物质的量的 SO_4^{2-} 氧化，分别产生碳酸盐和硫化物。海洋天然气水合物区甚至高盐渗漏沉积物是甲烷厌氧氧化（AOM）和硫化物产生的明显区域。在不同的 SRB 纯培养物中，甲烷依赖硫酸盐的比还原率为 1.4~41.3 g SO_4^{2-}/d/g 细胞干质量。Nauhaus 等人发现，在 0.1 MPa 甲烷下，SO_4^{2-} 还原的最佳温度在 4~16 ℃，而甲烷压力对硫酸盐还原速率有积极影响（例如，将甲烷压力增加到 1.1 MPa 导致硫化物生产率增加 4~5 倍）。然而，AOM 的机制尚不清楚。Hoehler 等人提出，AOM 是由古细菌和 SRB 在一个系统中进行的，其中前者产生一种游离的细胞外中间体，后者将其清除。然而，在利用甲烷的古细菌和 SRB 之间穿梭的中间类型仍然未知[127]。

异养 SRB 通过乙酰辅酶 A 或修饰的三羧酸循环（TCA）途径代谢有机化合物作为电子供体和碳源。许多源自厌氧发酵/水解的中间产物可以被 SRB 代谢，如氨基酸、糖、长链脂肪酸、芳香族化合物、乳酸盐、丁酸盐、丙酸盐和乙酸盐。据估计，异养硫酸盐还原占海洋沉积物中有机碳矿化的 50%以上[128]。根据微生物菌株和反应完成程度，SRB 的异养生长涉及四种主要类型的生物 S 转化，包括：① 酸化中间体完全氧化为二氧化碳；② 酸化中间体不完全氧化为乙酸盐；③ 与利用氢细菌相关的产丙酮 SRB 对中间体的协同降解；④ SRB 在丙酸盐和乙醇存在下的发酵生长。由于缺乏乙酰辅酶 A 氧化机制，有机底物转化为 CO_2 或乙酸盐。同时，将硫化合物还原为硫化物和少量硫代硫酸盐，硫代硫酸盐可以以硫化物作为最终产物进一步还原[127]。

先前的研究证实，不同废弃物的混合物，特别是当含有相对容易生物降解的（动物粪便、堆肥、污泥）和顽固的纤维素材料（锯末或木屑）时，可以产生比单一废物更好的 SRB 性能。这意味着在缺碳硫酸盐废水中应用 S 转化生物工艺时，通常首选当地可用的有机碳源，以降低运输成本[129]。

SRB 介导的硫酸盐还原的第一步是将硫酸盐从生长环境转运到微生物细胞中，这是该代谢过程中的限速步骤。硫酸盐通过 ATP 结合盒（ABC）型转运蛋白（SulT 家族）或主要促进剂超家族型转运蛋白（SulP）跨细胞质膜转运。此外，CysP、DASS 和 CysZ 型转运蛋白也参与 SRM 中的硫酸盐摄取。特别是，所有硫酸盐 RMs 基因组中 CysZ 编码基因的存在强调了 CysZ 型转运蛋白在硫酸盐转运中的关键作用。在 SRB 细胞内，硫酸盐需要首先被 ATP 硫酸酶（由 sat 编码）激活为 APS，因为与 APS 还原为亚硫酸盐相比，硫酸盐还原为亚硫酸盐在热力学上是不利的。然后，由 apsAB 编码的 APS 还原酶催化 APS 还原为亚硫酸盐。编码异化亚硫酸盐还原酶（Dsr）的基因是 SRB 中的"签名"基因。Dsr 由 DsrA 和 DsrB 组成，分别由 dsrA 和 dsrB 基因编码。旁系同源 dsrA 和 dsrB 基因可能起源于非常早期的基因复制。目前几乎所有表征的 dsrAB 携带 SRM 基因组都含有 DsrC 编码基因。DsrAB 亚基具有铁硫簇和二血红素假体基团，与硫转移蛋白 DsrC 结合形成α2β2γ2 排列。DsrC 是由 DsrAB 介导的亚硫酸盐还原的共底物，并且包含两个保守的半胱氨酸残基活性中心。亚硫酸盐与 DsrAB 的活性位点结合，并通过四电子转移还原为 DsrC 结合的零价硫（S^0）中间体。然后，DsrC 结合的三硫化物从 DsrAB 上脱落，S^0 中间体被 DsrMKJOP 膜复合物进一步还原为硫化物。同时，DsrC 从亚硫酸盐还原过程中释放并回收[130]。

与 DsrAB 类似，来自肠道沙门氏菌的亚硫酸盐还原酶 AsrABC 和来自 *Methanocaldococcus jannaschii* 的 Fsr 含有血红素活性位点。值得注意的是，Fsr 可以在亚硫酸盐还原和硫同化中发挥作用。除上述酶外，细胞色素亚硫酸盐还原酶 Mcc/Sir 使变形菌的几种细菌谱系能够进行厌氧亚硫酸盐呼吸。据报道，肠道沙门氏菌中的硫代硫酸盐还原酶基因（phsABC）可将硫代硫酸盐还原成硫化物，以去除重金属。此外，由 nrfA/ccNir 编码的呼吸细胞色素 c 亚硝酸盐还原酶可以将亚硫酸盐还原为硫化物。在希瓦氏菌中，由全球调节因子 Crp 调节的 psrABC 基因簇（编码的多硫化物还原酶）可以介导硫代硫酸盐和多硫化物的还原，这种还原酶在 Thermus 嗜热菌和 *Wolinella succinogenes* 中也占有一定比例，与细胞膜结合并负责多硫化物的还原。虽然，在古细菌中发现的硫还原酶 Sre 可以使用 H_2 来还原硫，但在超嗜热古细菌中产生 H_2 的氢化酶（ShyCBDA/SuDH）也可以通过使用 NADPH 作为电子供体将硫还原为硫化物。因此，除了经典的异化硫酸盐还原基因（dsr 基因）外，还有多种其他基因参与硫氧化物还原，例如广泛研究的四硫酸还原酶和双功能四硫酸还原酶/硫代硫酸脱氢酶 TsdA。以上研究强调了 SRB 在自然和工程环境中的代谢灵活性，以及它们在生物地球化学硫循环和污染控制中的重要性[130]。

1.5.1.2 硫酸盐还原菌

硫酸盐还原菌（SRB）以有机物作为电子供体将硫酸盐还原为硫离子，根据硫酸盐还原菌能否完全氧化有机物，可以将其分为完全氧化型和不完全氧化型两大类。完全氧化型 SRB 可以将乙酸盐完全氧化为二氧化碳。不完全氧化型 SRB 只能将有机物氧化到乙酸盐水平，不完全氧化型 SRB 还包括以氢气为电子供体的硫酸盐还原菌。*Desulfobacte*、*Desulfobacterium*、*Desulfotomaculum*、*Desulfococcus* 和 *Desulfobaca* 是常见的完全氧化型 SRB，而 *Desulfovibrio* 和 *Desulfomicrobium* 等是常见的非完全氧化型 SRB[39]。

SRB 具有多样性功能，其能利用的电子供体和电子受体种类相当广泛。*Desulfovibrio* 为厌氧反应器中的常见不完全氧化型 SRB，能以乳酸盐、乙醇、丙酸等为电子供体还原硫酸盐、硫代硫酸盐、亚硫酸盐，还能还原硝酸盐、亚硝酸盐、Fe^{3+} 和氧气。*Desulfococcus* 是一种常见的完全氧化型 SRB，能以乙酸盐为底物还原硫酸盐、亚硫酸盐和硫代硫酸盐。*Desulfuromonas* 可以将单质硫还原为硫化物，*Dethiosulfovibrio* 可以将单质硫或硫代硫酸盐还原为硫化物，但不能还原硫酸盐。某些特定 SRB 还可以进行硝酸盐异化还原，Mohanakrishnan 等人的研究表明 SRB 属 *Desulfovibrio* 和 *Desulfomicrobium* 可以将亚硝酸盐还原为氨氮[130]。

不同功能的 SRB 与生长环境有关，海洋和沉积物由于硫酸盐浓度高，非常适合 SRB 生长，*Desulfobacter*、*Desulfomicrobium*、*Desulfomena* 和 *Desulfobotulus* 是嗜盐或微嗜盐菌，体现了微生物对环境长期适应和选择的结果。反应器中 SRB 种类会影响反应器性能，Wu 等人在研究 SRB 和产甲烷菌在长期竞争过程中发现，SRB 逐渐占优主要是因为长期驯化后形成了完全氧化型 SRB *Desulfobacca*。反应器内的优势硫酸盐还原菌受多种因素影响，主要包括碳硫比（COD/SO_4^{2-}）、pH、硫酸盐负荷、温度、盐度等。目前大多厌氧废水处理过程中为了强化产甲烷和减轻臭味及常见腐蚀问题，常加入硝酸盐、氧气、亚硝酸盐和铁离子等化学物质来抑制硫酸盐还原菌活性[130]。

1.5.2 硫氧化

1.5.2.1 生物硫氧化反应原理

基于细菌的代谢过程，生物硫化物氧化的两大类主要是光营养型和化学营养型，光养生物捕获光能氧化含硫化合物，而化养生物通过与其他化学物质直接氧化硫来获得代谢能量。趋化营养物是商业生物技术中应用最广泛的生物，因为它们在广泛的环境条件下（例如 pH 和温度）具有灵活性，不依赖于光条件，其反应装置更紧凑，并且具有较高的硫化物耐受性。硫氧化细菌（SOB）广泛的化学自养代谢使得它们在处理含有低水平有机物和高浓度无机还原性硫化合物的含硫化物废水中的处于优势，其代谢多样性也确保了即使在系统波动时也能保持稳定的性能[131-133]。

HS^-和S^0是绿硫菌（GSB）、紫硫菌（PSB）和无色硫细菌最常见的电子供体。以往研究在这三个SOB组中观察和报道了多种硫氧化途径。然而，由于水平基因转移，这些群体之间的通路不存在显著差异，这些途径在GSB、PSB和无色硫细菌中普遍分布[131]。

一般来说，S^0首先在HS^-的氧化过程中形成，由黄细胞色素c硫化物脱氢酶（FCSD）或硫醌氧化还原酶（SQR）及其亚基进行。然后，电子分别转移到膜界细胞色素c池或醌池。当采用FCSD或SQR代谢时，细胞色素c和醌的氧化还原状态受硫化物-氧化剂比的影响，决定了生物硫化物氧化的最终产物。当氧化剂水平较低时，S^0是主要产物。细胞内（如大多数光营养性PSB和趋化性SOB，如Beggiatoa）或细胞外（如大多数光营养性GSB和趋化性SOB，如硫杆菌）产生的S^0可以作为能量和电子储存物质。当硫化物供应耗尽时，S^0氧化为SO_4^{2-}可以产生额外的能量[133]。

在S^0氧化为SO_4^{2-}的过程中，第一步形成SO_3^{2-}作为中间体。在这一步骤中，硫氧化酶还原酶(SOR)被认为负责将S^0氧化为SO_3^{2-}。随后从SO_3^{2-}氧化为SO_4^{2-}主要使用两个已确认的子途径之一。第一种方法使用亚硫酸盐氧化酶，该酶氧化SO_3^{2-}并将电子转移到细胞色素c上。在另一个亚途径中，硫化养生物通过APS（磷酸腺苷）还原酶的反向活性将SO_3^{2-}氧化为SO_4^{2-}，APS(磷酸腺苷)还原酶是SRB代谢中将SO_4^{2-}还原为SO_3^{2-}的必需酶。当AMP（单磷酸腺苷）转化为ADP（二磷酸腺苷）时，该反应产生一个能量丰富的磷酸键。除了这两种途径之外，第三种完全硫氧化的途径是Sox（硫氧化）系统，不需要中间的SO_3^{2-}形成。Sox系统广泛存在于自然界中，由一系列酶组成，存在于光养性和趋化性SOB中[131]。

从还原的硫化合物传递的电子通过硫氧化酶系统进入电子传递链。根据电子给体对和相应的硫氧化酶的E_0'，电子以不同的载流子水平进入电子传递链，并通过电子传递链进行传递，产生质子动力，形成ATP。这些载流子水平包括：黄蛋白($E_0'=-0.2\ V$)，它接受HS^-的电子；at醌($E_0'=0\ V$)；或细胞色素c($E_0'=+0.3\ V$)，它接受来自S^0和SO_3^{2-}的电子。在自养（光自养和化养自养）生长中，还原力（NADH）对CO_2固定至关重要。在PSB和无色硫细菌中，反向电子流是产生NADH所必需的，主要的电子受体黄蛋白和醌比NAD+/NADH对具有更大的正电位。在GSB的电子链中，通过光驱动反应产生比NADH更负的铁氧化还蛋白。作为一个耗能的过程，反向电子转移降低了硫氧化的能量效率。在光养生物中，电子在反应中心的激活状态和基态内循环，只有在产生还原剂（如NADH）来固定CO_2时才会产生净电子消耗。然而，来自外部电子供体（如HS^-）的连续净电子消耗在趋化营养物中是必需的。来自硫化物的电子在趋化营养电子传递链中进行能量转移和二氧化碳固定，这表明趋化营养生物比光养生物具有更好的硫化物氧化能力，因为光养生物只有在形成新的细胞团块时才消耗硫化物[133]。

1.5.2.2 硫氧化菌

硫化物的生物去除基于光自养或化能自养硫氧化细菌的活动。光自养硫氧化细菌

（SOB）通过光能为其新陈代谢提供能量，而化能自养 SOB 则直接通过氧化反应获得能量，在此过程中，氧（好氧微生物）或硝酸盐或亚硝酸盐（缺氧微生物）作为氧化硫化物过程中释放的电子的受体。从技术角度看，化能自养硫氧化细菌（如硫杆菌属 Thiobacillus、硫热菌属 Sulfolobus、温热菌属 Thermothrix、白色硫细菌 Beggiatoa 和硫丝菌属 Thiothrix）被认为是去除硫化物最合适的微生物，它们也称为无色硫氧化细菌。这些细菌因其硫化物氧化速率高、营养需求低和对硫化物及氧的极高亲和力而特别适用。这些特性使它们能在自然环境和氧供应有限的生物反应器中有效地与化学氧化硫化物竞争[131,134]。

利用光合硫氧化细菌的主要问题在于其缓慢的生长速率，因此需要强烈的光源，大大提高了运营成本。如果培养基中存在适当的有机物，细菌生长不一定需要依赖无机营养物，它们可以利用这些有机物作为碳、能量或氮的来源。在光照条件下，光合自养细菌直接将光能转化为化学能；在暗条件下，它们利用储存的 ATP 能量将二氧化碳还原为有机化合物。

在光合硫氧化细菌中，绿色和紫色硫氧化细菌（GSB 和 PSB）最为常见，它们除了需要光能和二氧化碳外，还需要无机营养物（如铵盐、氯化物、磷酸盐、硫酸盐或某些微量元素）来形成新的细胞物质。绿硫细菌通过单质硫氧化硫化物生成硫酸盐，它们相比其他光合生物在更低光强条件下也能发挥功能，并且能在厌氧条件下进行光合作用，但在完全黑暗中不生长。绿硫细菌包括 Chlorobium、Chloroherpeton、Prosthecochloris、Pelodictyon 和 Ancalochloris 等种类，其中 Chlorobium limicola 的 thiosulfatophilium 形式在 350～850 nm 范围内具有最佳的光吸收谱，最佳吸收峰为 760 nm。紫硫细菌（如 Allochromatium、Chromatium、Thioalkalicoccus、Thiorodococcus、Thiococcus、Thiocystis、Thiospirillum 等）在细胞内储存球形硫粒，随后氧化生成硫酸盐并从细胞中释放。PSB 也能利用有机化合物，因此被视为兼性无机营养细菌。还有一些硫氧化细菌（如 Ectothiorhodospira、Halorhodospira、Thiorhodospira）能在细胞外产生硫。PSB 的细菌叶绿素与叶绿素 a 结构相近，此外它们还含有红色和黄色的类胡萝卜素[131]。

化能自养硫氧化细菌，通常称为无色硫氧化细菌，利用还原态无机硫化合物（如硫化氢、硫代硫酸盐、亚硫酸盐、单质硫）来获取能量，有时也能利用有机硫化合物（如甲硫醇、二甲基硫醚、二甲基二硫）。这些细菌通常使用二氧化碳作为碳源构建新的细胞物质。无色硫氧化细菌属于革兰氏阴性菌，其生长需求在同一属的不同种之间差异较大。它们的最适生长温度范围为 4～90 ℃，pH 在 1～9。研究中的大多数化能自养细菌在中温或高温条件下生长最佳[131-134]。

化能自养硫氧化细菌根据形态和分类可分为两个不同的群体：小型短杆菌属 Thiobacillus（如 Thiobacillus thioparus、Thiobacillus denitrificans 或 Thiobacillus thiooxidans）和长丝状细菌属，如白色硫细菌属 Beggiatoa 和硫丝菌属 Thiothrix。长丝状细菌群体将 H_2S 氧化为单质硫（S^0），存储在细胞内部，随后可以进一步氧化为硫酸盐。当硫化氢供应充足时，硫在细胞内以黑色滴状形式储存，但在硫化氢短缺或氧化剂过量的情况下，S^0 进一步氧化为能穿过细胞壁的可溶性硫酸盐。化能自养硫氧化细菌根据碳源和能源的不同可以分为四组。

① 专性化能自养硫氧化细菌：使用二氧化碳作为碳源，利用不同无机硫化合物获取能量（某些硫杆菌属 Thiobacillus、硫微螺菌属 Thiomicrospira）。

② 兼性化能自养硫氧化细菌：也使用二氧化碳构建细胞，并利用无机物质获取能量，但此外还能异养利用有机化合物作为碳源和能量来源（如 *Paracoccus denitrificans*、硫杆菌属 *Thiobacillus*、温热菌属 *Thermotrix* 或硫热菌属 *Sulfolobus*）。

③ 化能自养硫氧化细菌：能通过氧化还原硫化合物获得能量，但不能固定二氧化碳（白色硫细菌属 *Beggiatoa* 和硫杆菌属 *Thiobacillus*）。

④ 化学有机营养硫氧化细菌：氧化硫化合物而不从反应中获得能量（硫杆菌属 *Thiobacterium*、硫丝菌属 *Thiothrix*）[131]。

自养反硝化硫氧化细菌属于化能自养硫氧化细菌的分支，在硝酸盐或亚硝酸盐存在条件下，生物氧化硫化物成为一种从污染气体和水体中移除的还原态硫。此类脱硫方法基于 *T. denitrificans*、*Thiomicrospira denitrificans*、*Thiobacillus versutus*、*Thiosphaera pantotropha* 和 *P. denitrificans* 等细菌活性。这些细菌能够使用各种无机还原态硫化合物进行化能自养生长，同时将硝酸盐或亚硝酸盐还原为氮气。硫化物氧化的最终产物为单质硫或硫酸盐，氮气或亚硝酸作为中间产物[82,131]。

P. denitrificans 属于α-变形菌群，是革兰氏阴性球菌，最初由 M. Beijerinck 于 1908 年命名为 *Micrococcus denitrificans*，并于 1969 年更名为现名。该细菌偏好好氧条件，可作为化能异养生物在单碳有机化合物（如甲醇或甲胺）上生长，将其氧化为二氧化碳；同时也可作为化能自养生物使用还原态硫和氢作为电子供体进行反硝化。*T. denitrificans* 属于β-变形菌群。在硫化物和硫代硫酸盐氧化过程中，除了氧化态氮，也可利用黄铁矿（FeS_2 和 FeS）中的 Fe^{2+}。与其他化能自养硫氧化细菌不同，它是兼性厌氧菌。在好氧环境下，它能够利用硫代硫酸盐和硫氰酸盐，在厌氧环境下，它还能利用硫化物和单质硫。最佳生长条件的 pH 为 6.9，温度为 29.5 ℃；反硝化的最佳 pH 为 6.85，温度为 32.8 ℃。该细菌在较短时间内对适合的载体（如颗粒活性炭）具有良好的固定化能力。*T. denitrificans ATCC 33889* 于 2007 年被重新分类为 *Sulfurimonas denitrificans DSM 1251*。它属于ε-变形菌群，能氧化硫化物、硫代硫酸盐和单质硫，同时使用硝酸盐和氧气作为电子受体。最佳生长温度为 26 ℃。*T. thioparus* 是少数能通过硫化物氧化将硝酸盐还原为亚硝酸盐的自养反硝化细菌之一。尽管自养反硝化细菌是化能自养的，但许多反硝化细菌能够适应自养、异养和混合营养生长方式（如 *P. versatus*、*P. denitrificans*、*Beggiatoa sp.*）[131,135]。

相比于异养反硝化细菌（生长速率：$0.2 \sim 0.4\ h^{-1}$；污泥产量：$0.71 \sim 1.2$ mg VSS/mg N），自养反硝化硫氧化细菌的生长速度较慢（$0.04 \sim 0.27\ h^{-1}$），污泥产量也较低（$0.15 \sim 0.53$ mg VSS/mg N）。迄今为止，自养反硝化硫氧化细菌 *Thiobacillus*、*Sulfurimonas*、*Paracoccus* 和 *Thioalkalivibrio* 已在废水处理设施中检测出，占总细菌的 0.4%~23%。在废水处理过程中，*Thiobacillus* 和 *Sulfurimonas* 是众所周知的主导自养反硝化硫氧化细菌，相对丰度达 30%~40%[39,135]。

1.5.3 硫代谢与氮代谢的耦合

1.5.3.1 硫代谢与氮代谢的耦合过程

在生物废水处理过程中使用氮、硫和碳循环日益重要，越来越多的关于硫转化各个方面的综述论文证实了这一点。为了节约能源和污泥产生量，特别是对于富含NH_4^+-N和SO_4^{2-}的工业废水，只有两个循环（N和S）或三个循环（N、S和C）的组合才是废水处理的合理方法。由于N、S和C去除过程的多样性，研究兴趣已转向使用基于异养硫酸盐还原、S依赖自养反硝化、硝化、反硝化、Anammox和硫酸盐型厌氧氨氧化等几个过程组合的单级和多级系统[136-141]。

硫和氮转化结合的已知过程有三种：S依赖性自养反硝化、异养硫酸盐还原和自养硫酸盐型厌氧氨氧化（见图1.8）。

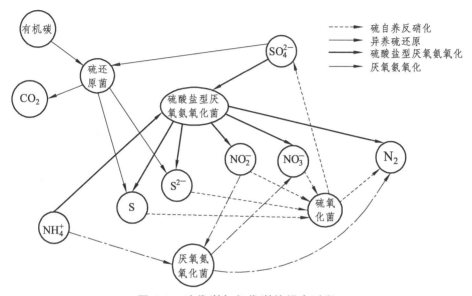

图1.8 硫代谢与氮代谢的耦合过程

S依赖的自养反硝化包括硫化合物[包括S^{2-}、S^0、硫代硫酸盐（$S_2O_3^{2-}$）和亚硫酸盐（SO_3^{2-}）]的氧化，伴随NO_3^--N和/或NO_2^--N的还原。已知参与该过程的微生物包括 *T. denitrificans*、*Thiomicrospira denitrificans*、*Thiobacillus versutus*、*Thiosphaera pantotropha* 和 *P. denitrificans*[119-121]。*P. denitrificans* 是一种化能自养的α-变形菌，能够在利用还原态硫和氢作为电子供体进行反硝化的同时，生长在有机单碳化合物（如甲醇、甲胺）上。*T. denitrificans* 属于β-变形菌，可在好氧条件下利用$S_2O_3^{2-}$和硫氰酸盐，以及在厌氧条件下额外使用S^{2-}和S^0。*Sulfurimonas denitrificans* 属于ε-变形菌，能氧化SO_3^{2-}、$S_2O_3^{2-}$和S^0，同时使用NO_3^--N和氧气作为电子受体。*T. thioparus* 是通过氧化S^{2-}将NO_3^--N还原为NO_2^--N的自养反硝化代表之一。尽管自养反硝化细菌是化能自养的，但许多反硝化细菌能够适应自养、异养甚至混合营养生长方式（如 *P. versatus*、*P. denitrificans*、*Beggiatoa sp.*）。

异养硫酸盐还原是SO_4^{2-}的还原过程，分为两个独立的路径。第一种路径是利用有机电子供体，这些同时也是硫酸还原菌（SRB）的碳源。第二种路径是使用无机电子供体，此时需补充碳源，如二氧化碳。硫酸还原菌可以分为7个系统发育分支，其中5个属于细菌，2个属于古菌。在硫酸盐还原反应器中发现的大多数SRB属于变形菌门Deltaproteobacteria的23个属，包括 *Desulfovibrio*、*Desulfobacteraceae*、*Desulfobulbaceae*、*Syntrophobacteraceae*、

Desulfomicrobium 和 *Desulfohalobium*。另外的 SRB 属于革兰氏阳性菌门 Clostridia，包括 *Desulfotomaculum*、*Desulfosporosinus* 和 *Desulfosporomusa*。三个分支 Nitrospirae（*Thermodesulfovibrio*）、Thermodesulfobacteria（*Thermodesulfobacterium*）和 Thermodesulfobiaceae（*Thermodesulfobium*）仅包含耐热的 SO_4^{2-} 还原剂。古菌类的 SRB 属于 Euryarchaeota 和 Crenarchaeota 门[127]。

在新型的硫酸盐型厌氧氨氧化（sulfammox）过程中，NH_4^+ NH_4^+-N 被氧化为 N_2，而 SO_4^{2-} 作为电子受体在厌氧条件下被还原为 S^0。*Brocadia Anammoxoglobus Sulfate* 是一种功能性微生物，负责同时去除 NH_4^+-N 和 SO_4^{2-}，并通过生成 NO_2^--N 作为中间产物完成 NH_4^+-N 和 SO_4^{2-} 的转化。第二个分离出的物种 *Bacillus Benzoevorans*，负责执行整个硫酸盐型厌氧氨氧化反应。*Verrucomicrobia* 也被报道参与硫酸盐型厌氧氨氧化过程。一些可能执行硫酸盐型厌氧氨氧化的变形菌门（Proteobacteria）包括以下种类：*Sulfurimonas*、*Desulfuromonadales*、*Desulfovibrio*、*Desulfuromonas*、*Desulfobulbus*、未分类的 *Rhodobacteraceae* 和 *Thiobacillus*[136]。

1.5.3.2 集成 N-S-C 循环的废水处理系统

1. SO_4^{2-} 还原、自养反硝化和硝化的综合耦合工艺（SANI）

生物 SO_4^{2-} 还原以及 S 以 SO_3^{2-}、S^0 或 $S_2O_3^{2-}$ $S_2O_3^{2-}$ 形式的生物氧化是废水处理系统中 S 转化的两种主要途径。SO_4^{2-} 还原、自养反硝化和硝化的综合耦合工艺（SANI）旨在主要去除有机化合物和氮。该工艺的原理、影响因素和应用场景将在后续章节中具体描述。

2. 硫循环与 Anammox 耦合工艺

Anammox 工艺在共处理含 S 化合物，特别是含 S^{2-} 的废水方面也具有经济优势。以 Anammox 为基础的 N 和 S 联合去除系统包括：① 硫酸盐还原，反硝化/Anammox 和部分硝化(SRDAPN)；② 部分硝化/Anammox 和 S 依赖自养反硝化(PNASD)；③ Anammox 和 S 依赖自养反硝化(ASD)；④ S 依赖自养部分反硝化/Anammox(SPDA)。SRDAPN 过程类似于 SANI 过程，但 Anammox 有所增强，如图 1.9（a）所示。因此，产生 NO_2^--N 只需要部分硝化而不是完全硝化[136-138]。

3. 硫酸盐型厌氧氨氧化工艺

硫酸盐型厌氧氨氧化和 Anammox 都含有氨氮的"厌氧"氧化。之前研究在海洋沉积物和厌氧污泥中发现了这两个过程的共存。在硫酸盐型厌氧氨氧化中，SO_4^{2-} 是一个电子受体，它被还原成 S^0 或 S^{2-}，而 NH_4^+-N 被氧化成 N_2、NO_2^--N 和/或 NO_3^--N。硫酸盐型厌氧氨氧化可单独发生，如图 1.9（a）所示。或者，形成的 NO_2^--N 可以在硫酸盐型厌氧氨氧化/厌氧氨氧化（SA）组合体系中用作厌氧氨氧化的电子受体[136,139-141]，如图 1.9（b）所示。

由于硫酸盐型厌氧氨氧化会产生 NO_2^--N 和 NO_3^--N，在硫酸盐型厌氧氨氧化-S 依赖性自养反硝化（SSD）系统中，该过程可与自养 S 依赖性反硝化相结合，如图 1.9（c）所示。

硫酸盐型厌氧氨氧化中生成的 S^0 和 S^{2-} 可以再次氧化为 SO_4^{2-}，而 NO_x-N 则被还原为 N_2。SSD 系统可以在 SASD（硫酸盐型厌氧氨氧化-Anammox-S 依赖性自养反硝化）中使用 Anammox 进行扩展，如图 1.9（d）所示。在此系统中，AAOB 和自养反硝化菌都可还原 NO_2^--N[136,137]。

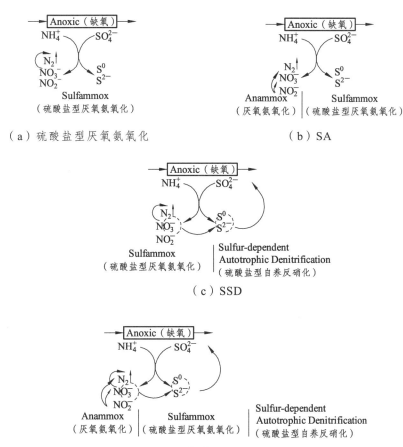

图 1.9　含硫酸盐型厌氧氨氧化工艺的废水处理系统[136]

参考文献

[1] KEISMAN J L, DEVEREUX O H, LAMOTTE A E, et al. Manure and fertilizer inputs to land in the Chesapeake Bay watershed, 1950–2012[R]. US Geological Survey, 2018.

[2] WATSON E B, POWELL E, MAHER N P, et al. Indicators of nutrient pollution in Long Island, New York, estuarine environments[J]. Marine environmental research, 2018, 134: 109-120.

[3] NIRAULA R, KALIN L, SRIVASTAVA P, et al. Identifying critical source areas of nonpoint source pollution with SWAT and GWLF[J]. Ecological Modelling, 2013, 268: 123-133.

[4] BORAH D K, BERA M. Watershed-scale hydrologic and nonpoint-source pollution models: Review of mathematical bases[J]. Transactions of the ASAE, 2003, 46(6): 1553-1566.

[5] MARGALEF-MARTI R, CARREY R, VILADÉS M, et al. Use of nitrogen and oxygen isotopes of dissolved nitrate to trace field-scale induced denitrification efficiency throughout an in-situ groundwater remediation strategy[J]. Science of the total environment, 2019, 686: 709-718.

[6] CERQUEIRA M A, SILVA J F, MAGALHÃES F P, et al. Assessment of water pollution in the Antuã River basin (Northwestern Portugal)[J]. Environmental monitoring and assessment, 2008, 142: 325-335.

[7] MIAN I A, BEGUM S, RIAZ M, et al. Spatial and temporal trends in nitrate concentrations in the River Derwent, North Yorkshire, and its need for NVZ status[J]. Science of the Total Environment, 2010, 408(4): 702-712.

[8] SCHEREN P, ZANTING H A, LEMMENS A M C. Estimation of water pollution sources in Lake Victoria, East Africa: application and elaboration of the rapid assessment methodology[J]. Journal of environmental management, 2000, 58(4): 235-248.

[9] NYENJE P M, FOPPEN J W, UHLENBROOK S, et al. Eutrophication and nutrient release in urban areas of sub-Saharan Africa—a review[J]. Science of the total environment, 2010, 408(3): 447-455.

[10] CUI S, SHI Y, GROFFMAN P M, et al. Centennial-scale analysis of the creation and fate of reactive nitrogen in China (1910–2010)[J]. Proceedings of the National Academy of Sciences, 2013, 110(6): 2052-2057.

[11] TONG Y, WANG X, ZHEN G, et al. Agricultural water consumption decreasing nutrient burden at Bohai Sea, China[J]. Estuarine Coastal & Shelf Science, 2016, 169: 85-94.

[12] LIU X, BEUSEN A H W, VAN BEEK L P H, et al. Exploring spatiotemporal changes of the Yangtze River (Changjiang) nitrogen and phosphorus sources, retention and export to the East China Sea and Yellow Sea[J]. Water Research, 2018, 142: 246-255.

[13] HUANG Q, SHEN H, WANG Z, et al. Influences of natural and anthropogenic processes on the nitrogen and phosphorus fluxes of the Yangtze Estuary, China[J]. Regional Environmental Change, 2006, 6(3): 125-131.

[14] 吴洁, 虞左明, 钱天鸣. 钱塘江干流杭州段水体氮污染特征分析[J]. 长江流域资源与环境, 2003, 12(6): 552-556.

[15] 中华人民共和国水利部. 中国水资源公报 2018[M]. 北京：中国水利水电出版社, 2019.

[16] 田盼, 王丽婧, 宋林旭, 等. 三峡水库典型支流不同时期的水质污染特征及其影响因素[J]. 环境科学学报, 2021, 41(6): 2182-2191.

[17] 王菁晗, 何吕奇姝, 杨成, 等. 太湖、巢湖、滇池水华与相关气象、水质因子及其响应的比较(1981—2015 年)[J]. 湖泊科学, 2018, 30(4): 897-906.

[18] 陈丹, 张冰, 曾逸凡, 等. 基于SWAT模型的青山湖流域氮污染时空分布特征研究[J]. 中国环境科学, 2015, 35(4): 1216-1222.

[19] 吴娟娟, 卞建民, 万罕立, 等. 松嫩平原地下水氮污染健康风险评估[J]. 中国环境科学, 2019, 39(8): 3493-3500.

[20] CONLEY D J, PAERL H W, HOWARTH R W, et al. Controlling eutrophication: nitrogen and phosphorus[J]. Science, 2009, 323(5917): 1014-1015.

[21] MARGALEF-MARTI R, CARREY R, VILADÉS M, et al. Use of nitrogen and oxygen isotopes of dissolved nitrate to trace field-scale induced denitrification efficiency throughout an in-situ groundwater remediation strategy[J]. Science of the total environment, 2019, 686: 709-718.

[22] 郑雯婧, 林建伟, 詹艳慧, 等. 锆-十六烷基三甲基氯化铵改性活性炭对水中硝酸盐和磷酸盐的吸附特性[J]. 环境科学, 2015, 36(6): 2185-2194.

[23] 程婷. 硫酸改性沸石吸附去除水中硝酸盐的特性研究[J]. 四川化工, 2020, 23(06): 39-42.

[24] 刘志超, 史晓燕, 李艳根, 等. 镧改性粉煤灰及其脱氮除磷效果研究[J]. 化工新型材料, 2018, 46(02): 205-208.

[25] 于晓梅, 李阳, 马艳飞. 季胺基改性枯叶吸附水中硝酸盐氮的研究[J]. 化工管理, 2021(17): 74-75.

[26] TARRE S, BELIAVSKI M, GREEN M. Evaluation of a pilot plant for removal of nitrate from groundwater using ion exchange and recycled regenerant[J]. Water Practice and Technology, 2017, 12(3): 541-548.

[27] NUJIC M, MILINKOVIC D, HABUDA-STANIC M. Nitrate removal from water by ion exchange[J]. Croatian Journal of Food Science and Technology, 2017, 9(2): 182-186.

[28] YAO S, LIU Z, SHI Z. Adsorption behavior of cadmium ion onto synthetic ferrihydrite: effects of pH and natural seawater ligands[J]. Journal of the Iranian Chemical Society, 2014, 11(6): 1545-1551.

[29] PAL P, BANAT F, ALSHOAIBI A. Adsorptive removal of heat stable salt anions from industrial lean amine solvent using anion exchange resins from gas sweetening unit[J]. Journal of Natural Gas Science and Engineering, 2013, 15: 14-21.

[30] 张满成, 吕宗祥, 付益伟, 等. 基于离子交换树脂的可渗透反应墙去除地下水硝酸盐污染研究[J]. 环境科技, 2022, 35(1): 7-11.

[31] HAI O S, YANG Z, AI M L, et al. Selective removal of nitrate by using a novel macroporous acrylic anion exchange resin[J]. Chinese Chemical Letters, 2012, 23(5): 603-606.

[32] 赵群. 废水中硝态氮来源、转化及去除方法[J]. 山东理工大学学报(自然科学版), 2014, 28(4): 53-56.

[33] 郝志伟，李亮，马鲁铭. 零价铁还原法脱除地下水中硝酸盐的研究[J]. 中国给水排水, 2008, 24(17): 36-39.

[34] 孙拓，李一兵，张汝山，等. 硝酸盐废水的连续流电催化脱氮研究[J]. 环境科学学报, 2021, 41(7): 2806-2813.

[35] 李熔，宋长忠，赵旭，等. Pd/rGO/C 电极催化还原硝酸盐[J]. 环境工程学报, 2016, 10(2): 648-654.

[36] GHOSH A K S P. Biological attenuation of arsenic and nitrate in a suspended growth denitrifying-sulfidogenic bioreactor and stability check of arsenic laden biosolids[J]. Environmental Technology, 2019(9): 1-38.

[37] ZHENG M, LIU Y C, WANG C W. Modeling of enhanced denitrification capacity with microbial storage product in MBR systems[J]. Separation & Purification Technology, 2014,126(15):1-6.

[38] 丁晓倩，赵剑强，陈钰，等. 传统和氧化沟型 A～2/O 工艺脱氮除磷性能对比[J]. 环境工程学报, 2018,v.12(5):208-217.

[39] 刘诗艺.厌氧氨氧化耦合硫自养反硝化污水处理脱氮途径[D].重庆大学,2021.

[40] PAN K L, GAO J F, LI H Y , et al. Ammonia-oxidizing bacteria dominate ammonia oxidation in a full-scale wastewater treatment plant revealed by DNA-based stable isotope probing[J]. Bioresource Technology, 2018, 256:152-159.

[41] STEIN L Y, ARP D J. Loss of Ammonia Monooxygenase Activity in Nitrosomonas europaea upon Exposure to Nitrite[J]. Applied and Environmental Microbiology, 1998, 64(10):4098-4102.

[42] SOLIMAN M, ELDYASTI A. Ammonia-Oxidizing Bacteria (AOB): opportunities and applications—a review[J]. Reviews in Environmental Science and Bio/Technology, 2018, 17:285-321.

[43] SUNDERMEYER-KLINGER H, MEYER W, WARNINGHOFF B, et al. Membrane-bound nitrite oxidoreductase of Nitrobacter: evidence for a nitrate reductase system[J]. Archives of Microbiology, 1984, 140(2-3):153-158.

[44] HANAKI K, WANTAWIN C, OHGAKI S. Nitrification at low levels of dissolved oxygen with and without organic loading in a suspended-growth reactor[J]. Water Research, 1990, 24(3):297-302.

[45] pommereningroser A, Rath G, Koops H P. Phylogenetic diversity within the genus Nitrosomonas[J]. Systematic & Applied Microbiology, 1996, 19(3):344-351.

[46] KUYPERS M M M, MARCHANT H K, KARTAL B. The microbial nitrogen-cycling network[J]. Nature Reviews Microbiology, 2018, 16(5):263-276.

[47] PESTER M, MAIXNER F, BERRY D, et al. NxrB encoding the beta subunit of nitrite oxidoreductase as functional and phylogenetic marker for nitrite‐oxidizing N itrospira[J]. Environmental microbiology, 2014, 16(10): 3055-3071.

[48] WU L, CHEN X, WEI W, et al. A critical review on nitrous oxide production by ammonia-oxidizing archaea[J]. Environmental Science & Technology, 2020, 54(15): 9175-9190.

[49] DAIMS H, LÜCKER S, WAGNER M. A new perspective on microbes formerly known as nitrite-oxidizing bacteria[J]. Trends in microbiology, 2016, 24(9): 699-712.

[50] LÜCKER S, SCHWARZ J, GRUBER-DORNINGER C, et al. Nitrotoga-like bacteria are previously unrecognized key nitrite oxidizers in full-scale wastewater treatment plants[J]. The ISME journal, 2015, 9(3): 708-720.

[51] 王智慧. 土壤中全程和半程硝化微生物的生态位分化及功能重要性研究[D]. 西南大学, 2021.

[52] LÜCKER S, WAGNER M, MAIXNER F, et al. A Nitrospira metagenome illuminates the physiology and evolution of globally important nitrite-oxidizing bacteria[J]. Proceedings of the National Academy of Sciences, 2010, 107(30): 13479-13484.

[53] DAIMS H, LÜCKER S, WAGNER M. A new perspective on microbes formerly known as nitrite-oxidizing bacteria[J]. Trends in microbiology, 2016, 24(9): 699-712.

[54] WALLENSTEIN M D, MYROLD D D, VOYTEK F M. Environmental Controls on Denitrifying Communities and Denitrification Rates: Insights from Molecular Methods[J]. Ecological Applications, 2006, 16(6):2143-2152.

[55] HAYATSU M, TAGO K, SAITO M. Various players in the nitrogen cycle: Diversity and functions of the microorganisms involved in nitrification and denitrification[J]. Soil Science and Plant Nutrition, 2008, 54(1):33-45.

[56] ZHANG Y, JI G, WANG R. Drivers of nitrous oxide accumulation in denitrification biofilters with low carbon: nitrogen ratios[J]. Water Research, 2016,106:79-85.

[57] MATEJU V, CIZINSKA S, KREJCI J, et al. Biological water denitrification——A review[J]. Enzyme Microbial Technology, 1992(14):170-183.

[58] PAN Y, YE L, NI B J, et al. Effect of pH on N_2O reduction and accumulation during denitrification by methanol utilizing denitrifiers[J]. Water Research, 2013,47(15): 8408-8415.

[59] NI B, RUSCALLEDA M, PELLICER-NÀCHER C, et al. Modeling nitrous oxide production during biological nitrogen removal via nitrification and denitrification: extensions to the general ASM models[J]. Environmental Science & Technology, 2011,45(18):7768-7776.

[60] HEUVEL R N V D, BIEZEN E V D, JETTEN M S M, et al. Denitrification at pH 4 by a soil-derived Rhodanobacter-dominated community[J]. Environmental Microbiology, 2010,12(12):3264-3271.

[61] SILVA-TEIRA A, VÁZQUEZ-PADÍN J R, WEILER R, et al. Performance of a hybrid membrane bioreactor treating a low strength and alkalinity wastewater[J]. Process Biochemistry, 2018, 66:176-182.

[62] PHILLIPS R L, MCMILLAN A, PALMADA T, et al. Temperature effects on N_2O and N_2 denitrification end-products for a New Zealand pasture soil[J]. New Zealand Journal of Agricultural Research, 2015,58(1):89-95.

[63] HE T, YE Q, SUN Q, et al. Removal of nitrate in simulated water at low temperature by a novel psychrotrophic and aerobic bacterium, Pseudomonas taiwanensis strain J[J]. BioMed Research International, 2018,2018(12 b):1-9.

[64] TAYLOR B F. Aerobic and anaerobic catabolism of vanillic acid and some other methoxy-aromatic compounds by Pseudomonas sp. strain PN-1[J]. Applied & Environmental Microbiology, 1983,46(6):1286-1292.

[65] ROCKNE K J, CHEE-SANFORD J C, SANFORD R A, et al. Anaerobic naphthalene degradation by microbial pure cultures under nitrate-reducing conditions[J]. Applied and Environmental Microbiology, 2000,66(4):1595-1601.

[66] JANG J, ANDERSON E L, VENTEREA R T, et al. Denitrifying bacteria active in woodchip bioreactors at low-temperature conditions[J]. Frontiers in Microbiology, 2019,10.

[67] HREIZ R, LATIFI M, ROCHE N. Optimal design and operation of activated sludge processes: State-of-the-art[J]. Chemical Engineering Journal, 2015, 281:900-920.

[68] VAN KESSEL M A H J, SPETH D R, ALBERTSEN M, et al. Complete nitrification by a single microorganism[J]. Nature, 2015, 528(7583): 555-559.

[69] DAIMS H, LEBEDEVA E V, PJEVAC P, et al. Complete nitrification by Nitrospira bacteria[J]. Nature, 2015, 528(7583): 504-509.

[70] SANTORO A E. The do-it-all nitrifier[J]. Science, 2016, 351(6271): 342-343.

[71] XI H, ZHOU X, ARSLAN M, et al. Heterotrophic nitrification and aerobic denitrification process: Promising but a long way to go in the wastewater treatment[J]. Science of The Total Environment, 2022, 805: 150212.

[72] HU B, LU J, QIN Y, et al. A critical review of heterotrophic nitrification and aerobic denitrification process: Influencing factors and mechanisms[J]. Journal of Water Process Engineering, 2023, 54: 103995.

[73] GAO D, PENG Y, LI B, et al. Shortcut nitrification–denitrification by real-time control strategies[J]. Bioresource Technology, 2009, 100(7): 2298-2300.

[74] HUANG X, LEE P H. Shortcut nitrification/denitrification through limited-oxygen supply with two extreme COD/N-and-ammonia active landfill leachates[J]. Chemical Engineering Journal, 2021, 404: 126511.

[75] FAN S Q, WEN W R, XIE G J, et al. Revisiting the Engineering Roadmap of Nitrate/Nitrite-Dependent Anaerobic Methane Oxidation[J]. Environmental Science & Technology, 2023, 57(50): 20975-20991.

[76] SMITH R L. Comparison of denitrification activity measurements in groundwater using cores and natural-gradient tracer tests[J]. Environmental Science & Technology, 1996,30(12):3448-3456.

[77] RAGHOEBARSING A A, ARJAN P, PAS-SCHOONEN K T V D, et al. A microbial consortium couples anaerobic methane oxidation to denitrification[J]. Nature, 2006,440(7086):918.

[78] YING S, SHIHU H, JUQING L, et al. Nitrogen removal from wastewater by coupling anammox and methane-dependent denitrification in a membrane biofilm reactor[J]. Environmental Science & Technology, 2013,47(20):11577-11583.

[79] CANFIELD D E, GLAZER A N, AND FALKOWSKI P G. The Evolution and Future of Earth's Nitrogen Cycle[J]. Science, 2010, 330(6001):192-196.

[80] KUYPERS M M M, Marchant H K, Kartal B. The microbial nitrogen-cycling network[J]. Nat Rev Microbiol, 2018, 16(5):263-276.

[81] WINKLER M K H, STRAKA L. New directions in biological nitrogen removal and recovery from wastewater[J]. Curr Opin Biotech, 2019, 57:50-55.

[82] 王伟刚, 王彤, 樊宇菲, 等. 厌氧氨氧化颗粒污泥聚集机制研究进展[J]. 微生物学通报, 2022, 49(5): 1927-1940.

[83] 郑平, 张蕾. 厌氧氨氧化菌的特性与分类[J]. 浙江大学学报（农业与生命科学版）, 2009 (5): 473-481.

[84] 彭梦文. 厌氧氨氧化菌微观结构及铁调控机理研究[D]. 重庆大学, 2020.

[85] FEROUSI C, LINDHOUD S, BAYMANN F, et al. Iron assimilation and utilization in anaerobic ammonium oxidizing bacteria[J]. Curr Opin Chem Biol, 2017, 37:129-136.

[86] Kartal B, KELTJENS J T. Anammox Biochemistry: a Tale of Heme c Proteins[J]. Trends Biochem Sci, 2016, 41(12):998-1011.

[87] DIETL A, FEROUSI C, MAALCKE W J, et al. The inner workings of the hydrazine synthase multiprotein complex[J]. Nature, 2015, 527(7578):394-397.

[88] SHEN L, LIU S, LOU L, et al. Broad Distribution of Diverse Anaerobic Ammonium-Oxidizing Bacteria in Chinese Agricultural Soils[J]. Appl Environ Microb, 2013, 79(19): 6167-6172.

[89] LIU S, SHEN L, LOU L, et al. Spatial Distribution and Factors Shaping the Niche Segregation of Ammonia-Oxidizing Microorganisms in the Qiantang River, China[J]. Appl Environ Microb, 2013, 79(13):4065-4071.

[90] WANG W, YAN Y, ZHAO Y, et al. Characterization of stratified EPS and their role in the initial adhesion of anammox consortia[J]. Water Res, 2020, 169:115223.

[91] ZHAO Y, FENG Y, LI J, et al. Insight into the Aggregation Capacity of Anammox Consortia during Reactor Start-Up[J]. Environ Sci Technol, 2018, 52(6):3685-3695.

[92] LOTTI T, KLEEREBEZEM R, LUBELLO C, et al. Physiological and kinetic characterization of a suspended cell anammox culture[J]. Water Res, 2014, 60:1-14.

[93] KUENEN J G. Anammox bacteria: from discovery to application[J]. Nat Rev Microbiol, 2008, 6:320.

[94] KANG D, XU D, YU T, et al. Texture of anammox sludge bed: Composition feature, visual characterization and formation mechanism[J]. Water Res, 2019, 154:180-188.

[95] LACKNER S, GILBERT E M, VLAEMINCK S E, et al.Full-scale partial nitrition/anammox experiences--an application survey[J]. Water Res, 2014, 55:292-303.

[96] DU R, PENG Y, JI J, et al. Partial denitrification providing nitrite: Opportunities of extending application for anammox[J]. Environ Int, 2019, 131:105001.

[97] LU Y, LI N, DING Z, et al. Tracking the activity of the Anammox-DAMO process using excitation–emission matrix (EEM) fluorescence spectroscopy[J]. Water Res, 2017, 122:624-632.

[98] NOZHEVNIKOVA A N, SIMANKOVA M V, LITTI Y V. Application of the microbial process of anaerobic ammonium oxidation (ANAMMOX) in biotechnological wastewater treatment[J]. Appl Biochem Microb, 2012, 48(8):667-684.

[99] WANG W G, WANG Y Y, WANG X D, et al. Dissolved oxygen microelectrode measurements to develop a more sophisticated intermittent aeration regime control strategy for biofilm-based CANON systems[J]. Chemical Engineering Journal, 2019, 365: 165-174.

[100] VAN DER STAR WRL, ABMA W R, BLOMMERS D, et al. Startup of reactors for anoxic ammonium oxidation: experiences from the first full-scale anammox reactor in Rotterdam[J]. Water Research, 2007, 41(18): 4149-4163.

[101] CAO Y S, LOOSDRECHT M C M, DAIGGER G T. Mainstream partial nitritation-anammox in municipal wastewater treatment: status, bottlenecks, and further studies[J]. Applied Microbiology and Biotechnology, 2017, 101(4): 1365-1383.

[102] ZHANG L, NARITA Y, GAO L, et al. Maximum specific growth rate of anammox bacteria revisited[J]. Water Research, 2017, 116: 296-303.

[103] LOTTI T, KLEEREBEZEM R, ABELLEIRA-PEREIRA J M, et al. Faster through training: the anammox case[J]. Water Research, 2015, 81: 261-268.

[104] 许冬冬, 康达, 郭磊艳, 郑平. 厌氧氨氧化颗粒污泥研究进展[J]. 微生物学通报, 2019, 46(8): 1988-1997.

[105] QUAN Z X, RHEE S K, ZUO J E, et al. Diversity of ammonium-oxidizing bacteria in a granular sludge anaerobic ammonium-oxidizing (anammox) reactor[J]. Environmental Microbiology, 2008, 10(11): 3130-3139.

[106] SCHMID M, WALSH K, WEBB R, et al. Candidatus "Scalindua brodae", sp. nov., Candidatus "Scalindua wagneri", sp. nov., two new species of anaerobic ammonium oxidizing bacteria[J]. Systematic and Applied Microbiology, 2003, 26(4): 529-538.

[107] KARTAL B, RATTRAY J, VAN NIFTRIK LA, et al. Candidatus "Anammoxoglobus propionicus" a new propionate oxidizing species of anaerobic ammonium oxidizing bacteria[J]. Systematic and Applied Microbiology, 2007, 30(1): 39-49.

[108] VIANCELLI A, KUNZ A, ESTEVES PA, et al. Bacterial biodiversity from an anaerobic up flow bioreactor with ANAMMOX activity inoculated with swine sludge[J]. Brazilian Archives of Biology and Technology, 2011, 54(5): 1035-1041.

[109] KARTAL B, VAN NIFTRIK L, SLIEKERS O, et al. Application, eco-physiology and biodiversity of anaerobic ammonium-oxidizing bacteria[J]. Reviews in Environmental Science and Bio/Technology, 2004, 3(3): 255-264.

[110] OSHIKI M, SHIMOKAWA M, FUJII N, et al. Physiological characteristics of the anaerobic ammonium-oxidizing bacterium 'Candidatus Brocadia sinica'[J]. Microbiology, 2011, 157(6): 1706-1713.

[111] ARAUJO J C, CAMPOS A C, CORREA M M, et al. Anammox bacteria enrichment and characterization from municipal activated sludge[J]. Water Science and Technology, 2011, 64(7): 1428-1434.

[112] 余静,蒲生彦,王晓科,等.磁性壳聚糖凝胶微球固定反硝化菌去除地下水中硝酸盐氮[J].环境化学,2020,39(02):416-425.

[113] 刘瑞阳,岳俊杰,韩温诺,安毅.氢自养反硝化细菌对纳米铁沉降性能的影响[J].工业水处理,2019,39(10):41-44.

[114] 周艳. 氢自养反硝化与纳米铁还原耦合体系去除地下水中硝酸盐研究[D].成都理工大学,2018.

[115] 周可,潘元,田天,王进.铁自养反硝化污泥富集培养过程中化学与生物作用的变化规律[J].环境工程学报,2021,15(08):2789-2800.

[116] 张宁波,李祥,黄勇. pH 值对零价铁自养反硝化过程的影响[J]. 环境科学, 2017, 38(12): 5208-5214.

[117] ZHANG Y, SLOMP C P, BROERS H P, et al. Isotopic and microbiological signatures of pyrite-driven denitrification in a sandy aquifer. Chemical Geology, 2012, 300(2): 123-132.

[118] NEETHIRAJAN S, TUTEJA S K, HUANG S T, et al. Recent advancement in biosensors technology for animal and livestock health management[J]. Biosensors and Bioelectronics, 2017, 98: 398-407.

[119] WANG T, LI X, WANG H, et al. Sulfur autotrophic denitrification as an efficient nitrogen removals method for wastewater treatment towards lower organic requirement: A review[J]. Water Research, 2023: 120569.

[120] WANG S S, CHENG H Y, ZHANG H, et al. Sulfur autotrophic denitrification filter and heterotrophic denitrification filter: Comparison on denitrification performance, hydrodynamic characteristics and operating cost[J]. Environmental Research, 2021, 197: 111029.

[121] WANG J J, HUANG B C, LI J, et al. Advances and challenges of sulfur-driven autotrophic denitrification (SDAD) for nitrogen removal[J]. Chinese Chemical Letters, 2020, 31(10): 2567-2574.

[122] SHAO M F, ZHANG T, FANG H H P. Sulfur-driven autotrophic denitrification: diversity, biochemistry, and engineering applications[J]. Applied microbiology and biotechnology, 2010, 88: 1027-1042.

[123] ZHANG Q, XU X, ZHANG R, et al. The mixed/mixotrophic nitrogen removal for the effective and sustainable treatment of wastewater: From treatment process to microbial mechanism[J]. Water Research, 2022, 226: 119269.

[124] DI CAPUA F, PIROZZI F, LENS P N L, et al. Electron donors for autotrophic denitrification[J]. Chemical Engineering Journal, 2019, 362: 922-937.

[125] BOWLES M W, MOGOLLÓN J M, KASTEN S, et al. Global rates of marine sulfate reduction and implications for sub–sea-floor metabolic activities[J]. Science, 2014, 344(6186): 889-891.

[126] PANG Y, WANG J. Various electron donors for biological nitrate removal: A review[J]. Science of the total environment, 2021, 794: 148699.

[127] HAO T, XIANG P, MACKEY H R, et al. A review of biological sulfate conversions in wastewater treatment[J]. Water research, 2014, 65: 1-21.

[128] HAO T W, WEI L, LU H, et al. Characterization of sulfate-reducing granular sludge in the SANI® process[J]. Water research, 2013, 47(19): 7042-7052.

[129] SONG H, YIM G J, JI S W, et al. Performance of mixed organic substrates during treatment of acidic and moderate mine drainage in column bioreactors[J]. Journal of Environmental Engineering, 2012, 138(10): 1077-1084.

[130] WU B, LIU F, FANG W, et al. Microbial sulfur metabolism and environmental implications[J]. Science of The Total Environment, 2021, 778: 146085.

[131] POKORNA D, ZABRANSKA J. Sulfur-oxidizing bacteria in environmental technology[J]. Biotechnology Advances, 2015, 33(6): 1246-1259.

[132] YU Y, ZHANG J, CHEN W, et al. Effect of land use on the denitrification, abundance of denitrifiers, and total nitrogen gas production in the subtropical region of China[J]. Biology and fertility of soils, 2014, 50: 105-113.

[133] GUO G, LI Z, CHEN L, et al. Advances in elemental sulfur-driven bioprocesses for wastewater treatment: From metabolic study to application[J]. Water Research, 2022, 213: 118143.

[134] TANG K, BASKARAN V, NEMATI M. Bacteria of the sulphur cycle: an overview of microbiology, biokinetics and their role in petroleum and mining industries[J]. Biochemical Engineering Journal, 2009, 44(1): 73-94.

[135] 刘阳, 姜丽晶, 邵宗泽. 硫氧化细菌的种类及硫氧化途径的研究进展[J]. 微生物学报, 2018, 58(2): 191-201.

[136] GRUBBA D, YIN Z, MAJTACZ J, et al. Incorporation of the sulfur cycle in sustainable nitrogen removal systems-A review[J]. Journal of Cleaner Production, 2022, 372: 133495.

[137] LIN S, MACKEY H R, HAO T W, et al. Biological sulfur oxidation in wastewater treatment: A review of emerging opportunities[J]. Water Research, 2018, 143: 399-415.

[138] DENG Y F, TANG W T, HUANG H, et al. Development of a kinetic model to evaluate thiosulfate-driven denitrification and anammox (TDDA) process[J]. Water Research, 2021, 198: 117155.

[139] NGUYEN P M, DO P T, PHAM Y B, et al. Roles, mechanism of action, and potential applications of sulfur-oxidizing bacteria for environmental bioremediation[J]. Science of the Total Environment, 2022, 852: 158203.

[140] ZHANG K, KANG T, YAO S, et al. A novel coupling process with partial nitritation-anammox and short-cut sulfur autotrophic denitrification in a single reactor for the treatment of high ammonium-containing wastewater[J]. Water Research, 2020, 180: 115813.

[141] SABBA F, DEVRIES A, VERA M, et al. Potential use of sulfite as a supplemental electron donor for wastewater denitrification[J]. Reviews in Environmental Science and Bio/Technology, 2016, 15: 563-572.

第2章 硫化物自养反硝化脱氮技术

2.1 硫化物氧化途径

硫化物的代谢是经多种酶系统实现电子传递的，可以大致分为 Sox 依赖型途径和 Sox 非依赖型途径。这两种代谢途径在硫氧化菌中分布情况与微生物学分类相关。有研究表明，α-proteobacteria 分类下的硫氧化菌一般经 Sox 酶途径将硫化物直接氧化为硫酸盐，不产生任何中间产物。除α-proteobacteria 分类外的其他硫氧化菌通常需要分两步实现硫化物的彻底氧化[1]。第一步，硫化物在 Sqr（sulfide:quinone reductase）或 Fcc（flavocytochrome c reductase）两种酶的催化下氧化成硫单质。第二步，在电子受体充足的情况下，硫单质再经 Dsr 途径或 Sdo 途径被最终氧化成硫酸盐[2]。Sqr 是一种单亚基黄素蛋白，是光合自养硫细菌与化能自养硫细菌进行硫化物氧化过程中至关重要的酶。Fcc 通常是一种可溶周质蛋白，它与 Sqr 同源并具有相似的功能。这也解释了那些含有 Fcc 酶的反硝化菌同时具有氧化无机硫化合物的能力。虽然 Sqr 和 Fcc 能够将硫化物氧化成单质硫，但 Sqr 对高浓度的硫化物具有高亲和性，而 Fcc 则在低浓度条件展示高亲和性[3]。另外，采用 Sox 依赖型途径的硫氧化菌缺少 Nir，会造成反应系统内亚硝酸盐的积累。而 Sox 非依赖型途径的硫氧化菌能够独立将硝酸盐完成转化为氮气。为了实现彻底的脱氮，反应器内通常需要不同种类的硫氧化菌协作实现亚硝酸盐的去除[4]。

随着研究的深入，一个长期被忽视的代谢途径开始引起研究者的关注。硫化物在水中易发生水解导致溶液呈碱性，在碱性环境下，HS^- 能够与代谢中间产物 S^0 发生亲核反应生成多硫化物。多硫化物分子可以通过通道或其他指定的多硫化物结合载体蛋白穿过细胞膜，并与细胞质硫转移酶反应。多硫化物是 S^0 原子的可溶性载体，线性结构使其比 S_8 环状结构更容易被微生物利用。被氧化后的多硫化物会释放出 HS^-，并继续与 S^0 反应生成多硫化物，形成一个自催化循环。Qiu 等人[5]通过向硫自养反硝化系统中添加少量有机物来促进多硫化物的形成；虽然有机物的加入削弱了硫自养反硝化菌在系统中的主导地位，但由于多硫化物的形成反而促进了硫自养反硝化速率的提升。该代谢途径的发生很大程度取决于溶液的 pH。在碱性条件下，多硫化物是 S^0 的主要存在形式。但当 pH 低于 6.0，该反应将被完全抑制。

图 2.1 所示为硫化物氧化途径及参与代谢的酶。

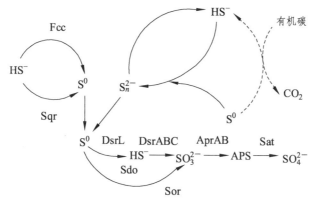

图 2.1 硫化物氧化途径及参与代谢的酶

2.2 硫化物自养脱氮影响因素

2.2.1 硫化物浓度

硫化氢是对人类健康和微生物具有较大毒害作用的污染物。在中性环境或弱碱性条件下，常以 HS^- 形式存在。从液相中去除硫化氢最常用的物理化学方法是金属沉淀法，但该方法处理成本高，产生的化学污泥处置复杂[6]。此外，硫化氢也可通过微曝气法去除，但这需要增加曝气能耗且易使硫化氢逸散到空气中。在缺氧条件下，硫化物与硝酸盐通过自养反硝化去除既能节约运行成本又能实现同步脱氮脱硫，因此受到了广泛的研究与关注。曾有研究指出，微量的硫化物（0.5～4.0 mg-S/L）就会对水处理微生物的反应活性产生严重抑制，并导致异养反硝化过程中 N_2O 释放量增加[7, 8]。但硫氧化菌对硫化物的耐受限制较高，硫化物自养反硝化在硫化物浓度为 0～1 600 mg-S/L 范围内仍能顺利进行；在硫化物小于 200 mg-S/L 时亚硝酸盐还原是限速步骤，大于 200 mg-S/L 时硝酸盐还原是限速步骤[9]。fccB 和 Sqr 是硫化物氧化为 S^0 的关键功能基因。随着硫化物浓度的增加（<2 400 mg-S/L），fccB 的表达被强烈抑制，Sqr 的表达则逐渐增强。这是因为 fccB 是依靠细胞色素 c 传递电子，而 Sqr 使用醌作为电子载体。细胞色素 c 易被硫化物抑制，而醌对硫化物浓度敏感性较低。但当硫化物浓度进一步提升至 2800 mg-S/L 时，Sqr 的表达也会受到抑制，导致系统内硫化物的积累[10]。

2.2.2 pH

具有反硝化功能的硫氧化菌的最适生长的 pH 在 6～8。一方面，环境 pH 过高或过低都会对硫氧化菌的代谢活性产生抑制。另一方面，pH 会影响硫化物的赋存形态。硫化物在水溶液中存在三种形态，三者之间的相互转化与动态平衡受 pH 影响。当 pH 大于 12 时，硫化物主要以 S^{2-} 的形式存在；而当 pH 小于 6 时，H_2S 成为主要赋存形式。相对于其他两种赋存形式，H_2S 对微生物的毒性更强，因为它能够穿过细胞膜并与细胞组分反应。微生物细胞通常带负电荷，中性硫化氢分子可以接近并穿透细胞膜进入细菌并破坏细胞蛋白质，并通过形成硫链干扰代谢辅酶 A 和辅酶 M，导致电子传输链失活。此外，S^{2-} 在水溶液中易发生水解导致 pH 升高，同时硫化物自养反硝化是产碱反应，会进一步导致溶液 pH 增加。当 pH>10.9 时，硫氧化菌的反应活性将被抑制。对此，可以添加适量的 pH 缓冲对将溶液 pH 保持在硫化物自养反硝化的最适区间。

$$TDS = H_2S + HS^- + S^{2-} \tag{2.1}$$

2.2.3 S/N

由于硫自养反硝化过程中硫化物是被分步氧化为硫酸盐的，反硝化脱氮效率及其终产物会受到进水 S/N 的影响。硫化物在微生物作用下先氧化生成 S^0 作为中间产物，在电子受体充足情况下 S^0 会被进一步氧化为硫酸盐。

$$S^{2-} + NO_3^- + H_2O \longrightarrow S^0 + NO_2^- + 2OH^- \tag{2.2}$$

$$3S^{2-} + 2NO_2^- + 8H^+ \longrightarrow 3S^0 + N_2 + 4H_2O \tag{2.3}$$

$$5S^0 + 6NO_3^- + 8H_2O \longrightarrow 3N_2 + 5SO_4^{2-} + 4H^+ \tag{2.4}$$

根据式（2.2）~（2.4）可知，进水 S/N 摩尔比值的不同会获得不同的反应终产物。例如：当进水 S/N 的摩尔比在 0.6~0.9 时，硫化物被完全氧化为硫酸盐；当 S/N 的摩尔比值大于 1.3 时，硫化物则主要转化为 $S^{0[11]}$。脱氮效能也随着 S/N 摩尔比值的增加而有所提升，当 S/N 摩尔比小于 1 时，系统中会出现显著的亚硝酸盐积累[12]。

2.2.4 HRT

自养反硝化过程中，硫化物通常分两步氧化为硫酸盐（$S^{2-} \to S^0 \to SO_4^{2-}$），同时硝酸盐也需要分三步被还原为氮气（$NO_3^- \to NO_2^- \to N_2O \to N_2$）。其中，硫氧化菌对 S^{2-} 和 S^0 的利用速率存在较大差异，S^{2-} 氧化为 S^0 的速率快，而 S^0 被进一步氧化为硫酸盐的速率较慢，因此反应系统易出现 S^0 的积累。相应地，硝酸盐不同还原步骤的反应速率由于供电子速率的不同也会随之变化。当 S^{2-} 作为电子供体时，NO_2^- 还原速率要高于 NO_3^- 还原速率。当 S^0 作为电子供体时，NO_3^- 还原速率要远远高于 NO_2^- 还原速率，此时系统易产生 NO_2^- 的积累。HRT 对硫化物自养反硝化的影响本质上源于不同氧化、还原步骤反应速率的差异和中间代谢产物的积累，即 HRT 足够长时，系统能获得更高的脱氮效率；当 HRT 缩短时，易出现 NO_2^- 积累，从而导致总氮去除率下降。

2.2.5 氧 气

硫化物中的硫元素处于最低化学价（-2），因此硫化物具有极强的还原性。在分子氧或硝酸盐等氧化剂存在的条件下，硫化物能够通过化学氧化或生物氧化生成许多中间价态的无机硫化合物，其中硫代硫酸盐和多硫化物是硫化废水中最主要的中间产物（见表 2.1）。

表 2.1 硫化物氧化为其他中间价态无机硫的化学和生物反应

反应	反应方程式	反应类型
1	$2HS^- + 2O_2 \longrightarrow S_2O_3^{2-} + H_2O$	化学
2	$5xHS^- + 2xO_2 \longrightarrow S_{5x}^{2-} + 3xOH^- + xH_2O$	化学
3	$S_5^{2-} + 3O_2 + 3OH^- \longrightarrow 2.5S_2O_3^{2-} + 1.5H_2O$	化学
4	$S_x^{2-} + O_2 \longrightarrow S_2O_3^{2-} + 2H^+$	化学
5	$4S^0 + OH^- \longrightarrow S_2O_3^{2-} + 2HS^-$	化学
6	$4S^0 + HSO_3^- \longrightarrow S_2O_3^{2-} + 2H^+$	化学
7	$HS^- + 0.5O_2 \longrightarrow S^0 + OH^-$	生物
8	$HS^- + NO_3^- \rightarrow S^0 + NO_2^- + OH^-$	生物

硫氧化菌能够利用硫代硫酸盐和多硫化物等中间产物作为电子供体脱氮,且硫代硫酸盐和多硫化物对微生物几乎无毒害作用。因此,对于高浓度含硫废水,通过微量曝气将一部分硫化物氧化为中间产物,能降低硫化物对微生物代谢活性的抑制,提高脱氮效率;硫代硫酸盐、多硫化物参与自养反硝化产生的酸度还能中和硫化物作为反硝化电子供体产生的碱度,维持系统 pH 的相对稳定。对于硫化物、有机物、硝酸盐共存体系,控制溶解氧浓度(DO)在 0.1~0.3 mg/L,可以获得 100%的硫化物去除率以及 90%的硝酸盐去除率;当 DO 浓度过高时,会抑制系统内硫酸盐还原菌的生长,使得系统微生物群落和相关代谢失衡[13]。

2.2.6 Fe^{2+}

电镀或金属精加工产生的硫化废水中存在大量的重金属离子,可能对硫化物自养反硝化产生不利影响。Fe^{2+}是工业废水中最常见的金属离子,也是微生物生长所需的微量元素之一。Wen 等人[14]探究了短期 Fe^{2+}投加对硫化物自养反硝化的影响,发现 Fe^{2+}浓度低于 2 mmol/L 时,Fe^{2+}投加能一定程度上降低系统中 TDS 所带来的抑制效应,提升硝酸盐去除率;当 Fe^{2+}浓度继续增加,则会对硫氧化和硝酸盐还原同时产生抑制,并导致 S^0 中间产物的积累。根据公式(2.5)可知,向硫化物自养反硝化系统中投加的 Fe^{2+}会优先与 S^{2-}反应生成 FeS 沉淀。新生的 FeS 易吸附于细胞表面。当 TDS 充足时,新生的 FeS 仅作为电子传递中间体,有助于加快电子传递链中的电子传递。若 Fe^{2+}投加浓度较高时,大量的 FeS 沉淀会在细胞表面形成一层硬壳,阻碍细胞内外物质传递,由此导致微生物代谢活性的下降。

$$Fe^{2+} + S^{2-} \longrightarrow FeS(s) \qquad (2.5)$$

$$10FeS(s) + 22NO_3^- + 26H_2O \longrightarrow 10Fe(OH)_3 + 11N_2 + SO_4^{2-} + 22OH^- \qquad (2.6)$$

$$2Fe(OH)_3(s) + 3HS^- \longrightarrow 2FeS(s)3HO^- + S^0(s) + 3H_2O \qquad (2.7)$$

2.3 硫化物自养脱氮工艺发展

2.3.1 混养反硝化工艺

硫氧化菌能够在有机物和硫化物共存的条件下进行混养反硝化。硫化物混养反硝化曾被认为是通过硫自养菌和异养菌协作实现反硝化脱氮的,即硫氧化菌以硫化物为电子供体将硝酸盐还原为亚硝酸盐,之后异养反硝化菌利用有机物为电子供体进一步将亚硝酸盐还原为氮气[15]。但是,随着混养型硫细菌 *Pseudomonas sp. C27* 被分离和鉴定[16],一种新的微生物同步碳氮硫代谢途径被发现。有机物的存在也会改变硫氧化菌的群落结构和代谢方式。有研究发现,反应器从混养模式转换为自养模式后,系统硝酸盐去除率、硫化物去除率都随负荷的增加而下降,这表明在自养条件下生物反应器不能承受高负荷。然而,系统在相同负荷下投加乙酸盐后,硫化物和硝酸盐的去除率分别恢复到了 99.4% 和 98.7%。Zhang 等人[17]进一步对混养系统中的微生物种群结构进行探究,发现在低硫化物浓度下主要由硫自养反硝化菌(*Thiobacillus*)与传统异养反硝化菌(*Thauera*)协作完成脱氮,而在高硫化物浓度下硫异养反硝化菌(*Azoarcus* 和 *Pseudomonas*)取代硫自养反硝化菌的主导地位并与传统异养反硝化菌(*Thauera* 和 *Allidiomarina*)共同维持系统的脱氮效能。混养条件还能缩短硫化物反硝化生物膜反应器的启动时间,因为异养菌可以分泌更多的胞外聚合物物质,从而增强载体表面的疏水性,促进细胞间的聚集[18]。

2.3.2 硫化物自养反硝化耦合厌氧氨氧化

硫化物自养反硝化能够以极高的反应速率将硫化氢转化为毒性极低的 S^0 或硫酸盐,极大地缓解了硫化氢对于其他水处理微生物的抑制作用,因此增加了反硝化系统的微生物多样性,以及硫化物自养反硝化与其他工艺耦合的可能性。在海洋缺氧区沉积物中,有研究者报道了厌氧氨氧化菌和硫氧化菌之间的共生关系,并表明硫氧化菌-厌氧氨氧化菌通过有效耦合碳、氮和硫循环实现共生,加剧了沉积物中底栖固定氮的损失[19]。一般情况下,厌氧氨氧化菌的反应活性在水中存在微摩每升量级硫化物时就会受到抑制[20]。Russ 等人[21]发现当硫氧化菌与厌氧氨氧化菌共生于同一环境时,厌氧氨氧化菌对硫化物浓度耐受值提高了不止一倍,并通过同位素示踪法进一步证明了硫氧化菌-厌氧氨氧化菌共生体系能够同步去除硫化物、氨氮、硝氮,且厌氧氨氧化对总氮去除率的贡献率达 65%~75%。Qin 等人[22]进一步探究了不同 N/S 比对脱氮效能的影响,在 N/S 为 2.38 时,系统获得了最佳的总氮去除率(82.8%);当 N/S 小于 1 时,系统会出现明显的 S^0 累积。硫化物自养反硝化能够消除硫化氢的毒性及其对厌氧氨氧化菌的抑制,利用这一特点 Xu 等人[23]以厌氧氨氧化污泥为接种污泥,采用逐步增加进水硫化物的方式,成功构建了硫化物自养反硝化耦合厌氧氨氧化系统。该过程也被认为是一种厌氧氨氧化菌群保存的新策略。研究表明该耦合系统恢复至厌氧氨氧化培养条件时,*Candidatus_Kuenenia* 丰度和胞外聚合物含量都恢复到了原先的状态[24]。

2.3.3 SANI 工艺

香港地区自 20 世纪 50 年代开始实行海水冲厕，这一措施虽能节省 22%的淡水资源，但也因此造成市政污水中硫酸盐含量增加，进而引发污水处理厂管道腐蚀问题和 H_2S 气味问题。为了经济高效地解决这些问题，并最大限度地提升海水冲厕的效益，香港科技大学陈光浩团队开发了一种 SANI 工艺用于处理含硫酸盐市政污水[25]。SANI 工艺通过硫循环将微生物碳代谢和氮代谢相互耦合，实现碳、氮、硫协同代谢。工艺前端是硫还原单元，即进水中的有机物（COD）与硫酸盐在厌氧条件下被硫还原菌转化为 CO_2 和 S^{2-}；工艺第二级是自养反硝化单元，即前端产生的 S^{2-} 可继续作为电子供体用于硝酸盐的还原；工艺最末端设置好氧单元促进硝化过程，产生的硝化液回流于自养反硝化单元。由于硫还原菌、硫氧化菌、硝化细菌的污泥产率都很低，该工艺能够减少 60%～70%剩余污泥的产生。此外，该工艺还能节约 35%的能耗并减少约 36%的温室气体排放[26]。基于 SANI 工艺（见图 2.2）的示范污水处理厂目前已在香港建成，处理规模为 800～1000 m^3/d；与传统活性污泥污水处理厂相比，基于 SANI 工艺的污水处理厂能够节约建筑用地 30%～40%，夏季和冬季处理出水均能满足当地污水排放标准[27]。

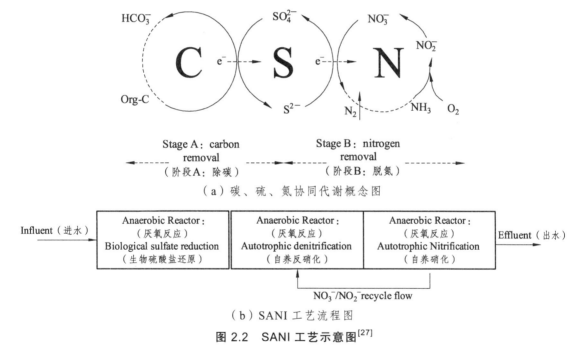

图 2.2 SANI 工艺示意图[27]

2.3.4 硫循环同步碳捕脱氮除磷技术

SANI 工艺实现了污水中碳、氮的同步去除，如何进一步基于硫循环实现碳、氮、磷的同步去除受到了研究者的关注。自然界中硫细菌的功能和多样性丰富，其中一种大型硫氧化菌被发现体内含有大量的多磷酸盐，它们能像聚磷菌一样具有磷释放和磷吸收的功能。受此启发，一种基于硫循环的强化生物除磷工艺被开发用于同步去除 COD、氮、磷污染物以及控制硫化物的生成[28]。该技术的反应机理：首先在厌氧条件下硫酸盐被还原为 S_n^{2-}/S^0 储存在硫氧化菌体内，同时还伴随着有机物的吸收、聚磷的释放、糖原的水解及 PHA 的合成；接着通过投加硝酸盐形成缺氧条件，在此阶段硫氧化菌通过氧化细胞内的 PHA 和 S_n^{2-}/S^0 获取能量以实现磷的吸收和硝酸盐的还原。整个过程是在硫还原菌、硫氧化菌、非传统聚磷菌的协同代谢基础上实现的（见图 2.3）。

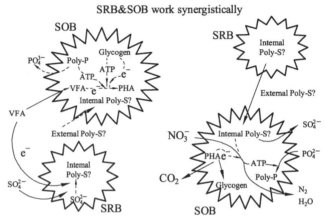

VFA—挥发性脂肪酸；SRB—硫还原菌；SOB—硫氧化菌。

图 2.3　基于硫循环的强化生物除磷系统反应机理示意图

Guo 等人[29]通过对该系统进行破坏和修复试验发现，适当的硫转化率对系统的除磷效率和稳定起到了重要的作用。在最优污泥浓度为 6.5 g/L 时维持硫转化率保持在 15～40 mg-S/L，不仅有利于微生物群落的良性竞争并且能驱动内部能量用于磷的去除。如果硫转化率超过这一区间，系统极大可能因聚糖菌的富集而恶化甚至失效。为了定量分析该反应过程中的胞内聚合物，拉曼显微光谱结合原位染色方法被进一步用于探究聚合物在不同代谢阶段的结构动态和储存状态。拉曼分析结果显示 S^0 和 S_n^{2-} 两种结构的硫同时被储存于细胞内或外，该中间产物的形成是该工艺无硫化物释放的原因，同时也说明了硫细菌体内可能有一个普遍存在的"硫池"供电子储存与释放。

2.4　硫化物自养脱氮模拟方法

2.4.1　硫化物自养反硝化活性污泥模型

2.4.1.1　模型建立原则

在硫自养反硝化过程中，微生物利用硫化物作为初始电子供体，产生的电子一部分被用于细胞合成，另一部分被用于硝酸盐的还原。之前的研究表明，硫代硫酸盐和亚硫酸盐是硫化物经化学氧化产生的中间产物,并不是经微生物氧化产生的中间产物。因此新建的模型中仅考虑 S^0 作为硫化物氧化的中间产物式(2.8),硫酸盐作为硫化物氧化的终产物式(2.9)。有研究表明,硫化物的存在能够显著抑制反硝化过程中 N_2O 的产生[30]。因此该模型采用两步反硝化($NO_3^- \rightarrow NO_2^- \rightarrow N_2$)表示电子的流向。根据电子供体与电子受体的不同组合,模型共包括 4 个氧化还原反应和 7 个污染物变量(S^{2-}、S^0、SO_4^{2-}、NO_3^-、NO_2^-)。基于能量产生和合成之间的电子当量的划分框架,分别采用 f_{S2}^1、f_{S0}^1、f_{S2}^2、f_{S0}^2 表示 4 个氧化还原反应产生电子用于细胞合成的比值,分别用 $1-f_{S2}^1$、$1-f_{S0}^1$、$1-f_{S2}^2$、$1-f_{S0}^2$ 表示产生电子用于硝酸盐还原的比值。合成微生物细胞以 $C_5H_7O_2N$ 计,其分子量为 113。活性污泥模型认为反应物浓度与污泥浓度在空间各处是均一的,可视为完全混合反应器(CSTR)。

$$S^{2-} \longrightarrow S^0 + 2e^- \tag{2.8}$$

$$S^0 + H_2O \longrightarrow SO_4^{2-} + 8H^+ + 6e^- \tag{2.9}$$

$$NO_3^- + 2H^+ + 2e^- \longrightarrow NO_2^- + H_2O \tag{2.10}$$

$$NO_2^- + 4H^+ + 3e^- \longrightarrow 0.5N_2 + H_2O \tag{2.11}$$

$$4CO_2 + HCO_3^- + NH_4^+ + 20H^+ + 20e^- \longrightarrow C_5H_7O_2N + 9H_2O \tag{2.12}$$

2.4.1.2 模型动力学与化学计量学矩阵

各氧化还原反应中电子产生速率与电子消耗速率之间的平衡关系由以下公式计算:

$$\frac{d[NO_3^-]}{14dt} 2 = (1-f_{s2}^1)\frac{2d[S^{2-}]}{32dt} \tag{2.13}$$

$$\frac{d[NO_3^-]}{14dt} 2 = (1-f_{s0}^1)\frac{6d[S^{2-}]}{32dt} \tag{2.14}$$

$$\frac{d[NO_2^-]}{14dt} 3 = (1-f_{s2}^2)\frac{2d[S^0]}{32dt} \tag{2.15}$$

$$\frac{d[NO_2^-]}{14dt} 3 = (1-f_{s0}^2)\frac{6d[S^0]}{32dt} \tag{2.16}$$

各氧化还原反应产生电子用于细胞合成的电子平衡关系由以下公式计算:

$$\frac{20d[X_{AD}]}{113dt} = -(f_{s2}^1 + f_{s2}^2)\frac{2d[S^{2-}]}{32dt} \tag{2.17}$$

$$\frac{20d[X_{AD}]}{113dt} = -(f_{s0}^1 + f_{s0}^2)\frac{6d[S^0]}{32dt} \tag{2.18}$$

将式(2.13)~式(2.18)整理后可获得硫化物自养反硝化活性污泥模型的化学计量学矩阵,见表 2.2。

表 2.2 硫化物自养反硝化活性污泥模型的化学计量学矩阵

反应	S_{NO_3}	S_{NO_2}	$S_{S^{2-}}$	S_{S^0}	S_{SO_4}	X_{AD}
1	$-1.239\left(\dfrac{1}{f_{S2}^1}-1\right)$	$1.239\left(\dfrac{1}{f_{S2}^1}-1\right)$	$-\dfrac{2.832}{f_{S2}^1}$	$\dfrac{2.832}{f_{S2}^1}$		1
2		$-0.826\left(\dfrac{1}{f_{S2}^2}-1\right)$	$-\dfrac{2.832}{f_{S2}^2}$	$\dfrac{2.832}{f_{S2}^2}$		1
3	$-1.239\left(\dfrac{1}{f_{S0}^1}-1\right)$	$1.239\left(\dfrac{1}{f_{S0}^1}-1\right)$		$-\dfrac{0.944}{f_{S0}^1}$	$\dfrac{0.944}{f_{S0}^1}$	1
4		$-0.826\left(\dfrac{1}{f_{S0}^2}-1\right)$		$-\dfrac{0.944}{f_{S0}^2}$	$\dfrac{0.944}{f_{S0}^2}$	1

基于已有的 ASM 模型，对于硫化物作为电子供体的氧化还原反应，采用双底物 Monod 方程来描述反应的动力学过程（见表 2.3）。而中间产物 S^0 在水中的溶解度较低，因此当 S^0 作为电子供体时，S^0 浓度对动力学过程的影响可能存在两种可能性。其一，S^0 主要以固体形式分散于溶液中，反应速率与 S^0 浓度无关，则该反应方程可表示为

$$\eta(S) = C$$

其二，S^0 可能以离子形式存在于溶液中，因此 S^0 浓度也会对反应速率有影响，其反应方程可表示为

$$\eta(S) = \frac{S^0}{S^0 + K_{S0}}$$

以 S^0 为电子供体的反应动力学方程及其相关参数由模型预测值与实测数据的拟合结果来确定。

表 2.3 硫化物自养反硝化活性污泥模型的动力学方程矩阵

反应	动力学方程
1	$\mu_{AD} \dfrac{S_{S^{2-}}}{K_{S^{2-}}+S_{S^{2-}}} \dfrac{S_{NO_3}}{K_{NO_3}+S_{NO_3}} X_{AD}$
2	$\mu_{AD} \dfrac{S_{S^{2-}}}{K_{S^{2-}}+S_{S^{2-}}} \dfrac{S_{NO_2}}{K_{NO_2}+S_{NO_2}} X_{AD}$
3	$\mu_{AD} \dfrac{S_{NO_3}}{K_{NO_3}+S_{NO_3}} \eta(S) X_{AD}$
4	$\mu_{AD} \dfrac{S_{NO_2}}{K_{NO_2}+S_{NO_2}} \eta(S) X_{AD}$

2.4.1.3 动力学实验

Xu 等人[31]采用序批式反应器（SBR）来培养硫化物自养反硝化污泥。该反应器的水力停留时间为 18 h，其中包括沉降时间 2.0 h、排水时间 0.20 h、进水时间 0.40 h、闲置时间 3.0 h。人工配置的废水组分包括 2 g/L Na$_2$S·9H$_2$O、1.1 g/L KNO$_3$、0.5 g/L NH$_4$Cl、0.4 g

KH_2PO_4、1.0 g/L $NaHCO_3$、24 mg/L $CaCl_2$、24 $MgCl_2 \cdot 6H_2O$ 及 1 mL/L 的微量元素。使用 HCl 将废水 pH 调节至约 7.2。反应器的温度设定为 30 ± 0.5 ℃，并使用电动机械搅拌器以 200 r/min 的转速进行混合。反应器达到稳定状态后，SS 浓度保持在 1 480 ± 157 mg/L。考虑到硫氧化菌生长缓慢，将污泥停留时间设定为 30 天。

反应器运行达到稳定状态后，依次采用不同的进水 S/N 来进行动力学实验。实验 1 中，进水 S^{2-} 和硝酸盐的浓度分别为 321 mg-S/L、194 mg-N/L，该条件下污染物随时间变化的数据集用于率定模型参数。实验 2 中，进水 S^{2-} 和硝酸盐的浓度变为 202 mg-S/L、145 mg-N/L，所获数据集用于模型的验证。

2.4.1.4 模型参数值

表 2.4 硫化物自养反硝化活性污泥模型参数值

参数名	含义	参数值	单位
μ_{AD}	最大比增长率	0.510	d^{-1}
f_{S2}^1	反应 1 的电子分配系数	0.370	—
f_{S2}^2	反应 2 的电子分配系数	0.104	—
f_{S0}^1	反应 3 的电子分配系数	0.363	—
f_{S0}^2	反应 4 的电子分配系数	0.205	—
K_{NO_2}	亚硝酸盐的半饱和常数	10.923	mg-N/L
K_{NO_3}	硝酸盐的半饱和常数	109.745	mg-N/L
K_{S2}	硫化物的半饱和常数	58.083	mg-S/L
C	S^0 的动力学常数	0.332	—

表 2.4 所列参数均是由蒙特卡罗法拟合实测数据得出的最优解[31]。其中，当使用 $\eta(S) = \dfrac{S^0}{S^0 + K_{S0}}$ 进行拟合时，S^0、NO_3^- 和 SO_4^{2-} 的预测值与实测数据不太吻合，说明以 S^0 作为电子供体的反硝化速率不受 S^0 浓度的影响。而当使用 $\eta(S) = C$ 进行拟合时，模型预测结果与实测数据十分接近，由此推测该动力学过程与 S^0 颗粒向溶液的转移速率有关。微生物对 S^0 的利用速率可能受 S^0 形态、尺寸大小及相关酶的影响。

动力学参数一定程度上反映了物质转化规律和微生物代谢特征，但其数值并非是恒定不变的，受反应环境、运行工况、微生物群落结构等影响。Liu 等人[32]构建的硫化物自养反硝化模型采用 $\eta(S) = \dfrac{S^0}{S^0 + K_{S0}}$ 来描述颗粒污泥反应器中 S^0 相关的动力学过程，取得了良好的拟合结果。这说明对于硫化物自养反硝化颗粒污泥系统而言，反硝化速率对 S^0 浓度变化更为敏感。这可能由于颗粒污泥的尺寸远大于比活性污泥的尺寸，固态的 S^0 颗粒受传质影响更难转移到颗粒污泥内部，因此 S^0 浓度成为限速条件之一。

2.4.1.5 参数敏感性分析

通过对各动力学参数的灵敏度分析，可以找出关键参数和非重要参数。在给定区域内改变选定参数 p_i 的参数值，保持其他参数值不变，通过式（2.19）计算出一系列敏感性曲线。参数线斜率越大，表示该参数的敏感性越高。参数敏感性分析可以直观地在特定参数范围内提供全面可靠的评估，并帮助我们理解模型结构的可识别性。

$$S(p_i)=\frac{[F(p_i)-F(p_{opt})]/F(p_{opt})}{(p_i-p_{opt})/p_{opt}} \quad (2.19)$$

式中，$F(p_i)$ 和 p_i 是最优参数向量。

由图 2.4 所示，f_{S2}^2、f_{S0}^2、K_{S2}、K_{NO_2}、μ_{AD}、f_{S2}^1、f_{S0}^1、K_{NO_3}、C 的敏感性曲线斜率分别为 1.295、1.622、3.021、0.547、77.602、29.388、61.559、24.259、47.056。其中，μ_{AD}、f_{S2}^1、K_{NO_3} 和 C 是影响动力学的关键参数，而 f_{S2}^2、f_{S0}^2、K_{S2}、K_{NO_2} 则是相对不敏感参数。

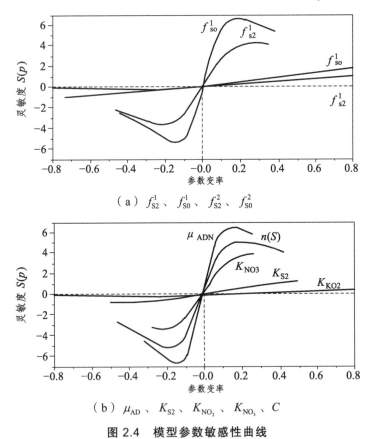

（a）f_{S2}^1、f_{S0}^1、f_{S2}^2、f_{S0}^2

（b）μ_{AD}、K_{S2}、K_{NO_2}、K_{NO_3}、C

图 2.4 模型参数敏感性曲线

2.4.2 硫化物自养反硝化生物膜模型

2.4.2.1 模型建立原则

该模型包括的反应物有总溶解态硫化物(HS⁻)、S^0、SO_4^{2-}、NO_3^-、NO_2^-、OH^-。其中，

硫化物在硫氧化菌的作用下分两步氧化：第一步，硫化物被氧化为 S^0；第二步，S^0 被氧化为硫酸盐。两步氧化产生的电子用于硝酸盐的还原（$NO_3^- \to NO_2^- \to N_2$）。此外，$S^0$ 与 HS^- 反应生成多硫化物（S_n^{2-}）是化学反应，其平衡常数与 HS^- 和 H^+ 浓度有关。所有反硝化实验都是在碱性条件下进行的，所以硫化物氧化的中间产物主要以 S_n^{2-} 的形式存在。因此假设在简化模型中 S^0 与 HS^- 的反应速率极快，且所有生成的 S^0 都转变成 S_n^{2-} 参与后续反应。然后用实验数据对简化模型中的关键动力学参数进行率定和验证。为了描述进水 pH 对反硝化脱氮效率的影响，在简化模型的基础上，进一步增加与 pH 相关的抑制动力学方程，同时引入 pH 函数描述 S_n^{2-} 浓度与 H^+ 和 HS^- 浓度之间的定量关系。

生物膜模型中，溶解态反应物从溶液向生物膜内部扩散的过程遵循菲克定律式（2.20），固态颗粒在生物膜内的平流通量遵循式（2.21）[33]。

$$\varphi_d = -AD_{a,X_a} \frac{\partial X_a}{\partial z} \quad (2.20)$$

$$\varphi_a = Au_a X_p \quad (2.21)$$

式中，A 为载体表面积；u_a 是位移速度；X_a 是溶解态反应物浓度；X_p 是固态反应物浓度；D_{a,X_a} 是有效扩散系数；z 是空间坐标。

所模拟的生物膜反应器是不限制总体积的类型，包括刚性的生物膜组分和液体组分。生物膜内的孔隙仅包括液体。微生物在生物膜表面的脱落用速度（u_{de}）来描述，u_{de} 由生物膜生长速度（u_F）、生物膜厚度（L_F）和最大生物膜厚度（L_{F_max}）决定。

$$u_{de} = u_F (L_F/L_{F\_max})^4$$

当生物膜厚度达到最大值时，生物膜分离速度（u_{de}）等于生物膜生长速度（u_F），此后生物膜的厚度达到稳定。同时，假设从生物膜表面脱落的污泥立即随出水排出系统，所以生物膜表面的颗粒附着速率设为 0。

2.4.2.2　模型动力学与化学计量学矩阵

电子供体氧化产生的能量一部分用于细胞合成，该部分化学计量关系用污泥产率系数（Y）表示；另一部分能量用于生长代谢，用以下反应方程式表示。

反应 1：硫化物氧化为 S^0 同时将硝酸盐还原为亚硝酸盐

$$HS^- + NO_3^- + H^+ = S^0 + NO_2^- + H_2O \quad (2.22)$$

反应 2：硫化物氧化为 S^0 同时将亚硝酸盐还原为氮气

$$HS^- + \frac{2}{3}NO_2^- + \frac{5}{3}H^+ = S^0 + \frac{1}{3}N_2 + \frac{4}{3}H_2O \quad (2.23)$$

反应 3：S_n^{2-} 氧化为硫酸盐同时将硝酸盐还原为亚硝酸盐

$$S_n^{2-} + 3NO_3^- + H_2O = (n-1)SO_4^{2-} + 3NO_2^- + 2H^+ + S^{2-} \quad (2.24)$$

反应 4：S_n^{2-} 氧化为硫酸盐，同时将亚硝酸盐还原为氮气

$$S_n^{2-} + 2NO_2^- = (n-1)SO_4^{2-} + N_2 + S^{2-} \tag{2.25}$$

硫化物自养反硝化简化模型是用于描述在碱性条件且存在 pH 缓冲物质条件下微生物在生物膜中的脱氮规律，所以未将 H^+ 相关的化学计量关系考虑在内。S^0 与 HS^- 的反应是亲核反应，所以生成的 S_n^{2-} 能继续与 S^0 进行链式反应，不断增加 S_n^{2-} 的链长（n=2~8）。因此，该过程可看作是自动催化过程，且 S_n^{2-} 的生成和消耗实质上并不会对 HS^- 的浓度变化产生较大的影响[34]。简化后的模型化学计量学和动力学矩阵见表 2.5。

表 2.5 基于硫化物的反硝化简化模型化学计量学和动力学矩阵

反应	S_{NO_3}	S_{NO_2}	$S_{S^{2-}}$	$S_{S_n^{2-}}$	S_{NO_4}	X_{SOB}	X_I	动力学方程
1	$-\dfrac{1-2Y_{HS^-}}{2.29Y_{HS^-}}$	$\dfrac{1-2Y_{HS^-}}{2.29Y_{HS^-}}$	$-\dfrac{1}{Y_{HS^-}}$	$\dfrac{1}{Y_{HS^-}}$		1		$\mu_{max,1}\dfrac{S_{NO_3^-}}{K_{NO3-1}+S_{NO_3^-}}\dfrac{S_{S^{2-}}}{K_{S^{2-}}+S_{S^{2-}}}X_{SOB}$
2		$-\dfrac{0.29-0.58Y_{HS^-}}{Y_{HS^-}}$	$-\dfrac{1}{Y_{HS^-}}$	$\dfrac{1}{Y_{HS^-}}$		1		$\mu_{max,2}\dfrac{S_{NO_2^-}}{K_{NO2-1}+S_{NO_2^-}}\dfrac{S_{S^{2-}}}{K_{S^{2-}}+S_{S^{2-}}}X_{SOB}$
3	$-\dfrac{1.5-Y_{S^0}}{1.14Y_{S^0}}$	$\dfrac{1.5-Y_{S^0}}{1.14Y_{S^0}}$		$-\dfrac{1}{Y_{S^0}}$	$\dfrac{1}{Y_{S^0}}$	1		$\mu_{max,3}\dfrac{S_{NO_3^-}}{K_{NO3-2}+S_{NO_3^-}}\dfrac{S_{S^0}}{K_{S^0}+S_{S^0}}X_{SOB}$
4		$-\dfrac{0.875-0.58Y_{S^0}}{Y_{S^0}}$		$-\dfrac{1}{Y_{S^0}}$	$\dfrac{1}{Y_{S^0}}$	1		$\mu_{max,4}\dfrac{S_{NO_2^-}}{K_{NO2-2}+S_{NO_2^-}}\dfrac{S_{S^0}}{K_{S^0}+S_{S^0}}X_{SOB}$
7						-1	f_i	$b_1 X_{SOB}$

简化模型在实际应用中能够减少参数率定过程的复杂性，提升计算速度。事实上，硫化物与 S^0 反应形成多硫化物的反应是非常复杂的，S_n^{2-} 的浓度不仅与 H^+ 和硫化物浓度有关，S_n^{2-}、S^0、HS^- 之间的化学计量关系还受多硫化物的链长影响。该链式反应的每一步反应存在如下平衡：

$$^c K_n = \dfrac{[S_n^{2-}][H^+]}{[HS^-]} \tag{2.26}$$

在碱性条件下，溶液中总硫的浓度可近似为 TS：

$$TS \cong \sum_{n\geqslant 1}[HS_n^-] + \sum_{n\geqslant 2}[S_n^{2-}] = [HS^-]\left\{1 + \sum_{n\geqslant 2}\left(\dfrac{^c K_n}{[H^+]}\right)\right\} \tag{2.27}$$

通过文献查出 $\sum{^c K_n}$ 取值范围在 $7.94\times 10^{-10} \sim 3.38\times 10^{-9}$，其中 $K_{x1}=3.38\times 10^{-9}$ 是未考虑离子强度影响下的平衡常数[35]，$K_{x2}=7.94\times 10^{-10}$ 是考虑了离子强度影响下的平衡常数[34]。当溶液中的总硫浓度一定时，可通过式（2.25）计算出平衡时 S_n^{2-} 所占的比例，如图 2.5 所示。由图可知，多硫化物的浓度随 pH 的增加而增加，在 pH 接近 11 时，溶液中的硫全部以 S_n^{2-} 的形式存在。尽管该平衡同样受到 HS^- 浓度的影响，但在实际反应中硫化物在生物膜的外层就被快速消耗，因此进水硫化物浓度对生物膜内的化学平衡影响可以忽略。基于此，通过引入抑制动力学方程 $f_{pH,1}$ 来描述实际参与反硝化的 S_n^{2-} 与 pH 的关系。加入 pH 功能的反硝化模型的化学计量矩阵见表 2.6。

$$f_{\text{pH},1} = \exp\left[-1.5\left(\frac{\text{pH}-\text{pH}_\text{U}}{\text{pH}_\text{U}-\text{pH}_\text{L}}\right)^2\right] \quad (2.28)$$

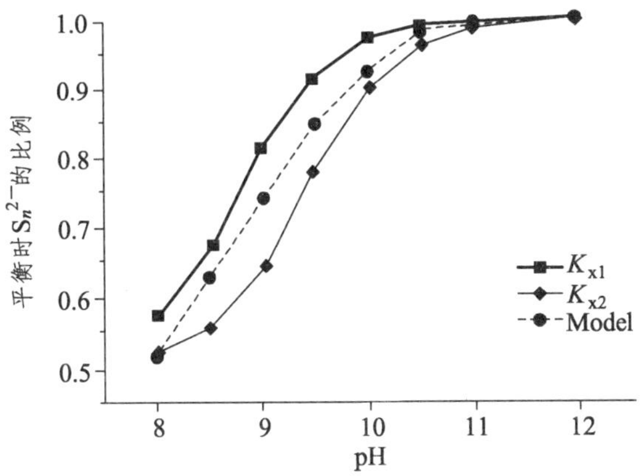

图 2.5 平衡时 S_n^{2-} 与 pH 的相关关系

表 2.6 嵌入 pH 功能的反硝化模型化学计量学矩阵

反应	S_{NO_3} /(mg-N/L)	S_{NO_2} /(mg-N/L)	$S_{\text{S}^{2-}}$ /(mg-S/L)	$S_{\text{S}_n^{2-}}$ /(mg-S/L)	S_{SO_4} /(mg-S/L)	S_{OH} /(mmol/L)	X_{SOB} /(g/m^3)	X_I /(g/m^3)
1	$-\dfrac{1-2Y_{\text{SOB}}}{2.29Y_{\text{SOB}}}$	$\dfrac{1-2Y_{\text{SOB}}}{2.29Y_{\text{SOB}}}$	$-\dfrac{1}{Y_{\text{SOB}}}$	$\dfrac{1}{Y_{\text{SOB}}}$		$\dfrac{1.025}{32Y_{\text{SOB}}}$	1	
2		$-\dfrac{0.29-0.58Y_{\text{SOB}}}{Y_{\text{SOB}}}$	$-\dfrac{1}{Y_{\text{SOB}}}$	$\dfrac{1}{Y_{\text{SOB}}}$		$\dfrac{1.377}{32Y_{\text{SOB}}}$	1	
3	$-\dfrac{1.5-Y_{\text{SOB}}}{1.14Y_{\text{SOB}}}$	$\dfrac{1.5-Y_{\text{SOB}}}{1.14Y_{\text{SOB}}}$	碱地	$-\dfrac{1}{Y_{\text{SOB}}}$	$\dfrac{1}{Y_{\text{SOB}}}$	$-\dfrac{1.938}{32Y_{\text{SOB}}}$	1	
4		$-\dfrac{0.875-0.58Y_{\text{SOB}}}{Y_{\text{SOB}}}$		$-\dfrac{1}{Y_{\text{SOB}}}$	$\dfrac{1}{Y_{\text{SOB}}}$	$-\dfrac{0.777}{32Y_{\text{SOB}}}$	1	
7			1				-1	f_I

前面提到硫氧化菌的最适 pH 一般在中性，过高或过低的 pH 都会降低硫氧化菌的反应活性。因此，增加抑制动力学方程 $f_{\text{pH},2}$ 来描述溶液中 pH 变化对反硝化脱氮速率的影响[式（2.29）]。加入 pH 功能的反硝化模型的动力学矩阵见表 2.7。

$$f_{\text{pH},2} = \frac{1+2\times 10^{0.5(\text{pK}_1-\text{pK}_h)}}{1+10^{(\text{pH}-\text{pK}_h)}+10^{(\text{pK}_1-\text{pH})}} \quad (2.29)$$

表 2.7 嵌入 pH 功能的反硝化模型动力学矩阵

反应	动力学方程
1	$\mu_{\max,1}\dfrac{S_{\text{NO}_3}}{K_{\text{NO}_{3\text{-}1}}+S_{\text{NO}_3}}\dfrac{S_{\text{S}^{2-}}}{K_{\text{S}^{2-}}+S_{\text{S}^{2-}}}X_{\text{SOB}}f_{\text{pH},2}$
2	$\mu_{\max,2}\dfrac{S_{\text{NO}_2}}{K_{\text{NO}_{2\text{-}1}}+S_{\text{NO}_2}}\dfrac{S_{\text{S}^{2-}}}{K_{\text{S}^{2-}}+S_{\text{S}^{2-}}}X_{\text{SOB}}f_{\text{pH},2}$

续表

反应	动力学方程
3	$\mu_{\max,3} \dfrac{S_{NO_3}}{K_{NO_{3\text{-}2}}+S_{NO_3}} \dfrac{S_{S^0}}{K_{S^0}+S_{S^0}} X_{SOB} f_{pH,1} f_{pH,2}$
4	$\mu_{\max,4} \dfrac{S_{NO_2}}{K_{NO_{2\text{-}2}}+S_{NO_2}} \dfrac{S_{S^0}}{K_{S^0}+S_{S^0}} X_{SOB} f_{pH,1} f_{pH,2}$
5	$b_1 X_{SOB}$

2.4.2.3 动力学实验

本试验采用移动床生物膜反应器（Moving Bed Biofilm Reactor, MBBR）来培养硫化物自养反硝化生物膜。MBBR 的工作容积为 500 mL，其中挂膜载体的填充率为 30%。挂膜载体选用的是 AnoxKaldnes™ Matrix™ Sol，载体的直径为 25 mm，高度为 4 mm，有效比表面积为 800 m²/m³。MBBR 采用连续流模式运行，进水通过泵输送到反应器底部，进水流速为 2 mL/min，对应的水力停留时间是 2.5 h。人工配置的污水包括 60 mg-S/L Na₂S、40 mg-N/L KNO₃、10 mg-N/L 的 NaNO₂、500 mg/L NaHCO₃、300 mg/L MgSO₄·7H₂O、20 mg/L CaCl₂，以及磷酸盐缓冲对（1 320 mg/L Na₂HPO₄、240 mg/L KH₂PO₄）。反应器配置磁力搅拌器，保持挂膜载体与液体的充分混合流动。MBBR 置于室温下连续运行 3 个多月（22 ± 1 °C）。当生物膜厚度和形态稳定后，开展了不同进水 S/N 条件下的批次试验，对硫化物自养反硝化生物膜的动力学过程进行探究，见表 2.8。实验 B3 和 B4 中污染物随时间变化的数据集用于率定模型参数；实验 B1 所获的数据集用于模型的验证。

表 2.8 批次试验初始条件

序号	NO_2^- (mg-N/L)	NO_3^- (mg-N/L)	Na₂S (mg-S/L)	S/N （质量比）
B1	—	30	60	2.0
B2	30	—	60	2.0
B3	—	30	20	0.67
B4	30	—	20	0.67

2.4.2.4 模型参数值

该模型中包含着大量的参数，若直接对所有参数进行率定，不仅会降低一些参数的可靠性，而且会消耗较大的时间和精力。一些参数之间存在着较高的相关关系，如 $\mu_{\max,1}$ 和 $K_{S^{2-}}$，增加 $\mu_{\max,1}$ 的正向反馈可补偿上调 $K_{S^{2-}}$ 产生的负向反馈。对此，首先把过往研究中报道的动力学参数作为默认值，之后通过参数敏感性分析筛选出敏感参数，再进行参数率定，该部分将在后续进行详细讨论。该模型所使用的动力学参数总结于表 2.9。

表 2.9 模型中动力学相关参数

参数名	定义	参数值	单位	来源
$\mu_{max,1}$	反应 1 的最大反应比速率	3.000	d^{-1}	[36]
$\mu_{max,2}$	反应 2 的最大反应比速率	4.488	d^{-1}	[36]
$\mu_{max,3}$	反应 3 的最大反应比速率	5.232	d^{-1}	参数率定
$\mu_{max,4}$	反应 4 的最大反应比速率	2.232	d^{-1}	参数率定
K_{NO_3-1}	反应 1 中硝酸盐还原酶的半饱和常数	1.300	$G \cdot N \cdot m^{-3}$	[36]
K_{NO_3-2}	反应 5 中硝酸盐还原酶的半饱和常数	0.183	$G \cdot N \cdot m^{-3}$	[37]
K_{NO_2-1}	反应 1 中亚硝酸盐还原酶的半饱和常数	0.430	$G \cdot N \cdot m^{-3}$	[38]
K_{NO_2-2}	反应 6 中亚硝酸盐还原酶的半饱和常数	7.150	$G \cdot N \cdot m^{-3}$	[36]
$K_{S^{2-}}$	硫化物氧化酶的半饱和常数	1.800	$g \cdot S \cdot m^{-3}$	[37]
K_{S^0}	多硫化物氧化酶的半饱和常数	16	$g \cdot S \cdot m^{-3}$	[38]
b_1	污泥衰减系数	0.048	d^{-1}	[39]
Y_{HS^-}	以硫化物为电子供体的污泥产率系数	0.110	$g \cdot COD/g \cdot S$	理论计算
Y_{S^0}	以零价硫为电子供体的污泥产率系数	0.290	$g \cdot COD/g \cdot S$	理论计算
pH_L	产生完全抑制时的 pH	6.500		经验值
pH_U	无抑制时的 pH	11		[35]
pH_l	生长速率为未抑制速率 50%的 pH 下限	5		经验值
pH_h	生长速率为未抑制速率 50%的 pH 上限	10		经验值
f_i	污泥惰性组分转化系数	0.08		[39]

其中,以硫化物为电子供体的污泥产率 Y_{HS^-} 和以零价硫为电子供体的污泥产率 Y_{S^0} 通过以下计算获得。

硫氧化菌以硫化物为电子供体,硝酸盐为电子受体自养生长所需的吉布斯自由能为

电子供体: $\quad \frac{1}{2}HS^- = \frac{1}{2}S^0 + \frac{1}{2}H^+ + e^- \qquad -26.68 \text{ kJ/eeq} \qquad (2.30)$

电子受体: $\quad \frac{1}{5}NO_3^- + \frac{6}{5}H^+ + e^- = \frac{1}{10}N_2 + \frac{3}{5}H_2O \qquad -71.67 \text{ kJ/eeq} \qquad (2.31)$

产生总能量(ΔG_R):

$$\frac{1}{2}HS^- + \frac{1}{5}NO_3^- + \frac{7}{10}H^+ = \frac{1}{2}S^0 + \frac{1}{10}N_2 + \frac{3}{5}H_2O \quad -98.35 \text{ kJ/eeq} \qquad (2.32)$$

以硝酸盐为氮源的细胞合成:

$$\frac{5}{28}CO_2 + \frac{1}{28}NO_3^- + \frac{29}{28}H^+ + e^- = \frac{1}{28}C_5H_7O_2N + \frac{11}{28}H_2O \qquad (2.33)$$

（1）分解代谢所需能量：

$$\Delta G_{cata} = K\Delta G_R = 0.60 \times (-98.35) = -59.01 \text{ kJ/eeq} \quad (2.34)$$

（2）合成代谢所需能量：

合成代谢所需能量是以丙酮酸作为代谢中间产物以及特定氮源为依据进行计算的。

$$\Delta G_{ana} = \frac{\Delta G_P}{K^m} + \Delta G_C + \frac{\Delta G_N}{K} \quad (2.35)$$

其中 $\Delta G_p = \Delta G_{donor} + \Delta G_{pyruvate} = -26.68 + 35.78 = 9.1 \text{ (kJ/eeq)}$。

式中，m 为 ΔG_p 为正值时取 $+1$，ΔG_p 为正值时取 -1；ΔG_C 为将 1 eq 丙酮酸转化为细胞所需的吉布斯自由能，为 31.41 kJ/eq；ΔG_N：当硝酸盐为氮源时，取 17.46。

因此

$$\Delta G_{ana} = \frac{9.1}{0.6^1} + 31.41 + \frac{17.46}{0.6} = 75.68 \text{ (kJ/eeq)} \quad (2.36)$$

（3）分配系数：

$$f_s^0 = \frac{1}{1+\dfrac{f_e^0}{f_s^0}} = \frac{1}{1+\dfrac{\Delta G_{ana}}{-\Delta G_{cata}}} = \frac{1}{1+\dfrac{75.68}{59.01}} = 0.438 \quad (2.37)$$

（4）污泥产率系数：

$$Y_{HS^-} = \frac{0.438 \times 1/28 \times 113}{0.5 \times 32} = 0.11 \text{ gCOD/gS} \quad (2.38)$$

硫氧化菌以零价硫为电子供体，硝酸盐为电子受体自养生长所需的吉布斯自由能为 -91.15 kJ/eeq，其中分解代谢所需能量为 -54.69 kJ/eeq。

硫氧化菌以 S^0 为电子供体，硝酸盐为电子受体自养生长所需的吉布斯自由能为

电子供体：$\dfrac{1}{6}S + \dfrac{2}{3}H_2O = \dfrac{1}{6}SO_4^{2-} + \dfrac{4}{3}H^+ + e^-$ $\quad -19.48 \text{ kJ/eeq} \quad (2.39)$

电子受体：$\dfrac{1}{5}NO_3^- + \dfrac{6}{5}H^+ + e^- = \dfrac{1}{10}N_2 + \dfrac{3}{5}H_2O$ $\quad -71.67 \text{ kJ/eeq} \quad (2.40)$

产生总能量（ΔG_R）：

$\dfrac{1}{6}S + \dfrac{1}{5}NO_3^- + \dfrac{1}{15}H_2O = \dfrac{1}{6}SO_4^{2-} + \dfrac{1}{10}N_2 + \dfrac{2}{15}H^+$ $\quad -91.15 \text{ kJ/eeq} \quad (2.41)$

（1）分解代谢所需能量：

$$\Delta G_{cata} = K\Delta G_R = 0.60 \times (-91.15) = -54.69 \text{ （kJ/eeq）} \quad (2.42)$$

（2）合成代谢所需能量：

$$\Delta G_{ana} = \frac{16.3}{0.6^1} + 31.41 + \frac{17.46}{0.6} = 87.68 \text{ (kJ/eeq)} \quad (2.43)$$

（3）分配系数：

$$f_s^0 = \frac{1}{1+\frac{f_e^0}{f_s^0}} = \frac{1}{1+\frac{\Delta G_{ana}}{-\Delta G_{cata}}} = \frac{1}{1+\frac{87.68}{54.69}} = 0.384 \quad (2.44)$$

（4）污泥产率系数：

$$Y_{HS^-} = \frac{0.384 \times 1/28 \times 113}{1/6 \times 32} = 0.29 \text{ gCOD/gS} \quad (2.45)$$

生物膜模型中还存在着另一部分与生物膜特性相关的参数，见表 2.10。这些参数中一些与反应器运行条件有关，一些则通过经验值进行估计。

表 2.10 模型中生物膜相关参数

参数名	定义	参数值	单位	来源
D_{HS^-}	硫化物在水中的扩散系数	1.49×10^{-4}	$m^2 \cdot d^{-1}$	[40]
$D_{SO_4^{2-}}$	硫酸盐在水中的扩散系数	0.92×10^{-4}	$m^2 \cdot d^{-1}$	
$D_{S_n^{2-}}$	多硫化物在水中的扩散系数	0.92×10^{-4}	$m^2 \cdot d^{-1}$	
$D_{NO_3^-}$	硝酸盐在水中的扩散系数	1.64×10^{-4}	$m^2 \cdot d^{-1}$	
$D_{NO_2^-}$	亚硝酸盐在水中的扩散系数	1.65×10^{-4}	$m^2 \cdot d^{-1}$	
D_{H^+}	质子在水中的扩散系数	8.04×10^{-4}	$m^2 \cdot d^{-1}$	
D_{OH^-}	氢氧根在水中的扩散系数	1.29×10^{-4}	$m^2 \cdot d^{-1}$	
ψ_d	扩散系数在生物膜中的折减系数	0.8	—	[33]
ρ	生物膜内微生物密度	25 000	$g \cdot COD \cdot m^{-3}$	[41]
A	生物膜面积	0.12	m^2	反应器实际情况
f_{SOB}	生物膜中硫氧化菌的占比	0.4	—	估计值
L_0	初始生物膜厚度	5	μm	反应器实际情况
Q_{in}	反应器进水流量	2.88×10^{-3}	$m^3 \cdot d^{-1}$	反应器实际情况

生物膜参数中有三类参数会显著影响模拟结果，它们分别是扩散系数、生物膜内微生物密度、生物膜的离散化程度；而液体边界层对模型模拟结果只有着非常微弱的影响。因此，本模型中将液体边界层设置为 0。可溶性基质在生物膜中的扩散系数一般是其在水中的 50%~80%。为了保证有效的扩散，扩散系数在生物膜中的折减系数设定为 80%。由于基于硫化物的自养反硝化生物膜形貌非常不规则，生物膜内的微生物密度较难精确测量，因此选取以往模型研究的经验值作为本研究的微生物密度。为了获得较高的模拟精度，模拟过程中生物膜的离散网格数为 20，如图 2.6 所示。

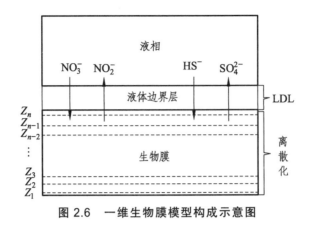

图 2.6　一维生物膜模型构成示意图

2.4.2.5 参数敏感性分析

Decru 等人[38]对硫化物自养反硝化动力学模型的所有动力学参数进行了全局敏感性分析，发现硫氧化菌对中间产物（S^0）的亲和力系数（K_s）是该模型中最敏感的参数。他们通过实验数据对 K_s 进行了校正，所获的最优 K_s 为 16 g S/m³。在此基础之上，我们以上述模型中选用的参数值作为默认值，对生物膜模型中涉及的动力学参数进一步进行了局部敏感性分析。为避免参数变化范围选择过大引起模型的非线性关系对敏感度的影响，选择对默认值上调 10%，并采用绝对-绝对灵敏度函数进行敏感性计算。参数敏感性分析中参数的初始值见表 2.11。

表 2.11　参数敏感性分析中参数的初始值

参数名	默认值	参数名	默认值
$\mu_{max,1}$	3.000	$K_{NO_3^--2}$	1.3
$\mu_{max,2}$	4.488	$K_{NO_2^--1}$	0.43
$\mu_{max,3}$	5.232	$K_{NO_2^--2}$	7.15
$\mu_{max,4}$	2.232	$K_{S^{2-}}$	1.80
$K_{NO_3^--1}$	1.3	K_{S^0}	16

根据以往文献：若灵敏度 $|\delta_{y,p}^{a,a}| < 0.2$，则该认为该参数为不敏感参数；若 $0.2 \leq |\delta_{y,p}^{a,a}| < 1$，则认为该参数对模型具有较弱的影响；若 $1.0 \leq |\delta_{y,p}^{a,a}| < 2.0$，则认为该参数对中等敏感参数；若 $|\delta_{y,p}^{a,a}| > 2$，则认为该参数为高敏感参数[42]。硫化物自养反硝化模型中的动力学参数对不同输出变量的敏感度如图 2.7 所示。对于变量 NO_3^-、SO_4^{2-}、S_n^{2-} 而言，$\mu_{max,4}$ 是中等敏感参数；但对于 NO_2^- 而言，$\mu_{max,4}$ 是高敏感参数。其次，$\mu_{max,3}$ 对于变量 NO_3^-、NO_2^-、SO_4^{2-}、S_n^{2-} 也具有较高的敏感度。$K_{NO_3^--2}$ 对于 NO_3^- 和 NO_2^- 而言是中等敏感参数，但对于 HS^-、SO_4^{2-}、S_n^{2-} 的敏感度却低得多。剩余的参数大多为不敏感参数，或仅对某一个变量而言是弱敏感参数。因此，通过综合分析筛选出对模型最敏感的参数分别是 $\mu_{max,3}$、$\mu_{max,4}$、$K_{NO_3^--2}$，而这三个参

数都与以 S_n^{2-} 为电子供体的反硝化过程相关。其中，$\mu_{max,3}$ 和 $K_{NO_{3-2}}$ 具有一定的相关关系。同时，实验过程中 NO_3^- 浓度一般都远远高于 $K_{NO_{3-2}}$，这会降低参数率定对 $K_{NO_{3-2}}$ 的识别性和结果的准确性。为提高参数率定的可靠性，本研究仅对参数 $\mu_{max,3}$ 和 $\mu_{max,4}$ 进行率定。

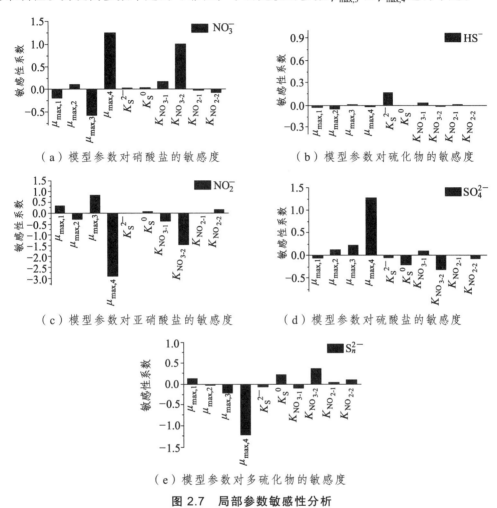

图 2.7 局部参数敏感性分析

2.4.2.6 模型预测分析

1. 不同厚度生物膜中的传质过程

生物膜厚度是对生物膜反应器准确预测的关键参数之一。一维生物膜模型中，生物膜厚度的增加得益于微生物的富集和生长，这将增加反应器的处理能力和抗冲击负荷的能力。但同时，过厚的生物膜也会伴随着传质阻力增加，导致溶液中的反应底物无法扩散到深层生物膜[43]。在以硫化物或生物单质硫为电子供体的 MBBR 反应器中，常被发现有 S^0 在生物膜载体表面沉积，这说明中间产物 S^0 在生物膜中的累积和利用过程也受到了传质过程的影响[4, 44]。为了探究生物膜厚度对基于硫化物的自养反硝化脱氮过程的影响，选取了 50 μm、100 μm、200 μm、400 μm 四种生物膜厚度进行模拟，模拟条件采用实验室 MBBR 反应器的运行条件，模拟进水包括 40 mg-N/L 的 NO_3^-、10 mg-N/L 的 NO_2^- 及 60 mg-S/L 的

Na_2S。在所有模拟情景中，生物膜的初始厚度都是 10 μm，反应器经过 100 d 的模拟运行后达到稳定状态。

反应基质在不同厚度生物膜中的浓度分布模拟情况如图 2.8 所示。NO_3^-、NO_2^-、S_n^{2-} 在 50 μm 生物膜内的浓度梯度最为平缓，意味着该生物膜内各层微生物能够利用的基质浓度几乎是相同的，所以传质阻力对于非常薄的生物膜影响甚微。生物膜厚度从 50 μm 增长至 400 μm 后，NO_3^-、NO_2^-、S_n^{2-} 在生物膜的内浓度梯度也依次增加，尤其是生物膜厚度超过 200 μm 后，传质阻力对于生物膜内微生物的生长的影响越发凸显。然而，硫化物在不同厚度生物膜内的浓度梯度却是非常相似的，硫化物在距离液面 50 μm 左右就降低至 0 mg-S/L。因此，当生物膜厚度超过 100 μm 时，其深层的微生物会缺乏硫化物作为电子供体，而仅有 S_n^{2-} 作为电子供体。这种剧烈的浓度变化主要是由于硫氧化菌对硫化物的利用速率非常高，这使得硫化物尚未扩散至生物膜内部就被快速地转化成了 S_n^{2-}。但是，硫氧化菌对于 S_n^{2-} 的利用速率要远远低于硫化物，因此其在生物膜内的浓度梯度要平缓得多。从图中也可以看到，最高浓度的 S_n^{2-} 通常积累在生物膜与溶液的交界面，这可能就是 S^0 常常在生物膜表面沉积的原因。

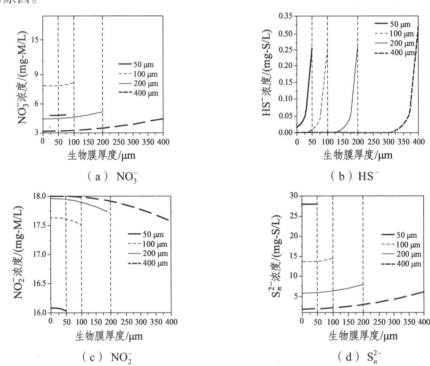

图 2.8 模拟反应物在不同厚度生物膜中的浓度分布（以 x 轴的 0 点为载体表面）

亚硝酸盐作为反硝化的中间产物，其最高浓度通常出现在生物膜的最内层，且其在生物膜内的浓度要高于其在溶液中的浓度。这是因为在生物膜深层，硫氧化菌利用 S_n^{2-} 作为电子供体时，优先选择硝酸盐作为电子受体，而积累的亚硝酸盐在浓度差的驱动下向溶液中扩散。NO_3^- 和 NO_2^- 在生物膜中的浓度分布呈现出相反的趋势，这也影响了每一步反硝化步骤的电子传递速率。从图 2.9 中可以看到，在生物膜与液面接触的外层，硫化物氧化产生的电子以更高的反应速率被传递到 Nir，且电子传递速率与硫化物在生物膜内的浓度分布的变化趋势一致。而在生物膜与载体表面接触的内层，尽管 NO_2^- 的浓度明显高于 NO_3^-，但由于 S_n^{2-} 氧化产生的电子速率比较缓慢，所以 r_3 和 r_4 的电子传递速率并没有明显的区别，且远远低于 r_1 和 r_2 的电子传递速率。因此，以 S_n^{2-} 为电子供体的氧化过程是生物膜内反硝化的限速步骤。这也导致了生物膜外层的微生物生长速率始终高于生物膜内部的生长速率。

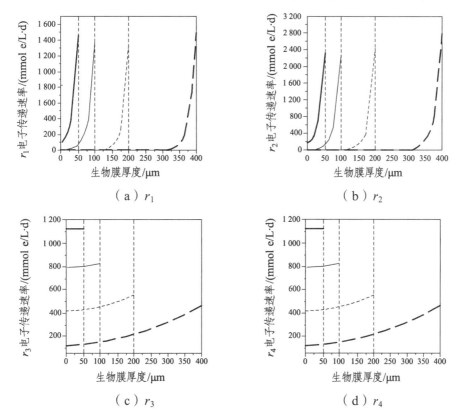

图 2.9 模拟不同厚度生物膜中的电子传递速率（r_1 和 r_2 以硫化物为电子供体，r_3 和 r_4 以 S_n^{2-} 为电子供体。r_1 和 r_3 对应：$NO_3^- \to NO_2^-$；r_2 和 r_4 对应：$NO_2^- \to N_2$）

生物膜反应器的脱氮性能主要通过单位面积生物膜的处理能力进行比较，也可以理解为单位面积的反应物通量。

$$F = \frac{Q(S_0 - S)}{A} \qquad (2.46)$$

式中，Q 为进水流量，m^3/d；S_0 为反应物进水浓度，mg/L；S 为反应物出水浓度，mg/L；A 为反应器内生物膜的总面积，m^2。

图 2.10 中统计了在稳定运行条件下多种反应物在不同生物膜厚度系统中的通量。其中，NO_3^-、NO_2^-、S_n^{2-} 的通量随着生物膜厚度的增加而增大，但当生物膜厚度从 200 μm 增加至 400 μm 后，通量的增幅发生显著减弱。生物膜厚度的增加通常意味着系统内生物总量的增加。但当生物膜过厚时，生物膜厚度的增加并不意味着活性生物量的增加。传质阻

力随生物膜生长而递增，靠近载体表面的生物膜区域可能缺乏反应底物，因此该部分的微生物并未实质参与反应。正如硫化物的通量并未随生物膜厚度的增加而增加，这是因为不管生物膜厚度如何改变，硫化物还未穿透到生物膜内部就被消耗尽了，因此其所能达到的处理负荷总是相同的。

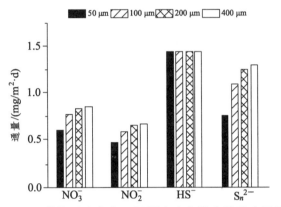

图 2.10　模拟反应物在不同厚度生物膜中的反应通量

2. 生物膜系统对不同进水浓度的响应

对于同向扩散生物膜而言，微生物的生长不仅受到生物膜厚度带来的传质阻力的影响，同时也与反应物进水浓度有关。高浓度的反应物能够穿透到生物膜内部，使得每一层的微生物都能获得生长。然而，硫化物在生物膜内的浓度极低，且在生物膜与液面接触的外层就被快速完全消耗，导致生物膜内层的硫氧化菌缺乏硫化物电子供体。为了探究提高进水浓度对于硫化物扩散过程的影响，以及生物膜系统对高浓度硫化废水的处理能力，对 5 种进水浓度下的反应器运行情况进行了模拟，具体的模拟条件见表 2.12。

表 2.12　不同进水浓度下的模型模拟条件

参数	模拟 1	模拟 2	模拟 3	模拟 4	模拟 5
进水 HS^-/(mg-S/L)	50	100	150	200	300
进水 NO_3^-/(mg-N/L)	25	50	75	100	150
生物膜面积/m^2	0.12				
初始生物膜厚度/μm	10				
最大生物膜度/μm	150				
进水流量/(mL/min)	2				

不同进水浓度条件下各反应物在生物膜内的浓度分布如图 2.11 所示。可以看到，随着进水硫化物浓度的增加，NO_3^-、NO_2^-、S_n^{2-} 在生物膜内的每一处浓度都相应的增加了，这促进了生物膜内以 S_n^{2-} 为电子供体的反硝化速率的增加。然而，进水硫化物浓度的增加并不能使 HS^- 完全扩散到生物膜最深处，且 HS^- 在生物膜中的浓度始于处于非常低的水平，这意味着进水浓度的增加可能对于以 HS^- 为电子供体的反硝化速率的提高作用十分有限。另外，这也说明生物膜对于 HS^- 的处理能力尚未达到饱和，仍有相当一部分微生物并未参与到以 HS^- 为电子供体的反硝化过程。

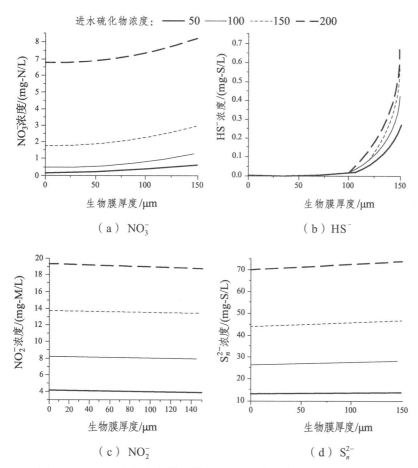

图 2.11 不同进水浓度模拟情景下生物膜内的反应物浓度分布

然而,不同进水浓度模拟出的生物膜通量似乎得出了与浓度分布相反的结果,如图2.12所示。惊讶地发现,所有反应物的通量都随进水硫化物浓度的增加而递增。其中,NO_3^-、NO_2^-、S_n^{2-} 通量的增幅都随进水浓度的增加而降低,但是 HS^- 通量的增量几乎始终按进水硫化物浓度增加的比例递增,这说明以 HS^- 为电子供体的反硝化速率对生物膜内 HS^- 的浓度不敏感,其反应通量与进水负荷呈正相关。相比之下,由于硫氧化菌对 S_n^{2-} 的利用速率较低,生物膜内反应物浓度的增加对于反硝化速率的提高是有限的。此外,系统进出水中的总氮去除率在进水硫化物浓度高于 100 mg-S/L 后,开始出现较大幅度的下降。这表明进水浓度的增加能够提高生物膜内微生物的反应速率,从而提高生物膜整体的处理负荷。然而,在生物膜厚度不变(即生物量不变)的条件下,系统对于进水负荷的处理能力是有限的。

通过以上分析可知生物膜系统具有一定的抗冲击负荷的能力,即在进水硫化物浓度为 50~100 mgS/L 的条件下,系统能维持比较稳定的脱氮效率。但为了保证较高的脱氮效率,工艺设计时仍需结合进水情况合理选择进水负荷。

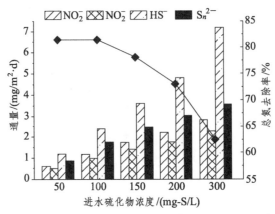

图 2.12 不同进水浓度模拟情景下生物膜的通量和总氮去除率变化

3. 不同 pH 对硫化物自养反硝化脱氮的影响

硫化物自养反硝化是产碱反应。反应系统 pH 的升高不仅会影响硫氧化菌的代谢活性，还会影响多硫化物在溶液中的转化率，进而影响反硝化速率。为了探究 pH 变化对自养反硝化脱氮的影响，分别对进水 pH 为 7.0、7.5、8.0、8.5、9.0、9.5、10.0、10.5 情况下反应器的运行情况进行模拟。模拟条件近似实验室 MBBR 反应器的运行条件：生物膜总面积为 0.12 m², 进水流量是 2 mL/min, 模拟进水包括 40 mg-N/L 的 NO_3^- 和 64 mg-S/L 的 Na_2S（对应的 S/N 为 1.6）。反应器中生物膜的初始厚度是 10 μm，生长达到的最大厚度设定为 150 μm。模拟结果出自反应器稳定运行期。

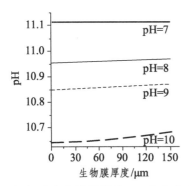 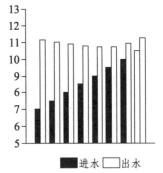

（a）沿生物膜深度的 pH 变化情况　　（b）模拟反应器进出水 pH 情况

图 2.13 模拟生物膜进行自养反硝化后的 pH 变化

模拟反应器在进行自养反硝化后的 pH 变化如图 2.13 所示，在所有模拟情况下反应器出水 pH 都明显上升了。由于反应系统中没有添加任何的 pH 缓冲对，其碱度的增加全部来自反硝化过程。根据化学计量关系，每有 1 mol HS^- 将 NO_3^- 还原为 NO_2^-，则有 1.025 mol 的 OH^- 产生，当每 1 mol HS^- 氧化将 NO_2^- 还原为氮气时，则有 1.377 mol 的 OH^- 产生。而当氧化 1 mol S_n^{2-} 将 NO_3^- 还原为 NO_2^-，就会有 1.938 mol OH^- 的消耗，而将 NO_2^- 还原为氮气时则会有 0.777 mol OH^- 消耗。图 2.13（a）结合反应物和电子传递速率在生物膜内的分布情况可知，生物膜与液面相接触的外层以硫化物为电子供体的反硝化速率最高，所以该区域的 pH 最高。而生物膜的内层以 S_n^{2-} 为电子供体，所以 pH 沿生物膜外层向内层逐渐递减。

同时，出水 pH 的高低也可用作判断硫氧化菌对中间产物 S_n^{2-} 利用率的依据。从图 2.13（b）中可以看出，当进水 pH 等于 9.0 时，出水的 pH 最低，这说明该条件下硫氧化菌对 S_n^{2-} 的利用程度相对来说是最高的，其产生的酸中和了以硫化物为电子供体进行反硝化时产生的碱度。而进水 pH 为 7 时，其 pH 的增加值是最高的，而进水 pH 为 9 时，其 pH 的增幅最少。而这一变化趋势与不同 pH 下反应器出水中 NO_3^-、TN、S_n^{2-} 的浓度变化趋势是相同的（见图 2.14）。出水中 NO_3^-、TN、S_n^{2-} 浓度先随 pH 的升高而降低，进水 pH 大于 9.0 后又随 pH 的升高而增加。而出水 NO_2^- 的变化趋势则与 NO_3^- 等的变化趋势相反。出水 HS^- 的浓度在 pH 为 7~9 时保持相对稳定，当 pH 大于 9.0 后其浓度随 pH 的升高而增加。由此可知，$f_{pH,1}$ 对反硝化的抑制作用在 pH 为 7~9 占主导，而 $f_{pH,2}$ 对反硝化的抑制作用在 pH 大于 9.0 后占主导。具体而言，当 pH 从 7 增加至 9 时，更多的 S^0 与 HS^- 反应生成 S_n^{2-} 参与到反硝化中，所以出水的 pH 也随之有所降低；同时硫氧化菌在该 pH 区间仍然保持着非常高的反应活性。当 pH 从 9 继续升高时，S_n^{2-} 在溶液中的比例已非常接近 100%，S_n^{2-} 浓度的提高对反硝化速率的提升不再明显；与此同时，硫氧化菌在高 pH 条件下的反应活性却受到了严重的抑制，所以硫氧化菌对 HS^- 和 S_n^{2-} 的利用速率都有所降低。然而从反应通量上看，HS^- 在不同 pH 条件下的氧化通量仍然保持着相同的水平，这是因为硫化物通常只在生物膜外侧就被消耗完了，在硫氧化菌活性降低的情况下硫化物能够继续向内层生物膜扩散并被利用，所以在不同 pH 条件下出水 HS^- 浓度始终小于 0.7 mg-S/L。

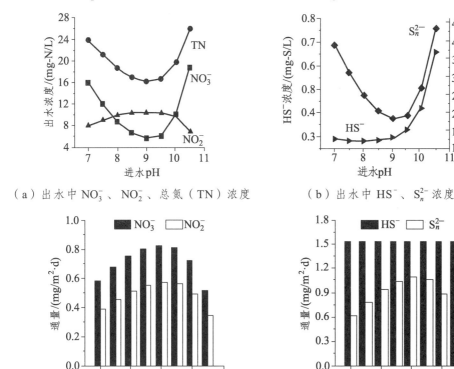

（a）出水中 NO_3^-、NO_2^-、总氮（TN）浓度　　（b）出水中 HS^-、S_n^{2-} 浓度

（c）NO_3^-、NO_2^- 的反应通量　　（d）HS^-、S_n^{2-} 反应通量

图 2.14　不同 pH 条件下模拟反应器的出水浓度和反应通量

综上，不同 pH 条件下硫氧化菌对 S^{2-} 的利用速率仍然是影响自养反硝化脱氮的限速步骤。碱性环境有利于将中间产物 S^0 转化为 S_n^{2-}，从而提高反硝化效率；而强碱环境则会抑制硫氧化菌的反应活性，导致反应器出水的恶化。基于硫化物的自养反硝化是产碱过程，因此建议投加适量的 pH 缓冲物质使得反应系统维持在最佳 pH 范围内。

参考文献

[1] SHAO M F, ZHANG T, FANG H H P. Sulfur-driven autotrophic denitrification: diversity, biochemistry, and engineering applications[J]. Applied Microbiology and Biotechnology, 2010, 88(5): 1027-1042.

[2] CUI Y X, BISWAL B K, GUO G, et al. Biological nitrogen removal from wastewater using sulphur-driven autotrophic denitrification[J]. Applied Microbiology and Biotechnology, 2019, 103(15): 6023-6039.

[3] CHAN L K, MORGAN-KISS R M, HANSON T E. Functional Analysis of Three Sulfide:Quinone Oxidoreductase Homologs in[J]. Journal of Bacteriology, 2009, 191(3): 1026-1034.

[4] CUI Y X, GUO G, EKAMA G A, et al. Elucidating the biofilm properties and biokinetics of a sulfur-oxidizing moving-bed biofilm for mainstream nitrogen removal[J]. Water Research, 2019, 162: 246-257.

[5] QIU Y Y, ZHANG L, MU X T, et al. Overlooked pathways of denitrification in a sulfur-based denitrification system with organic supplementation[J]. Water Research, 2020, 169.

[6] GUERRERO L, MONTALVO S, HUILINIR C, et al. Advances in the biological removal of sulphides from aqueous phase in anaerobic processes: A review[J]. Environmental Reviews, 2016, 24(1): 84-100.

[7] ERGUDER T H, BOON N, VLAEMINCK S E, et al. Partial Nitrification Achieved by Pulse Sulfide Doses in a Sequential Batch Reactor[J]. Environmental Science & Technology, 2008, 42(23): 8715-8720.

[8] ZHOU Z, XING C, AN Y, et al. Inhibitory effects of sulfide on nitrifying biomass in the anaerobic-anoxic-aerobic wastewater treatment process[J]. Journal of Chemical Technology and Biotechnology, 2014, 89(2): 214-219.

[9] LU H, HUANG H, YANG W, et al. Elucidating the stimulatory and inhibitory effects of dissolved sulfide on sulfur-oxidizing bacteria (SOB) driven autotrophic denitrification[J]. Water Research, 2018, 133: 165-172.

[10] WANG J J, CHENG Z W, WANG J D, et al. Enhancement of bio-S0 recovery and revealing the inhibitory effect on microorganisms under high sulfide loading[J]. Environmental Research, 2023, 238: 117214.

[11] DOLEJS P, PACLÍK L, MACA J, et al. Effect of S/N ratio on sulfide removal by autotrophic denitrification[J]. Applied Microbiology and Biotechnology, 2015, 99(5): 2383-2392.

[12] CAI J, ZHENG P, MAHMOOD Q. Effect of sulfide to nitrate ratios on the simultaneous anaerobic sulfide and nitrate removal[J]. Bioresource Technology, 2008, 99(13): 5520-5527.

[13] WANG X W, ZHANG Y, ZHOU J T, et al. Regeneration of elemental sulfur in a simultaneous sulfide and nitrate removal reactor under different dissolved oxygen conditions[J]. Bioresource Technology, 2015, 182: 75-81.

[14] WEN S L, HU K Q, CHEN Y C, et al. The effects of Fe2+ on sulfur-oxidizing bacteria (SOB) driven autotrophic denitrification[J]. Journal of Hazardous Materials, 2019, 373: 359-366.

[15] WANG A J, LIU C S, REN N Q, et al. Simultaneous removal of sulfide, nitrate and acetate: Kinetic modeling[J]. Journal of Hazardous Materials, 2010, 178(1-3): 35-41.

[16] CHEN C, HO K L, LIU F C, et al. Autotrophic and heterotrophic denitrification by a newly isolated strain Pseudomonas sp. C27[J]. Bioresource Technology, 2013, 145: 351-356.

[17] ZHANG R C, XU X J, CHEN C, et al. Interactions of functional bacteria and their contributions to the performance in integrated autotrophic and heterotrophic denitrification[J]. Water Research, 2018, 143: 355-366.

[18] CUI Y X, GUO G, BISWAL B K, et al. Investigation on sulfide-oxidizing autotrophic denitrification in moving-bed biofilm reactors: An innovative approach and mechanism for the process start-up[J]. International Biodeterioration & Biodegradation, 2019, 140: 90-98.

[19] Prokopenko M G, Hirst M B, De Brabandere L, et al. Nitrogen losses in anoxic marine sediments driven by Thioploca-anammox bacterial consortia[J]. Nature, 2013, 500(7461): 194-198.

[20] JIN R C, YANG G F, ZHANG Q Q, et al. The effect of sulfide inhibition on the ANAMMOX process[J]. Water Research, 2013, 47(3): 1459-1469.

[21] RUSS L, SPETH D R, JETTEN M S M, et al. Interactions between anaerobic ammonium and sulfur-oxidizing bacteria in a laboratory scale model system[J]. Environmental Microbiology, 2014, 16(11): 3487-3498.

[22] QIN Y J, WU C L, CHEN B Q, et al. Short term performance and microbial community of a sulfide-based denitrification and Anammox coupling system at different N/S ratios[J]. Bioresource Technology, 2019, 294: 122130.

[23] XU L Z J, XIA W J, YU M J, et al. Merely inoculating anammox sludge to achieve the start-up of anammox and autotrophic desulfurization-denitrification process[J]. Science of The Total Environment, 2019, 682: 374-381.

[24] SHI Z J, XU L Z J, HUANG B C, et al. A novel strategy for anammox consortia preservation: Transformation into anoxic sulfide oxidation consortia[J]. Science of The Total Environment, 2020, 723: 138094.

[25] WANG J, LU H, CHEN G H, et al. A novel sulfate reduction, autotrophic denitrification, nitrification integrated (SANI) process for saline wastewater treatment[J]. Water Research, 2009, 43(9): 2363-2372.

[26] LIN S, MACKEY H R, HAO T W, et al. Biological sulfur oxidation in wastewater treatment: A review of emerging opportunities[J]. Water Research, 2018, 143: 399-415.

[27] WU D, EKAMA G A, CHUI H K, et al. Large-scale demonstration of the sulfate reduction autotrophic denitrification nitrification integrated (SANI) process in saline sewage treatment[J]. Water Research, 2016, 100: 496-507.

[28] WU D, WANG H G, ANAND A, et al. Elucidating the microbial communities and anaerobic mechanisms of a new biomass capable of capturing carbon and sulfur pollutants for sulfate-laden wastewater treatment[J]. Biochemical Engineering Journal, 2018, 136: 18-27.

[29] GUO G, WU D, HAO T W, et al. Functional bacteria and process metabolism of the Denitrifying Sulfur conversion-associated Enhanced Biological Phosphorus Removal (DS-EBPR) system: An investigation by operating the system from deterioration to restoration[J]. Water Research, 2016, 95: 289-299.

[30] YANG W, ZHAO Q, LU H, et al. Sulfide-driven autotrophic denitrification significantly reduces N2O emissions[J]. Water Research, 2016, 90: 176-184.

[31] XU G, YIN F, CHEN S, et al. Mathematical modeling of autotrophic denitrification (AD) process with sulphide as electron donor[J]. Water Research, 2016, 91: 225-234.

[32] LIU Y, PENG L, NGO H H, et al. Evaluation of Nitrous Oxide Emission from Sulfide-and Sulfur-Based Autotrophic Denitrification Processes[J]. Environmental Science & Technology, 2016, 50(17): 9407-9415.

[33] LIU T, GUO J H, HU S H, et al. Model-based investigation of membrane biofilm reactors coupling anammox with nitrite/nitrate-dependent anaerobic methane oxidation[J]. Environment International, 2020, 137: 105501.

[34] KLEINJAN W E, DE KEIZER A, JANSSEN A J H. Equilibrium of the reaction between dissolved sodium sulfide and biologically produced sulfur[J]. Colloids and Surfaces B-Biointerfaces, 2005, 43(3-4): 228-237.

[35] KAMYSHNY A, GUN J, RIZKOV D, et al. Equilibrium distribution of polysulfide ions in aqueous solutions at different temperatures by rapid single phase derivatization[J]. Environmental Science & Technology, 2007, 41(7): 2395-2400.

[36] MORA M, FERNÁNDEZ M, GÓMEZ J M, et al. Kinetic and stoichiometric characterization of anoxic sulfide oxidation by SO-NR mixed cultures from anoxic biotrickling filters[J]. Applied Microbiology and Biotechnology, 2015, 99(1): 77-87.

[37] XU X J, CHEN C A, WANG A J, et al. Simultaneous removal of sulfide, nitrate and acetate under denitrifying sulfide removal condition: Modeling and experimental validation[J]. Journal of Hazardous Materials, 2014, 264: 16-24.

[38] DECRU S O, BAETEN J E, CUI Y X, et al. Model-based analysis of sulfur-based denitrification in a moving bed biofilm reactor[J]. Environmental Technology, 2022, 43(19): 2948-2955.

[39] CHEN X M, YANG L Y, SUN J, et al. Modelling of simultaneous nitrogen and thiocyanate removal through coupling thiocyanate-based denitrification with anaerobic ammonium oxidation[J]. Environmental Pollution, 2019, 253: 974-980.

[40] M H W. CRC Handbook of Chemistry and Physics 92nd Edition[M]. 92nd ed. Boca Raton, FL.: CRC Press, 2012.

[41] WANG Y, SABBA F, BOTT C, et al. Using kinetics and modeling to predict denitrification fluxes in elemental-sulfur-based biofilms[J]. Biotechnology and Bioengineering, 2019, 116(10): 2698-2709.

[42] 董姗燕, 姚重华. 单级活性污泥过程数学模型 ASM2D 参数的灵敏度分析[J]. 环境化学, 2005, 2: 129-133.

[43] BOLTZ J P, DAIGGER G T. Uncertainty in bulk-liquid hydrodynamics and biofilm dynamics creates uncertainties in biofilm reactor design[J]. Water Science and Technology, 2010, 61(2): 307-316.

[44] KOSTRYTSIA A, PAPIRIO S, KHODZHAEV M, et al. Biofilm carrier type affects biogenic sulfur-driven denitrification performance and microbial community dynamics in moving-bed biofilm reactors[J]. Chemosphere, 2022, 287.

第 3 章 单质硫自养反硝化脱氮技术

3.1 单质硫的分类

硫是地球上最常见的天然元素之一，表现出 9 种不同的价态，从硫化物和还原有机硫的 -2 价到元素硫中的 0 价，再到硫酸盐中的 $+6$ 价。硫的各种化合物是由化学和生物转化驱动的复杂硫循环的产物。元素硫作为地球化学硫循环中的中心中间体，与硫的其他中间体（如硫代物、硫代硫酸盐和硫酸盐）相比具有以下优势：① 是地球上最丰富的；② 具有多功能性，可以同时氧化和还原；③ 在固体形式下储存更安全且运输成本低[1]。因此，硫被广泛用于生产化肥、橡胶、硫酸，以及其他小型市场的特种化学品，其中最主要的包括化妆品。

元素硫的物理化学特征元素硫以其地面化学形态被称为 S^0。硫原子具有很高的比旋度，可以形成多种形式的聚合物链或环[2]。由这些环和/或链组成的 S^0 固体具有非常弱的范德瓦耳斯力。迄今为止，已经鉴定了 180 多种元素硫的同素异形体和多晶型，但只有修饰的正交晶系 $\alpha\text{-}S_8^0$ 在常温和标准大气压（273.15 K 和 1.0×10^5 Pa）下被证实是稳定的[3]，$\alpha\text{-}S_8^0$ 具有很高的温度依赖性溶解度（5 μg/L 或 0.16 μmol/L），而 S_8（aq）与矿物硫（$\alpha\text{-}S_8$）的平衡浓度在 4 °C 和 80 °C 时分别为 6.1 mol/L 和 478 mol/L[4]。S^0 在较高温度下可溶于压缩气体（65~140 °C）。S_8（aq）的溶解度受表面活性剂的影响很大，例如，当几种模型表面活性剂（如十二烷基硫酸钠和 Triton-X-100 等）存在时，S_8（aq）的溶解度增加了 5 000 倍[5]。这归因于表面活性剂分子在其疏水内部形成具有 S_8 环的胶束。当 S_8 溶于极性溶剂时，S_8 可以部分转化为 S_6 和 S_7，并达到平衡，其中 1% 的硫以较小的环存在。甲苯、二硫化碳和二氯甲烷是最好的溶剂，而环烷烃只有在室温下才能溶解较小的 S^0 环分子[6]。

最常见的 S^0 类型包括矿物硫、化学硫、生物硫和胶体硫。在这些类型的 S^0 中，由于矿物硫的杂质和胶体 S^0 成本较高，化学 S^0 和生物 S^0 在实际应用中被广泛使用[7]。此外，由于化学物质 S^0（S_{chem}^0）水溶性差，生物可利用性低，这也是阻碍 S^0 驱动的生物过程实际应用时的主要障碍[8,9]。

生物单质硫（S_{bio}^0）对微生物有更大的可利用性[10,11]。生物单质硫是天然气和工业废物以及金属炼厂废水脱硫的副产物。生物单质硫与化学物质硫的性质不同。生物单质硫可以作为硫球储存在细胞内或细胞外，并且生物单质硫颗粒具有正交 S^0 环的核心，覆盖在聚合物结构中，具有很高的比表面积。这些都赋予了 S^0 生物颗粒亲水性和胶体性，增强了其对微生物的生物可利用性[12]。因此，由于具有良好的生物可利用性，生物单质硫可以作为吸附剂用于生物沥浸过程和农业生产中去除废水中的重金属[13]。

除了上述的应用之外，由于硫的氧化还原特性（即从 -2 的最小还原态到 $+6$ 的最大氧化态），硫在废水处理中具有很大的应用潜力。例如，硫是生物硫化物氧化为硫酸盐的关键中间体，硫酸盐也可能是生物硫化物氧化的最终产物[7]。

3.1.1 化学合成单质硫

化学合成硫单质（S_{chem}^0）是硫自养反硝化工艺中最常用的电子供体，其价格便宜，易于处理和运输，且难溶于水，既可为微生物提供能源，又可用作填充床生物反应器载体颗粒材料[14]。

在以硫单质为电子供体的自养反硝化工艺中，虽然通常无须额外添加有机碳源，但需要增加外部缓冲物来抵消反应系统中碱度的降低。目前石灰石已被广泛用在硫磺/石灰石自养反硝化工艺中，其作用主要包括中和酸度和提供微生物生长所需的无机碳源。但是，反应体系中添加过量的石灰石，又会增加水体硬度并引起磷沉淀，进而限制反硝化细菌的生长。碳酸氢盐是一种可溶且用途广泛的石灰石替代品[14]。研究表明，混合营养反硝化作为一种限制碱度消耗和硫酸盐产生以及提高反硝化效率的方法而受到越来越多的关注[15]。

以化学合成单质硫 S_{chem}^0 作为电子供体的主要缺点是其极低的水溶解度会严重限制硫从固相向水相的转移，从而限制了硫的化学氧化[16]。化学合成硫单质颗粒的大小也会影响附着的生物膜生长系统的反硝化速率。增加颗粒的比表面积会增加硫从固相到水相的质量转移，并且为微生物提供更多可利用界面，从而便于生物膜的形成[17]。另外，硫单质在硫自养反硝化系统中的使用还可能会导致较高的亚硝酸盐积累，进而抑制反硝化过程[18]。在低硝氮负荷下，化学合成硫单质可能发生生物歧化反应生成硫酸根和硫化氢，导致大量硫化氢气体排放到环境中造成污染，内部的胶体硫单质沉淀也会造成床层堵塞。

此外，许多环境问题与大气中含硫化合物（如 SO_2）的排放密切相关。SO_2 的排放主要是由于含有 H_2S 或有机硫化合物的化石燃料的燃烧。在大气中，SO_2 被氧化形成硫酸，产生酸雨。自 20 世纪 70 年代以来，由于低含硫燃料的选择、废气处理和专业化的燃烧过程，SO_2 的排放量显著减少。为了防止 SO_2 的排放，H_2S 必须从燃烧前的气流中脱除。除了环境原因外，出于健康原因（H_2S 是一种有毒气体，浓度超过 600 ppm①时致命）和防止设备腐蚀，还需从废气流中去除 H_2S。含有 H_2S 且需要处理的气体主要有天然气、合成气和生物气（在厌氧废水处理中形成）等。脱除气流中的 H_2S 一般分两步进行。第一步，H_2S 从气流中分离出来；第二步，被去除的 H_2S（溶解于液体或作为浓缩气体）转化为单质硫。根据这两个步骤，存在几种净化气体的工艺[19]。

最常用的方法是在无氨溶液中吸收 H_2S，然后将溶解的 H_2S 从该溶液中剥离，形成浓缩气体（克劳斯气体），然后在克劳斯过程中转化为单质硫。在克劳斯过程中，1/3 的 H_2S 气体首先被燃烧成 SO_2，剩余的 H_2S 与生成的 SO_2 反应生成单质硫：

$$H_2S+1/2O_2 \longrightarrow 2/3H_2S+1/3SO_2+1/3H_2O \tag{3.1}$$

$$2/3H_2S+1/3SO_2 \rightleftharpoons S^0+2/3H_2O \tag{3.2}$$

---

① 1 ppm=10^{-6}。

$$H_2S + 1/2O_2 \rightleftharpoons S^0 + H_2O \qquad (3.3)$$

在其他方法中，H_2S 被吸收到溶液中，然后溶解的 H_2S 转化为单质硫，而不从溶液中吹脱出去。不同方法之间的差异主要受不同的吸收液或不同的氧化催化剂影响[19]，该工艺主要缺点在于高压和高温导致的高操作成本及额外添加的特殊化学品[19]。

3.1.2 生物合成单质硫

Seidel 等[20]和 Giordano 等[11]提到了一种形式的硫，称为生物单质硫（S_{bio}^0），它对微生物的可利用性更高。S_{bio}^0 的性质不同于 S_{chem}^0，可作为硫球储存在细胞内或细胞外，并且 S^0 生物颗粒具有一个正交 S^0 环的核心，这些环被聚合物结构覆盖，使它们具有很高的比表面积。以上结构都使得 S^0 生物颗粒具有高亲水性和胶体特性，进而提高了生物利用度[12]。S_{bio}^0 由于具有良好的生物可给性，可用作生物浸出过程和农业生产中废水中重金属的吸附剂[13]。

生物单质硫具有以下基本特性：亲水性和易变性（比晶体硫更易变），以便于酶降解[21]。生物单质硫核心由正交的硫环组成，该环外部被长链聚合物覆盖，具有亲水性，与化学合成单质硫相比，这种特殊的结构为生物单质硫颗粒提供了更大的比表面积和更高的水体溶解度。此外，生物硫颗粒的亲水性和胶体性，增强了硫对微生物的生物可利用性。在天然气或工业废气生物去除硫化氢的过程中，生物单质硫主要是作为废弃物产生，该过程主要由硫杆菌或酸性硫杆菌群落进行，该菌群可将硫化氢部分氧化为细小的硫单质颗粒，最终被有机物稳定并形成聚集体。在生物反应器中，生物单质硫的累积会导致管道堵塞和造成二次污染，因此需要将生物单质硫进行分离，沉降、过滤、萃取、浮选、絮凝是分离生物单质硫的有效方法[22]。

生物合成的硫常记为 S^0，硫球中的硫有很大一部分以氧化态零价硫形式存在。生物合成硫与原子硫差异较大，原子硫具有很高的生成焓，因此不能在常温下存在[23]。硫球中的硫可以以硫环、长链连过硫酸盐和有机基团封端的长硫链的形式存在。这些形式的硫形成的机理尚不清楚，但硫环的形成被认为是通过多硫化物的形成来进行[24]。施托伊德尔提出了硫化物化学氧化为硫环（S_8）的反应机理，在该机理中，HS^- 阴离子被氧化形成硫自由基（HS 或 S），这些自由基是一系列复杂反应的基础，包括离子的自由基化和自由基离子的二聚化，从而产生多硫阴离子（S_x^{2-}）长链，多硫阴离子酸化后，形成单质硫环[25]。在化学氧化反应中，第一步氧化步骤（硫化物自由基的形成）由 V^{5+}、Fe^{3+}、Cu^{2+} 等金属离子催化。在大多数硫化合物氧化菌中，硫化物氧化成硫的第一步由黄色细胞色素 c 催化[24]。在一些具有将硫化物氧化为硫能力的细菌中，尚未发现黄色细胞色素 c，而其他细胞色素或醌类物质在这些生物中催化了硫化物的氧化。Brune[24]提出多硫阴离子酸化为单质硫的催化剂的位置决定了硫储存在细胞外或细胞内。然而，Van Gemerden 认为 HS^- 氧化步骤中电子受体的位置决定了硫是储存在细胞外还是细胞内[26]。这一点得到了 Whit 和 Trüper 对嗜盐红螺菌属 *abdelmalekii* 中硫化物氧化的研究支持，即胞外硫球[27]。细胞色素 c-551 对硫化物的氧化具有催化作用,并且定位于细胞膜的外部。在 *Al. vinosum* 中细胞色素 c-551 位于周质空间,外层细胞壁和细胞质膜之间的空间,也是储存硫球的位置[28]。

DiCapua 等研究结果表明,与化学合成单质硫相比,生物单质硫的硝酸盐去除速率是前者的 1.7 倍,但同时硫酸盐生成速率也提升了 3 倍[29]。原因主要为生物硫单质的颗粒结构增强了生物单质硫对微生物的生物利用度。与合成单质硫不同,生物单质硫更适合悬浮生长的反硝化生物反应器。作为一种无毒的废弃物,生物单质硫更具环境效益及经济效益。但是,使用生物单质硫进行反硝化可能会导致反应器内亚硝酸盐的大量积累,因此限制了其在高浓度硝酸盐污染废水中的应用[29]。

硫化合氧化菌形成的硫颗粒的粒径在胶体范围内(可达 1.0 mm)。4 种不同化学营养的和 1 种光营养细菌产生的内储硫颗粒粒径一般在 250 nm 左右(两者均用电子显微镜观察),但在内部储存硫球最大直径可达 1 mm[30,31]。硫杆细菌在硫化合物氧化反应器中产生的胞外储存硫球最初的直径大致相同(用电子显微镜观察和单颗粒光学粒度仪测量粒度分布)[32]。

吸引力和排斥力之间的平衡控制着胶体硫粒子的稳定性。最重要的作用力是范德瓦耳斯引力和静电斥力,胶体的 DLVO 理论就是基于这两种作用力。范德瓦耳斯引力的大小取决于两体的大小和两体之间的距离。静电斥力来源于胶体颗粒的表面电荷。除此之外,结构力(如氢键)可以稳定或破坏胶体粒子的稳定性,这取决于粒子的性质,聚合物材料在硫-溶剂界面的吸附可以引起空间稳定[19]。

电荷的来源可以是表面官能团的存在,如羧酸或氨基。由于羧酸和氨基的存在,蛋白质吸附的表面显示出表面电荷对 pH 值的依赖性。在高 pH 下,蛋白质覆盖的表面会带负电荷(—COO 和—NH$_2$ 基团);在低 pH 下,表面会整体带正电荷(—COOH 和—NH$_3^+$ 基团)。整体表面电荷为零的 pH 称为零电荷点。在没有特异性吸附的情况下,它与等电点吻合[19]。这种表面电荷将带相反电荷的离子吸引到表面,而带相同电荷的离子则被排斥在表面,进而产生了离子浓度分布,被称为扩散双电层。盐的存在会引起双电层的产生屏蔽作用。两个界面的排斥能和吸引能可以计算为它们之间距离的函数。当在胶体溶液中加入盐时,可屏蔽静电斥力,导致胶体不稳定[19]。

长链聚合物,如蛋白质,往往可以吸附到胶体颗粒的表面,从而对胶体稳定性产生显著影响。聚合物材料在界面上的吸附发生在这样的方式下,长链聚合物可以从表面进入溶液中并能重新排列它们的位置和取向。聚合物吸附的效果可以是吸引性的,也可以是排斥性的,但在大多数情况下这种效果是排斥性的[19]。

通过吸附不带电荷的聚合物来稳定胶体粒子被称为立体稳定。对这种影响的两个主要因素是体积限制效应和渗透效应。如果吸附的聚合物链被压缩(聚合物柔性部分的可能构型较少),体积限制效应是由构型熵的损失引起。如果两个粒子的聚合物层重叠,则渗透效应是由两个粒子之间的渗透压增加引起的。这种影响取决于溶剂的质量。在良好的溶剂中,聚合物链段更倾向于与溶剂接触,而不是与其他聚合物链段接触,从而产生排斥作用。在不良溶剂中,聚合物链段更倾向于与其他聚合物链段接触而不是与溶剂接触[19]。

除了聚合物对不带电大分子的吸附,带电大分子(聚电解质),如蛋白质,也可以吸附在表面[33,34]。带电大分子的吸附不同于不带电聚合物的吸附，对盐浓度有很高的依赖性。在低盐浓度下，带电聚合物链间的排斥静电力会抑制环和尾的形成。例如，腐殖酸在铁氧化物颗粒上的吸附过程中，这一现象得到了预测和证实[35]。

硫化合物氧化细菌（生物硫）产生的元素硫与结晶元素硫具有明显不同的性质。生物硫的亲水特性是这些差异中最显著的。因此，生物硫可以分散在水溶液中，而结晶无机硫是疏水性的，不会被水溶液润湿。然而，对于不同细菌产生的硫，生物硫的亲水性的来源并不相同。由 *Al. vinosum* 产生的细胞内储存的硫球由末端有机基团的长链硫组成，硫链末端带有有机基团。这些有机端基很可能是硫球亲水性的原因。由 *Ac. ferrooxidans* 产生的胞外储存的硫球的亲水性主要由多糖组成的囊泡结构硫酯酶（$O_3S-S_n-SO_3$）导致。生物硫由于粒径小、表面亲水，在生物沥滤和肥料应用中比其他可用硫源更具优势[19]。

一些光能和化能营养型微生物能够在常温常压下氧化 H_2S，且被研究用于工业应用。光营养型硫氧化菌 *Chlorobium limicola* 已被广泛研究，但是其缺点是需要光照，因此需要透明的反应器表面和反应溶液[36,37]。在化能自养细菌中，异养菌和自养菌都已被广泛研究。异养黄单胞菌（*Xanthomonas*）已被用于 H_2S 的去除，但与其他自养菌相比，异养菌对 H_2S 的去除率较低，且异养菌对有机物的要求较高[38]。化能自养菌（尤其是硫杆菌）是目前研究较多的硫氧化菌类型，多用于 H_2S 的脱除过程[19]。

硫杆菌的使用已被广泛研究。萨布利特和西尔韦斯特已利用脱氮硫杆菌将硫化物好氧或厌氧氧化为硫酸盐[39-41]。在厌氧氧化中，NO_3^- 代替氧气被用作氧化剂。Buisman 利用硫杆菌的混合培养，通过硫化物的好氧氧化法制备单质硫，并对该技术进行了应用[42-43]，Visser 等研究表明该混合培养物中的优势生物为一种新型微生物，命名为硫杆菌 W5[45]。

以硫化物为原料合成硫单质比以硫酸盐为原料合成硫单质具有明显的优势。首先，硫单质被认为是一种比硫酸盐危害更小的硫形态。其次，水相中不溶性硫的分离比硫酸盐更容易分离，并且氧化反应需要更少的氧气，节省了曝气的能耗成本[19]：

$$2H_2S+O_2 \longrightarrow 2S^0 \tag{3.4}$$

$$H_2S+2O_2 \longrightarrow H_2SO_4 \tag{3.5}$$

根据 Kuenen 的观点，硫酸盐的形成比硫的形成产生更多的能量[46]。为了刺激硫的生成，应该限制氧气浓度[47,48]。

目前，存在几种可能用于生物技术去除气体中 H_2S 的反应器系统，主要有三种类型：生物洗涤器、生物滴滤器、生物过滤器。

生物脱除 H_2S 系统的原理如图 3.1 所示[19]。由生物洗涤器或气体吸收器（G）和生物反应器（B）组成。在气体吸收器中，H_2S 通过碱性溶液从气流中清除：

$$H_2S(g) \longrightarrow H_2S(aq) \tag{3.6}$$

$$H_2S(aq)+OH^- \longrightarrow HS^-+H_2O \tag{3.7}$$

此后溶解的硫化氢在生物反应器中被氧化成单质硫：

$$HS^-+1/2O_2 \longrightarrow S^0+OH^- \tag{3.8}$$

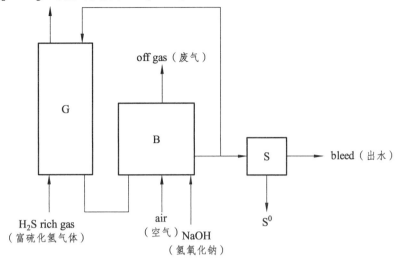

G—气体吸收器；B—生物反应器；S—沉淀。

图 3.1　生物法脱除气流中 H_2S 的工艺流程

生成的单质硫随后通过沉降器（S）从液体中分离。在这里，硫形成聚集体，这些聚集体可以生长成直径高达 3 mm 的颗粒，但也很容易磨损[49]。液体循环碱度的一个限制是生物反应器中菌体生长的最适 pH。因此，从技术的角度来看，使用嗜碱硫复合氧化菌是较为适宜的。除此之外，还存在一些副反应。在气体吸收剂中，多硫化物(S_x^{2-}, $x = 6$)可由硫化氢与硫反应生成：

$$HS^- + (x-1)S_0 \longrightarrow S_x^{2-} + H^+ \tag{3.9}$$

在工艺的分离步骤中，由于固体硫的分离不完全，硫颗粒通过液体循环被送入气体吸收器。在生物反应器中，多硫阴离子要么分解为硫化物和硫，要么被氧化为硫代硫酸盐。硫酸盐也可由 HS^- 氧化形成：

$$S_x^{2-} + H^+ \longrightarrow HS^- + (x-1)S^0 \tag{3.10}$$

$$S_x^{2-} + 3/2O_2 \longrightarrow S_2O_3^{2-} + (x-2)S^0 \tag{3.11}$$

$$HS^- + 2O_2 \longrightarrow SO_4^{2-} + H^+ \tag{3.12}$$

原则上，空气中的氧气是该过程所需的唯一试剂。然而，由于硫酸盐和硫代硫酸盐的生成，必须向反应器中通入额外的氢氧化钠，并且需要额外水流来防止钠盐的积累。如果尽量减少（硫）硫酸盐形成的发生，就可以尽量减少生物反应器中需要添加的 NaOH 的量。先前的研究表明，通过施加较低的氧浓度可以选择性地阻止硫化物氧化为硫酸盐[47]。然而，正如 Chen 和 Morris 所指出的，由于多硫化物的氧化速率高于硫化物的氧化速率，通过控制氧气浓度并不能很好地防止阴离子多硫化物的氧化[50]。为了确定防止硫代硫酸盐形成的最佳方法，应更多地了解多硫化物阴离子的作用以及它们与生物产生的硫颗粒之间的具体相互作用。

3.1.3 单质硫特征对比

以往的研究对生物合成 S^0 球和非生物成因 S^0 溶胶进行表征，结果表明它们在矿物学和物理结构上非常相似。然而，生物合成 S^0 球即使暴露在空气中，也不会像非生物合成的 S^0 溶胶那样迅速转化为 S^0 晶体。事实上，C. tepidum 产生的生物合成 S^0 球在空气中暴露 3 周以上也不能完全转化为微米级晶体，而非生物合成溶胶在 48 h 内即可转化。因此，考虑到两者的物理性质和化学结构几乎完全相同，试图从成熟过程中解释二者的差异。在用原子力显微镜（AFM）检查生物合成球状物和非生物溶胶的材料特性时，发现两种物质在成熟过程中的存在较大差异。虽然两者在弹性模量和形态上没有区别，它们在与原子力显微镜（AFM）针尖相互作用时具有不同的黏附特征。因此，生物硫球与非生物硫胶之间的主要区别似乎仅限于颗粒表面[51]。

微生物利用硫酸盐产生硫的过程可产生氢氧化物。这些微生物产生的硫可以富集在硫球中，分布在细胞内外。排出的硫球是通过静电斥力或空间位阻稳定作用来防止聚集形成的胶体颗粒。形成的单质硫与"正常"无机硫相比，具有一些明显不同的性质。例如，颗粒的密度低于正交硫的密度，生物合成的硫颗粒具有亲水性，而已知的正交硫是疏水性的。但不同细菌产生的硫，其硫的性质和球体的表面性质并不相同。光养细菌产生的微球由以有机基团结尾的长硫链组成，而化学营养的细菌产生的小球由硫环组成（S^8）[19]。

研究人员为了确定生物球中硫的化学结构，进行了大量的相关研究工作[2,52-54,55]。据 C. tepidum 和其他球状硫生产者的相关研究表明，围绕球状硫形成的一些争议可以追溯到"液体"或"准液体硫"的共同描述[56]。事实上，如果球状硫中的硫是由有机残留物和多硫化合物组成的，可能是小球内液体状无定形硫的原因。然而，衍射花样的产生表明较大比例的球晶是结晶的。Pasteris 等在球状硫的拉曼光谱中也发现了"微晶固态单质硫"[53]。在拉曼光谱和 X 射线衍射（XRD）中均出现了峰的宽化，表明 α-S_8 小球以纳米晶形式存在。这与 C. tepidum 产生的生物成因 S^0 球体计算的结构域大小一致。

非生物溶胶，如 Weimarn 或 Raffo 溶胶，最终将转变为块状晶体 α-S_8[3,57]。随着它们的形成，在某些情况下，转变时间仅仅需要数个小时[57,58]。因此，对于非生物溶胶，硫的结晶度似乎存在与一个连续体中，新析出的硫的结晶度低于老化的硫。在生物硫球中观察到的纳米结晶硫和无定形硫的混合物表明，生物 S^0 可能会有类似的老化过程，但在生物球中观察到纳米结晶硫和无定形硫的混合物表明生物 S^0 可能会有类似的老化过程。但老化发生的条件，以及是加速还是减缓，尚不清楚[51]。

无定形硫与纳米结晶硫与结晶硫的重要区别在于这些形态的硫的生物利用率差异。其他硫氧化剂似乎优先消耗具有更多生物可利用性结构的硫。以化能自养硫氧化菌酸硫杆状菌属 albertensis 为例，S^0 的晶体微观结构也会影响其氧化速率[59]。聚合硫和正交硫的混合物在 A. albertensis 培养物中具有最低的氧化速率，这归因于聚合硫对正交 S_8 晶格的改变[59]。同样，对于紫色硫杆菌 Allochromatium vinosum，商业硫的聚合组分比环八硫组分具有更高的生物可利用性[60]。诸如此类的例子突出了硫的形态和晶体结构对单质硫生物可利用性的影响。

尽管上述各种形态硫的生物可利用性存在差异，但在硫的形态和结晶度方面，C.

tepidum 产生的小球似乎与其他 SOB 产生的硫相似,也与非生物溶胶相似。尽管如此,在不同形态硫(例如,*C. tepidum* 不能在商业 S^0 上生长)上的优先生长表明非生物 S^0 和生物 S^0 之间的一些差异没有得到合理的解释。虽然非生物 S^0 和生物 S^0 的形成机制可能相似,但赋予和维持球状体易变性的因素仍需进一步研究[51]。

生物 S^0 球和非生物溶胶中的 α-环辛烷硫(α-S8)由粗毛纤孔菌产生的生物 S^0 球,至少部分由 α-S_8 组成。在 S^0 生产和 S^0 消耗之间收集的生物球的 XRD 图谱(即当培养基中的 HS^- 已经耗尽,或在 5 mM 的 HS^- 培养基中培养约 17 h 后)与 α-S_8 的数据库衍射图谱[见图 3.2(a)]匹配良好。XRD 衍射图谱中的峰变宽表明生物源 S^0 是纳米或低结晶度的[见图 3.2(a)]。利用 Debye-Scherrer 方程,估算出球形 α-S_8 晶体的尺寸在 42~48 nm。球状体的硫 K 边 XAS 谱拟合包括 Weimarn 溶胶(21%)和固体 α-S_8(47%),进一步支持了球状体至少为部分结晶的推断。同样,与商业 S^0 标准品相比,S^0 生产过程中的球形颗粒的拉曼光谱也发现了 α-S_8 的存在[见图 3.2(b)]。总体而言,这表明 *C. tepidum* 产生的 S^0 球由纳米晶 α-S8 的聚集体组成[51]。

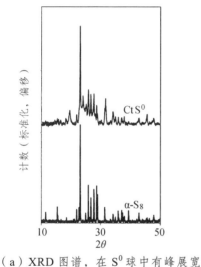 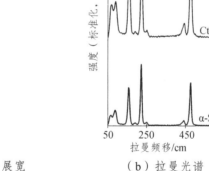

(a) XRD 图谱,在 S^0 球中有峰展宽　　　　(b) 拉曼光谱

图 3.2　绿球藻(*Chlorobaculum tepidum*)生物合成的 S^0 球(Ct S^0)与块状晶体 α-S_8 的标准对比[51]

为了确定生物和非生物 S^0 的物理性质是否存在差异,可使用 AFM 测量生物硫球和非生物 S^0 溶胶的弹性模量。弹性模量是材料刚度(应力-应变比)的量度。球形颗粒是柔软而柔韧的固体,比块状晶体更柔软。球体的弹性模量在 0.5~5 MPa(见图 3.3),相当于 PDMS、聚丙烯酰胺凝胶或小应变橡胶等材料的刚度。被部分降解的球体同样柔软,但模量范围更广。少数情况下,部分降解的球体弹性模量在 100 MPa 以上。这个范围可能是由于非晶态相的优先消耗或 S^0 的不断成熟,随着时间的推移,部分降解的硫变得更加结晶,从而反映了一个更加不均匀的球体内部。尽管如此,生物合成 S^0 球在生产或降解的任何阶段都比非生物合成 S^0 晶体刚度大,其范围为 100~1000 MPa,通常超过 250 MPa[51]。

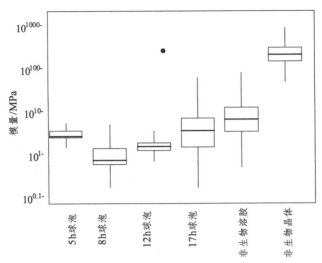

注：每个盒子内的水平线表示中位数，盒子的边界表示第 25 和 75 百分位数。Whiskers 表示数据的最高值和最低值。

图 3.3 生物源 S^0 球在生产(接种后 5 h、8 h)和降解阶段(接种后 12 h、17 h)、非生物源 S^0 溶胶和非生物源 S^0 晶体中的弹性模量箱线图[51]

将生物硫 S^0 稳定为低结晶性或纳米晶硫将使其对细胞更具有生物可利用性。这验证了 C. tepidum 不能在非生物硫底物上生长的现象，其中非生物硫的老化过程会更快，导致生物可利用的大块晶体硫更少[56]。该涂层也可以解释即使在 O_2 存在的情况下，球状硫也会持续存在于纯化的生物 S^0 的制备中。在环境中，根据硫化物的可利用性，这一功能可能或多或少具有重要意义。如果硫化物通量是间歇性的，减缓生物 S^0 球的结晶可能更为重要，以便在没有硫化物的情况下，可以作为替代电子供体[51]。

两种硫化物氧化过程的副产物均为单质硫，以尺寸、形貌和硫形态相当的颗粒形式存在。C.tepidum 产生的单质硫与其他非生物单质硫溶胶的不同之处在于，被蛋白质和多糖的有机涂层包围，可能赋予球体表面亲水特性，使 S^0 更具有反应活性和生物可利用性，并减缓转变为块状结晶状态。大量研究表明，硫的结晶性越强，生物可利用性越差[59-61]。在自然环境中，生物硫仍然更容易被硫氧化菌（甚至可能是硫还原菌）利用，因此即使不存在硫化物（或硫酸盐），仍然可以找到替代的电子供体（或受体）[51]。

3.2 单质硫氧化途径

单质硫自养反硝化 S^0AD 被工程师和研究人员强烈推荐为去除废水[62-65]中硝酸盐或亚硝酸盐的可持续选择。评估使用还原性硫物种（如硫化物、硫代硫酸盐等）和使用有机底物之间的成本差异表明，它们每个都有一个用于废水中氮去除的电子供体，去除等量的氮（1.0 kg），使用单质硫（0.45 美元）明显比使用甲醇（1.05 美元）[66]更经济。因此，S^0AD 工艺已被应用于缺碳废水中硝酸盐或亚硝酸盐的去除。

此外，S^0 还可以作为电子供体，通过自养 S^0 反硝化[67]将 ClO_4^- 和 NO_3^- 转化为无害的 Cl^- 和 N_2，用于处理高氯酸盐和硝酸盐污染水体。例如，Wan 等人在实验室规模的 S^0 填料床反应器中，在低 HRT（0.75 h）下实现了 472 μg/L 或 22 mg/L 的高氯酸盐和硝酸盐（22 mgN/L）的同时去除[68]。在处理低浓度高氯酸盐时，可能发生 S^0 歧化为硫化物和硫酸盐，导致硫酸盐过量生成和碱耗。因此，以往的研究者开发了一个异养反应器和一个 S^0 自养反应器称为 CHSAS 来抑制 S^0 歧化，可以去除约 94% 的高氯酸盐和硝酸盐[67]。

驱动 S^0AD 过程的大多数 SOB 包括各种类型的化能促生菌和光养生物[66]。其中，化能自养型 SOBs 可以利用 O_2 和/或 NO_3^-、NO_2^- 作为电子受体[69]在好氧/缺氧条件下进行硫氧化。能够执行的特定细菌同时进行厌氧/缺氧 S^0 氧化和反硝化作用称为 SOB 反硝化细菌。脱氮硫杆菌是 S^0AD 细菌中最常见和研究最多的兼性厌氧菌，能够在有氧环境中利用硫代硫酸盐和硫氰酸盐，在厌氧环境中利用额外的硫化物和单质硫。在合适的载体如颗粒活性炭上也有很好的固定化能力[7,66,70]。

大多数硫氧化菌生活在温度为 20～90 ℃、pH 为 1.5～10.5 的中温或高温环境中。这些 SOBs 在形态学和分类学上大多属于杆状和球状。这些硫氧化菌在污水生物处理系统中独立工作或相互协作，进行 S^0 驱动的自养反硝化[71]。

参与单质硫驱动氧化的酶：硫双加氧酶（SDO）、硫加氧酶还原酶（SOR）和异二硫化物还原酶（Hdr）-like 复合物等几种酶已被发现具有氧化 S^0 的能力。SOBs 中 SDO、SOR 和类 Hdr 络合物的共存表明 S^0 氧化具有多样性和复杂性。同时，有研究报道，这 3 种胞质 S^0 氧化酶在 SOB 中可能存在协同作用和调控模式[72]。

1959 年，在嗜酸氧化硫硫杆菌中首次发现了 S^0 氧化的酶活性。这种被称为 SDO 的相关酶有一个 21 kDa 和一个 26 kDa 的蛋白，或嗜酸氧化亚铁硫杆菌中含有两个 23 kDa 的亚基。推测 SDOs 和硫化物的主要生理功能：醌氧化还原酶（SQR）将共同作用转化 H_2S 以解除其对微生物的毒害作用。据报道，谷胱甘肽过硫化物（GSSH）的硫烷硫原子及其同系物（$GSS_nH, n>1$)是参与 SDO 催化反应的实际底物[73]。SOR 可以催化细胞质 S^0 发生歧化反应，生成硫代硫酸盐、亚硫酸盐和硫化物。从古菌和细菌中分离得到的 SOR 由 24 个相同的亚基组成，这些亚基一般具有大的空心球结构。每个亚基都有一个催化位点，包含一个必需的半胱氨酸和一个低电位的非血红素铁位点[74]。SOR 氧化 S^0 需要 O_2 但不需要外部辅因子或电子供体，在此过程中没有电子转移或底物水平磷酸化。

在许多类型的 SOB 和古菌中，Hdr-like 复合物被报道可以作为 S^0 氧化的酶。从硫氧化菌中分离到的 Hdr-like 复合体中的蛋白已被发现与产甲烷古菌、硫酸盐还原古菌和 SRB 的蛋白具有同源性。$hdrC_1B_1A$-hyp-$hdrC_2B_2$ 基因编码的 Hdr-like 复合物通常含有 5 个以上的亚基，分别为 HdrA、$HdrB_1$、$HdrB_2$、$HdrC_1$ 和 $HdrC_2$[73]。

3.3 单质硫自养脱氮影响因素

许多研究已经报道影响元素硫生物过程中 S^0 氧化细菌和 S^0 还原菌的各种环境因素，包括 pH、S/N 质量比、温度和 DO 浓度。下面对此进行简要说明。

3.3.1 pH

pH 被认为是显著影响 S^0AD 和 S^0RB 中 SOB 还原单质硫活性的主要因素之一。一般而言，在 S^0AD 工艺中，支持 SOB 生长的 pH 范围为 6~9。较高的 pH（≥7.0）有利于特定的自养反硝化速率，而较低的 pH（<6.8）会降低这一速率[75]。值得注意的是，S^0AD 过程中存在的一个最主要的缺点是它的高碱度要求：由于随后的反应消耗了碱度，需要大量的缓冲液来补偿 pH 的下降[7]。例如，根据化学计量方程，每克 NO_3^--N 去除需要消耗 4.57 g 碱度（以 $CaCO_3$ 计）。牡蛎壳常被用作缓冲剂，原因如下：① 成本低；② 缓冲剂（如氢氧化物、碳酸盐、碳酸氢盐等）的释放；③ 支持微生物附着的特异性缓冲表面[10]。另一种满足 S^0AD 中碱度需求的方法是将其与 HD 结合，因为后者每克 NO_3^--N 提供 3.57 g 的碱度。

在 S^0 还原过程中，多硫化物的形成可以显著促进高速率的生物反应。中性或碱性条件（≥7.0）被认为是多硫化物形成的重要条件。事实上，当 pH 保持在 7 左右时，多硫化物的主要物种为四硫化物（S_4^{2-}）和五硫化物（S_5^{2-}），以及其他类型的多硫化物。这些多硫化物的物种可以快速相互转化。相比之下，在酸性条件下，多硫化物不稳定，容易分解为 S^0 和硫化物，导致水溶性差，生物可利用性低[76]。因此，中性或碱性的 pH（>6.0）对于维持较高的 S^0 还原速率至关重要[77,78]。

3.3.2　S/N 比

S/N 比对 S^0AD 工艺的反应和生物制品影响较大。完整 S^0AD 的 S/N 比理论值为 1:3，对 S^0 氧化和反硝化的最终产物影响显著[79]。当 S/N 摩尔比保持在 1:3 时，S^0AD 工艺的最终产物为亚硝酸盐和硫酸盐；亚硝酸盐可以作为电子受体。即使保持合适的 S/N 比，环境的突然变化仍能显著影响氮和硫的去除效率[80]。此外，S^0AD 生物反应需要缺氧条件，因为溶解氧可能会抑制 S^0OB 的酶活性。

值得注意的是，污水中较高浓度的硝酸盐（如 670 mg-N/L）可能会抑制 S^0AD 工艺中微生物群落的活性。此外，据报道亚硝酸盐或其伴随产物游离的亚硝酸对，包括 S^0OB 在内的大多数微生物具有毒性，因为它可能被动扩散穿过细胞膜并与其代谢酶发生反应[81]。此外，未结合的 H_2S 对 S^0RB 具有一定毒性，高浓度的硫化物（>80 mg/L）会限制其在 S^0 还原过程中加速还原的能力[82]。

3.3.3　温　度

温度是影响 SOB 和 S^0RB 活性的一个重要方面[70]。低温（≤20 ℃）被认为可以抑制 S^0 驱动的生物过程中的大多数生物反应。对于 S^0AD 工艺，大多数 SOB 在中温条件下的最佳温度为 25~35 ℃，而较低的温度范围（5~10 ℃）会显著降低的脱氮效率[76,83,84]。例如，Chen 等发现当温度从 20~25 ℃ 降低到 5~10 ℃ 时，硫-石灰石自养反硝化反应器的脱氮率从约 99% 急剧下降到 50%[83]。

由于文献中描述的大多数研究都是在室温下进行的，只有少数文献报道了温度对单质硫还原过程性能的影响。一般来说，S^0RB 可以在 -2~110 ℃ 的较宽温度范围内生长，因此单质硫在较宽的温度范围内快速还原[85]。例如，Sun 等在室温下运行单质硫驱动的硫化工艺处理矿山酸性废水，硫化物的产生速率为 47±9 mg-S/L·H[77]。

3.3.4 S^0粒径

以往研究报道，S^0粒径与传质速率有关，可能会影响S^0驱动过程的反应速率和性能[7,66]。较小的S^0颗粒和较大的比表面积有利于提高反应效率，但过小的S^0颗粒也会导致较低的孔隙率及严重的堵塞和窜流，进一步影响系统的正常运行[86]。为了达到理想的工艺性能，在尽可能避免上述问题的前提下，S^0粒径应尽可能小。根据以往的研究，0.5~16 mm的S^0粒径在处理硝酸盐污染废水的实验室和中试规模的S^0AD生物工艺中已被频繁使用[7,86]。对于基于S^0的硫化作用，在之前的研究中使用了0.6~50 mm的S^0颗粒[77,78,87]。相比之下，基于S^0的硫化过程所用的S^0粒径可以大于基于S^0AD的硫化过程所用的S^0粒径，但在这两个过程中使用最优的小粒径可以保证系统的高效运行性能。

3.3.5 反应器构型

在几乎所有报道的案例中，几种类型的反应器构型被用于S^0驱动的生物过程的运行，如圆柱形反应器、有机玻璃柱反应器、硫填充床生物反应器和基于S^0的人工湿地（CW）[87-90]。例如，Qiu等利用序批式运行的圆筒形硫还原生物反应器实现了金属废水的高效率的硫还原过程[88]。Guo等人利用填充硫颗粒（粒径3~5 cm）的有机玻璃柱式硫化生物反应器，在中性条件下实现了高产率和低成本的硫化物生产，用于后续的含金属废水处理[89]。Sun等应用填充硫颗粒（10~30目）的有机玻璃柱硫填充床生物反应器构建了酸性条件下亚砷酸盐去除的硫化体系[87]。Li等人在处理北京某典型河流时，使用了一种基于S^0的垂直上行CW，实现了高效脱氮[90]。所有这些研究表明这样的反应器构型可以实现S^0驱动的生物过程的运行。特别地，在这类生物反应器中，S^0既可以作为生物膜载体，也可以作为底物的缓释源，用于S^0驱动的生物过程，这在液体化学进料系统不适用的领域是有用的。然而，迄今为止，有限的研究报道了这种反应器构型如何影响反应器中液体的流动形态、双反应（特别是S^0变换和转换）和微生物聚集体（包括S^0RB和S^0OB）的效率，需要在未来进行深入研究。

3.3.6 其他因素

氧气浓度、氧化还原电位（ORP）和电子受体/供体的类型等其他因素也可能对基于S^0的生物过程的反应和性能产生显著影响[72,85,91]。电子受体/供体的类型被认为是影响S^0驱动的生物过程的关键因素。对于S^0还原，S^0RB可以使用广泛的电子供体，如乙酸盐、丙酸盐、H_2等。改变有机底物的种类可以显著影响S^0还原菌的产硫活性。乙酸钠被普遍认为是S^0RB实现最高产硫化物速率（28.20 mgS/L/H）的最佳电子供体，其次是乙醇、甲醇、甘油、丙酮酸、乙酸、葡萄糖等。在成本方面，葡萄糖被认为是成为最具成本效益的有机底物，在S^0还原过程中以低成本实现高硫化物产率[92]。

3.4 单质硫自养脱氮工艺发展

在过去的几十年中，S^0AD生物工艺及其衍生生物工艺得到了有效的发展，主要利用单质硫作为硝酸盐（或亚硝酸盐）和除磷的电子供体[7]。这些工艺包括：单质硫-石灰石自养反硝化（S⁰LAD）、硫自养-异养一体化反硝化（ISA-HD）、S⁰ADN 耦合耦合厌氧氨氧化和多硫化物介导的单质硫自养反硝化（PiS⁰ADN）工艺。

3.4.1 单质硫-石灰石自养反硝化（S⁰LAD）

硫/石灰石过滤的自养反硝化已被广泛用于去除地下水中的硝酸盐[84,93]。硫石灰石被用来缓冲任何产生的酸性，并为微生物提供无机碳。大多数 S⁰LAD 工艺在 2.1~50.0 mM 的硝酸盐浓度下运行[84]。发现最佳硫、石灰石比为 1∶1(w/w)足以满足 S⁰LAD 系统中硝酸盐的去除。一般而言，在该系统中，廉价的石灰石可以提供碱度并释放 Ca^{2+} 离子刺激反硝化作用，但碱度的生成量高度依赖于石灰石的溶解和 AD 的生物/化学相互作用。特别是石灰岩溶解量与 pH 呈反比，pH 越高，石灰石溶解量越低。驱动石灰石溶解的力与[Hs]和[H]之间的浓度梯度有关，其中[Hs]为液体中的氢浓度。这些进一步决定了石灰石的低溶解能力及其较大的占地体积，这可能会降低生物反应器的脱氮潜力。例如，在中试规模的 S⁰LAD 生物滤池中，当 HRT 为 6.0 h 时，最大反硝化速率约为 0.07 g NO_3^--N/（L·d）[84]。因此，采用外加可溶性碱度源（如 $NaHCO_3$、牡蛎壳等）来提高反硝化速率。例如，Sahinkaya 等使用 $NaHCO_3$ 代替石灰石富集具有较高反硝化活性的菌群，发现在 HRT 为 1.0 h 时实现了 0.20 g NO_3^--N/（L·d）的最大反硝化速率[94]。Simard 等人在 S⁰LAD 系统中插入牡蛎壳柱，发现牡蛎壳作为碱度的缓慢释放源和生物膜载体可以提高处理水的 pH 和碱度，从而强化反硝化过程[95]。虽然石灰石是最常用的低成本碱度源，但使用石灰石的主要缺点是 Ca^{2+} 的释放导致处理后水的硬度增加[96]。因此，由于 Ca^{2+} 释放和碱度需求的降低，基于硫自养和异养反硝化的反应系统多采用单独 S⁰LAD 工艺。

3.4.2 基于硫的自养与异养一体化反硝化（ISA-HD）

据报道，自养或异养反硝化在异养反硝化中存在碳源需求高、污泥产生量大、自养反硝化菌生长速率低等缺点[7,66]。此外，自养反硝化反应消耗碱度，需要大量缓冲液以补偿 pH 的下降，而异养反硝化反应生成碱度[97]。

为了克服单独异养和自养过程的缺点，基于硫的自养与异养一体化反硝化（ISA-HD）工艺在有机碳、硝酸盐和无机硫化合物共存的实际废水中得到了广泛的应用。Liang 等人利用单质硫粉、贝壳粉、玉米芯粉和木屑粉的混合物在 ISA-HD 系统中实现了平均 420 mg NO_3^--N/L/d 的硝酸盐还原速率[98]。除此之外，其他液体有机碳源（如甲醇、乙醇等）、固体有机碳底物缓释源（如木片、废旧轮胎碎片等）也被用作异养和自养同步反硝化去除 NO_3^- 的替代物[99,100]。Li 等人开发了一种基于木屑-硫的异养和自养反硝化（WSHAD）工艺用于处理硝酸盐污染的水，该工艺可以实现比硫基 AD 更高的 NO_3^- 去除率，且没有 SO_4^{2-} 的积累[99]。因此，与单独的异养或自养工艺相比，ISA-HD 工艺具有硫酸盐生成量少、碱度需求低、成本低等优点[98,101]。

一般而言，ISA-HD 工艺会有两种类型的生物反应器，即在一个反应器中运行的混养反硝化或两个分离的反应器，包括一个自养反硝化反应器和一个异养反硝化反应器[97,98,101]。

从一个兼养反应器的微生物群落来看，异养的兼性自养金色链霉菌 LD48 硝酸盐还原菌（h-soNRB）占优势，如假单胞菌属（Pseudomonas）、固氮弧菌属、陶厄氏菌属和盐单胞菌属，对硫化物、硝酸盐和乙酸盐的去除效果较好。相对于两个分离反应器的微生物群落，自养反硝化反应器通常由硫杆菌属等自养型硫氧化菌富集，而异养反硝化反应器由陶厄氏菌属和 Allidiomarina 等异养型硝酸盐还原菌富集[97]。最近，为了加速 S^0AD 的生物反应，引入了微氧条件。结果表明，在微氧条件下，硫化物(或单质硫)、硝酸盐和乙酸盐对 ISA-HD 的去除率是厌氧条件下的 10 倍。因此，微氧可能对功能菌有刺激作用，导致 ISA-HD 性能增强[101,102,103]]。

3.4.3 S^0ADN 耦合厌氧氨氧化

传统的 NO_3^--N 废水生化处理是通过添加有机物将 NO_2^--N 完全还原为 N_2，还原硫作为电子供体。随着 Anammox 工艺的发现，反硝化氨氧化（Deamox）工艺可以进行 NH_4^+-N 和 NO_3^--N 的同时转化。在 Deamox 中，首先利用电子供体将 NO_3^--N 还原为 NO_2^--N（短程反硝化），然后通过 Anammox 过程将 NO_2^--N 和 NH_4^+-N 转化为 N_2。与传统脱氮工艺相比，Deamox 工艺不需要供氧进行硝化，也不需要提供更少的电子供体来完成反硝化过程。此外，与传统脱氮工艺相比，Deamox 工艺的剩余污泥量更少。值得注意的是，在 Deamox 过程中，Anammox 菌和完全反硝化菌会竞争 NO_2^--N 作为电子受体[104]。因此，在短程反硝化过程中，控制有效的电子给体是至关重要的。以往的 S^0 自养反硝化（S^0ADN）研究表明，S^0 与 NO_3^--N 反应生成 NO_2^--N（短程 SADN, SSADN）比 NO_2^--N 生成 N_2 更优先[105]。当 S^0 为电子供体且 NO_3^--N 充足时，NO_2^--N 可以有效积累（Complete SADN, CSADN）。当 Anammox 和 S^0ADN 过程耦合在一个反应器中时，这些机制可以减少甚至避免厌氧氨氧化过程之间的竞争。

Chen 等人[105]研究了硫自养反硝化(SADN)过程中 S^0 对共存 NO_2^--N 和 NO_3^--N 的反应偏好，以及短程 SADN 与 Anammox 过程的耦合效应，首次成功实现了短程 S^0-SADN 与 Anammox 工艺的耦合。在 Anammox 工艺处理高 NH_4^+-N 废水时，总氮去除率最终稳定在 95% 以上，出水 NO_3^--N 控制在 10 mg/L 以内。Li 等人[106]实现 S^0ADN 与 Anammox 耦合处理含氟半导体废水中 NH_4^+-N 和 NO_3^--N 的同时脱除，通过间歇试验研究了可变 F^- 浓度对 Anammox 工艺的影响。随后启动了以 Anammox 和 S^0ADN 耦合为基础的反硝化氨氧化（Deamox）反应器，以探索厌氧氨氧化和硫自养反硝化耦合处理半导体废水的可行性。

3.4.4 多硫化物介导的单质硫自养反硝化（PiS^0ADN）

单质硫自养反硝化（S^0ADN）是城市污水、工业废水和受污染地下水低成本深度脱氮研究的热点技术，也是实现污水总氮达标排放的重要解决方案。但 S^0 颗粒憎水、难溶，生物可利用差，导致现有硫自养反硝化工艺速率低下，无法满足污水高效脱氮的需要[107]。如何突破溶解极限、提升 S^0 的生物可利用性，成为制约 SADN 技术实用化的关键科学问题。与 S^0 相比，中性条件下由硫化物和 S^0 发生化学反应形成的溶解态的多硫化物（S_n^{2-}）可作为胞外电子穿梭体,可提高 S^0 的生物可利用性达 40 倍。此前也有报道 S_n^{2-} 在 SADN 系统的存在可以提高脱氮速率。据此,相关学者构思了一种新的自养脱氮路线——多硫化物介导的 S^0ADN（PiS^{0}ADN）反应[108]。实现高速的 PiSADN 反应的主要挑战在于如何以可持续的方式使 S_n^{2-} 原位产生,而 S_n^{2-} 是 HS$^-$ 与 S^0 自发反应形成。过往的研究,要源源不断地产生 S_n^{2-},或是直接投加硫化物,或是投加有机物驱动硫还原反应间接产生 HS$^-$,但无论哪一种都难以实现系统的高效与稳定。

为了解决上述问题,江峰教授团队提出一种新思路,引入硫歧化菌,利用自养的硫歧化（SD）过程产生 HS$^-$,从而通过多硫化反应可持续地产生电子穿梭体 S_n^{2-},进而驱动高效的硫自养反硝化反应[108],如图 3.4 所示。在硫自养反硝化反应器中,自养的硫歧化菌（SDB）比异养微生物更易稳定存在,这一思路有可能实现。但硫歧化、多硫化、反硝化过程产生氢离子使 pH 下降,可能限制该反应的进行,自驱动的 PiSADN 过程能否可持续地发生从而提高系统反硝化性能还有待考究。此后该团队探索了在 SADN 系统形成 PiSADN 过程的可行性。首先,通过引入含硫歧化菌污泥建立并长期运行两个平行的硫磺填料充床反应器,以获得高效的脱氮性能；通过批量实验和热动力学计算分析高效脱氮的机制；借助 16S rRNA 测序结合宏基因分箱分析进一步证实所提出的代谢机制。这项研究实现的自驱动的、高效且实际可行的 PiSADN 反应,有助于解决 SADN 工艺应用的关键障碍[108]。

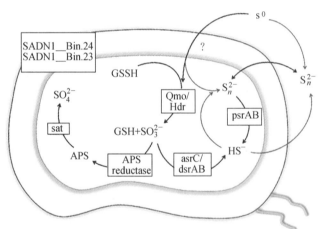

图 3.4　潜在硫歧化菌的硫歧化代谢路径重建[108]

3.5　单质硫自养脱氮模拟方法

目前关于单质硫自养反硝化模型的研究对象主要都是化学单质硫。化学单质硫是几乎不溶于水的,根据微生物对化学单质硫的溶解机制不同可分为间接途径和直接途径,并对应不同的机理模型。对于活性污泥系统,硫自养反硝化菌对单质硫的利用是通过间接途径实现的,即固态单质硫需先在微生物水解作用下转变为溶解态硫,如多硫化物 S_n^{2-} 或硫醇结合的硫原子(GSS$_n$H),在其被细胞吸收后才能被彻底氧化。对于生物膜系统,硫自养反硝化菌对单质硫的利用则是通过两种途径共同实现的。在生物膜反应器内,单质硫不仅是反硝化的电子供体,同时也是挂膜的载体。生物膜在单质硫表面初始形成时,硫氧化菌可以通过膜结合酶直接获得电子。随着生物膜的生长，可溶性的单质硫可以从交界处向生物膜内部扩散为更多反硝化菌提供电子。单质硫自养反硝化在活性污泥系统和生物膜系统内的动力学表现和限速步骤既有相似之处，又存在显著的差异。下面分别对这两种系统内单质硫自养脱氮的模拟方法进行详细介绍。

3.5.1 单质硫自养反硝化活性污泥法模型

3.5.1.1 模型建立原则

Kostrytsia[8]等人认为在活性污泥系统中单质硫的水解和氧化是由两种不同的功能菌完成的，并指出单质硫的水解过程是真正影响反硝化的限速步骤。由此，他们首次将单质硫的水解动力学与 Monod-type 反硝化动力学结合构建了新的模型。该模型包括 S^0 的溶解过程、S^0 的氧化过程及两步反硝化过程，如图 3.5 所示。S^0 首先在水解微生物（X_1）作用下生成溶解性的硫（S_b），之后硫氧化细菌（X_2）以 S_b 为电子供体分两步将硝酸盐还原为氮气。

该模型变量包括两种微生物（水解微生物 X_1 和自养反硝化菌 X_2），以及单质硫 S_1、生物可利用硫 S_2、硝酸盐 S_3、亚硝酸盐 S_4、氮气 S_5 和硫酸盐 S_6。反应底物和产物之间的转变遵从质量守恒和电子守恒，同时 S^0 水解产生的一部分能量用于 X_1 的生长，S_b 氧化产生的一部分能量用于 X_2 的生长。

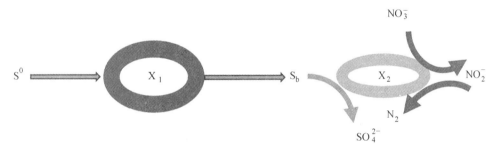

S^0—单质硫；S_b—生物可利用硫；NO_3^-—硝酸盐；NO_2^-—亚硝酸盐；N_2—氮气；
SO_4^{2-}—硫酸盐；X_1—水解生物质；X_2—反硝化生物质。

图 3.5 S^0 溶解和两步反硝化模型的示意图

3.5.1.2 模型动力学与化学计量学矩阵

由于 S^0 溶解与附着在其表面的细菌数量有关[123,124]，比表面积被认为是影响微生物水解 S^0 速率快慢的关键参数。对此提出了新的界面反应动力学方程[式（3.13）]来描述比表面积（a^*）、附着微生物 X_1、底物浓度对 S^0 溶解的影响。此外，采用双底物 Monod 方程来描述 S_b 的氧化动力学以及硝酸盐、亚硝酸盐还原动力学过程。此外，还对 Monod 方程中的硝酸盐和亚硝酸盐设置了阈值浓度，分别为 35 mg-N/L 和 37 mg-N/L，这表明当水溶液中的硝酸盐和亚硝酸盐高于阈值浓度时自养反硝化菌（X_2）才能获得正增长。式(3.19)和式(3.20)描述了由于底物消耗和细菌细胞的衰亡而综合产生的新微生物量。利用基于 Runge-Kutta 方法在 MATLAB 平台上开发的源代码，对构成模型的常微分方程（3.13）~

（3.20）进行积分。根据埃斯波西托等，通过一致性指数(IoA)来评价模拟结果与实测数据的差异[126]。

$$\frac{dS_1}{dt} = -k_1 \frac{S_1}{\frac{K_1}{a^*} + S_1} X_1 \tag{3.13}$$

$$\frac{dS_2}{dt} = -k_1 \frac{S_1}{\frac{K_1}{a^*} + S_1} X_1 \times -\frac{r_1}{Y_{2,3}} \mu_{2,3}^{\max} \frac{S_2}{K_{2,2}+S_2} \frac{(S_3-S_3^*)}{K_{2,3}+(S_3-S_3^*)} \frac{S_3}{S_3+S_4} X_2 - \frac{r_2}{Y_{2,4}} \mu_{2,4}^{\max} \frac{S_2}{K_{2,2}+S_2} \frac{(S_4-S_4^*)}{K_{2,4}+(S_4-S_4^*)} \frac{S_4}{S_3+S_4} X_2, \tag{3.14}$$

$$\frac{dS_3}{dt} = -\frac{1}{Y_{2,3}} \mu_{2,3}^{\max} \frac{S_2}{K_{2,2}+S_2} \frac{(S_3-S_3^*)}{K_{2,3}+(S_3-S_3^*)} \frac{S_3}{S_3+S_4} X_2, \tag{3.15}$$

$$\frac{dS_4}{dt} = \frac{1}{Y_{2,3}} \mu_{2,3}^{\max} \frac{S_2}{K_{2,2}+S_2} \frac{(S_3-S_3^*)}{K_{2,3}+(S_3-S_3^*)} \frac{S_3}{S_3+S_4} X_2 - \frac{1}{Y_{2,4}} \mu_{2,4}^{\max} \frac{S_2}{K_{2,2}+S_2} \frac{(S_4-S_4^*)}{K_{2,4}+(S_4-S_4^*)} \frac{S_4}{S_3+S_4} X_2, \tag{3.16}$$

$$\frac{dS_5}{dt} = -\frac{1}{Y_{2,4}} \mu_{2,4}^{\max} \frac{S_2}{K_{2,2}+S_2} \frac{(S_4-S_4^*)}{K_{2,3}+(S_4-S_4^*)} \frac{S_4}{S_3+S_4} X_2, \tag{3.17}$$

$$\frac{dS_6}{dt} = \frac{r_1}{Y_{2,3}} \mu_{2,3}^{\max} \frac{S_2}{K_{2,2}+S_2} \frac{(S_3-S_3^*)}{K_{2,3}+(S_3-S_3^*)} \frac{S_3}{S_3+S_4} X_2 + \frac{r_2}{Y_{2,4}} \mu_{2,4}^{\max} \frac{S_2}{K_{2,2}+S_2} \frac{(S_4-S_4^*)}{K_{2,4}+(S_4-S_4^*)} \frac{S_4}{S_3+S_4} X_2, \tag{3.18}$$

$$\frac{dX_1}{dt} = k_0 k_1 \frac{S_1}{\frac{K_1}{a^*}+S_1} X_1 - k_{d,1} X_1 \tag{3.19}$$

$$\frac{dX_2}{dt} = \mu_{2,3}^{\max} \frac{S_2}{K_{2,2}+S_2} \frac{(S_3-S_3^*)}{K_{2,3}+(S_3-S_3^*)} \frac{S_3}{S_3+S_4} X_2 + \mu_{2,3}^{\max} \frac{S_2}{K_{2,2}+S_2} \frac{(S_3-S_3^*)}{K_{2,4}+(S_4-S_4^*)} \frac{S_3}{S_3+S_4} X_2 - k_{d,2} X_2 \tag{3.20}$$

式中，k_1 为 S_1 的水解动力学常数；a^* 表示质量比面积；K_1 为 S_1 的体积比半饱和常数；$K_{d,i}$ 为微生物 i 的衰减常数；$Y_{i,j}$、$K_{i,j}$ 和 $\mu_{i,j}^{\max}$ 分别表示微生物 i 对基质 j 的产率、半饱和常数、最大生长速率；K_0 表示 X_1 的效率增长系数；r_1 和 r_2 分别为 S_2 与 S_3 反应的化学计量比以及 S_2 与 S_4 反应的化学计量比。$Y_{2,3}$、$Y_{2,4}$、$K_{2,2}$、$K_{2,4}$、r_1、r_2、$k_{d,1}$ 和 $k_{d,2}$ 的取值参考前人研究[115,121,122,125]。$\mu_{2,3}^{\max}$ 和 $\mu_{2,4}^{\max}$ 的最优值通过实验获取。

3.5.1.3 用于参数校准的实验数据

Kostrytsia 等人[8]在工作容积为 100 mL 的玻璃血清瓶中进行了批次实验以获取关键的动力学参数。批次实验设置了不同的底物组合，见表 3.1。将基础培养液和微量元素以相同浓度分别添加到每个血清瓶中。基础培养液包含 0.4 g/L NH_4Cl、0.3 g/L KH_2PO_4、0.8 g/L K_2HPO_4、0.021 g $MgCl_2 \cdot 6H_2O$。在此基础上，再投加 21 g/L S^0（粒径 2~4 mm）作为电子供体。以 S^0：$CaCO_3$(g/g) = 1.5 加入 $CaCO_3$ 作为缓冲液和无机碳源。无微生物的对照组被用来评估 S^0 和 NO_3^- 或 NO_2^- 之间可能的非生物反应。此外，无电子供体（S^0）或电子受体（NO_3^- 或 NO_2^-）的对照分别用于评估与自养反硝化无关的 NO_3^- 和 NO_2^- 微生物降解及 S^0 微生物氧化。每个实验开始前用氦气吹扫 3 min 以排除游离氧气和氮气，然后用橡胶塞密封。所有生物实验均重复 3 次。实验过程中血清瓶置于旋转摇床（300 r/min）中，控制温度为 30(±2) ℃。

表 3.1 S^0 自养反硝化动力学批次实验条件

实验	初始浓度/（mg/L）				pH
	NO_2^--N	NO_3^--N	总氮	VS	
NO_3^- 和 S^0	30	210	240	1 000①	7.4±0.1
NO_2^- 和 S^0	240	—	240	1 000②	7.4±0.1
NO_2^-、NO_3^- 和 S^0	110	60	170	1 000①	7.3±0.1
NO_2^-、NO_3^- 对照组	—	—	—	1 000③	7.5±0.1
S^0 对照组	—	210	210	1 000①	7.5±0.1
	240	—	240	1 000②	7.5±0.1
无生物对照组	—	210	210	—	7.5±0.1
	240	—	240	—	7.5±0.1

注：① 微生物源：以 NO_3^--N 和 S^0 培养的污泥。
② 微生物源：以 NO_2^--N 和 S^0 培养的污泥。
③ 微生物源：未驯化的活性污泥。

3.5.1.4 模型参数赋值

该模型的一部分参数直接来源于已发表的文献，而 $\mu_{2,4}^{max}$、$\mu_{2,3}^{max}$、$K_{2,3}$、S_3^*、S_4^*、K_1、k_1 则是通过与动力学实验数据拟合获得的最佳值。$\mu_{i,j}^{max}$ 值与 Liu 等人的结果相比偏低，这可能是由于微生物特性和富集过程不同造成的[115]。$\mu_{2,4}^{max}$ 相比 $\mu_{2,3}^{max}$ 值略高，导致 NO_3^--N 还原快于 NO_2^--N 还原，从而造成 NO_2^--N 积累。单质硫自养反硝化活性污泥法模型的化学计量学和动力学参数见表 3.2。

表 3.2　单质硫自养反硝化活性污泥法模型的化学计量学和动力学参数。

参数名	含义	价值	单位	来源
$Y_{2;3}$	X_2 以 S_3 为底物的产率系数	0.25	mg-VS/mg-N	[125]
$Y_{2;4}$	X_2 以 S_4 为底物的产率系数	0.28	mg-VS/mg-N	[125]
r_1	S_2 与 S_3 反应的化学计量比	1.2	mg-VS/mg-N	[93]
r_1	S_2 与 S_4 反应的化学计量比	0.55	mg-VS/mg-N	[93]
K_0	X_1 的增长系数	0.1	mg-VS/mg-N	[8]
$\mu_{2,3}^{max}$	X_2 以 S_3 为底物的最大增长率	0.006 7	1/d	[8]
$\mu_{2,4}^{max}$	X_2 以 S_4 为底物的最大增长率	0.005 8	1/d	[8]
$K_{2,2}$	S_2 的半饱和常数	0.215	mg-S/L	[115]
$K_{2,3}$	S_3 的半饱和常数	36	mg-N/L	[8]
S_3^*	S_3 的阈值	35	mg-N/L	[8]
$K_{2,4}$	S_4 的半饱和常数	40	mg-N/L	[125]
S_4^*	S_4 的阈值	37	mg-N/L	[8]
K_1	体积比半饱和常数为 S_1	5.1	1/dm	[8]
k_1	水解动力学常数	0.12	mg-S/mg-VS·d	[8]
a^*	比表面积	0.000 816 4	dm²/mg	计算
$k_{d,1}$	X_1 的衰变率系数	0.000 6	1/d	[125]
$k_{d,2}$	X_2 的衰变率系数	0.000 6	1/d	[121]

3.5.1.5　参数敏感性分析

表 3.3 给出了通过改变参数（+50%和 -50%)进行参数排序的结果。根据 Brun 等人[131]的敏感性阈值设定为所有参数计算的最大 δ^{msqr} 值的 10%。分析表明，4 个参数（$K_{2,2}$、K_0、$k_{d,1}$ 和 $k_{d,2}$）被判定为不敏感参数，因此它们对模型输出没有影响。这些参数与内源代谢（两种生物量的 k_d）、反硝化生物量消耗 S_2 的饱和常数以及代表了水解微生物生长的 K_0 有关。对模型输出影响较大的参数有 k_1、K_1、a^*，均与水解过程有关。这一事实反映了水解过程在反硝化过程中的重要性。与反硝化生物量增长相关的参数影响较小，但其中与反硝化生物量增长速率相关的参数以亚硝酸盐（$\mu_{2,4}^{max}$），对模型输出影响最大。需要说明的是，参数减小 50%对输出值的影响更为强烈。这尤其体现在参数 k_1、a^* 和 $\mu_{2,3}^{max}$ 的 δ^{msqr}、δ^{mabs} 和 δ^{mean} 值上，其下降 50%时的 δ^{msqr}、δ^{mabs} 和 δ^{mean} 值均高于参数 $\mu_{2,3}^{max}$ 上升 50%时的 δ^{msqr}、δ^{mabs} 和 δ^{mean}。

关于 δ^{mabs} 和 δ^{mean} 的比较，表 3.2 表明只有在 k_1、a^*、$\mu_{2,4}^{max}$（当参数变化+ 50%时）和 k_1、a^*、$\mu_{2,4}^{max}$、$\mu_{2,3}^{max}$、$K_{2,3}$（当参数变化 -50%时）的情况下，灵敏度的元素都具有相同的符号。这意味着这些参数增加了模型输出变化量（因此它们是敏感参数）的值。

敏感性分析的结果初步建立了潜在敏感参数集：K_1、k_1、a^*、$\mu_{2,3}^{max}$、$\mu_{2,4}^{max}$、$K_{2,4}$、$K_{2,3}$。

该集合具有最高的灵敏度,从而反映出更高的模型输出扰动。Kostrytsia 等人[8]的分析表明 k_1、a^*、$\mu_{2,3}^{max}$ 和 $\mu_{2,4}^{max}$ 是对模型影响最大的参数。参数 K_1 对输出模型也有很强的影响,这种影响归因于 K_1 的取值大小。当 K_1 取值为 0.51 1/dm 时,NO_3^- 和 NO_2^- 是限制底物,当 K_1 取值为 5.1 1/dm 时,限制底物是 S^0。Liu 等人[132]指出参数 $\mu_{2,3}^{max}$ 和 $\mu_{2,4}^{max}$ 对单质硫自养反硝化过程很重要,这与 Wang 等人的观点[133]一致,他们指出与反硝化生物量生长相关的动力学参数是最重要的。参数 a^* 与 S^0 的表面积有关。虽然这个参数是最影响模型输出的参数之一,但是它的值可以从 S^0 粒子的具体特性中计算得到。根据 Esposito 等人的研究[134],a^* 可以通过计算得到:

$$a^* = 3/\delta R \tag{3.21}$$

式中,δ 为 S^0 密度;R 为 S^0 粒子半径。据测量,R = 0.187 5 mm 和 δ = 1.96 g/cm^3。因此,a^* 的计算值为 0.000 816 3 dm^2/g。该值用于所有的校准和验证过程。

为了确定这组参数之间是否存在线性依赖关系,可进行共线性分析。在这个分析中,参数 a^* 没有被考虑。对 γ < 10 的子集进行共线性分析的结果如下:

对于子集 1(K_1, k_1, $\mu_{2,3}^{max}$, $\mu_{2,4}^{max}$),γ = 7.98;对于子集 2(K_1, $\mu_{2,3}^{max}$, $K_{2,4}$),γ = 6.79。根据这些结果可以看出,饱和常数($K_{2,3}$ 和 $K_{2,4}$)与其他参数存在线性依赖关系,而没有出现在子集中。此外,四个参数的组合,总的来说,与其他组合相比,产生较低的共线性指数。然而,必须选择的用于校准的子集应该包括尽可能多的参数,因为用于校准的参数子集必须包含灵敏度最高的(根据参数重要性排序)和共线性指数低于 10 的子集参数。在这种情况下,虽然子集 1 比子集 2 具有更高的 γ 值,但也具有更多的参数。因此,选择进行校准的参数子集为子集 1(K_1, k_1, $\mu_{2,3}^{max}$, $\mu_{2,4}^{max}$),该子集的选择同时考虑了灵敏度分析和共线性结果。

表 3.3 参数重要性排名[135]

参数	δ^{msqr}	δ^{mabs}	δ^{mean}	δ^{msqr}	δ^{mabs}	δ^{mean}
	+50%			−50%		
K_1	3.41	0.78	−1.03	3.81	2.90	−1.04
k_1	3.24	2.41	0.90	6.49	5.29	2.12
a^*	2.59	2.00	0.71	5.59	4.56	1.78
$\mu_{2,4}^{max}$	1.03	0.73	0.03	2.26	1.66	0.18
$\mu_{2,3}^{max}$	0.93	0.61	−0.006 7	1.61	1.19	0.13
$K_{2,4}$	0.69	0.52	−0.04	0.98	0.71	−0.03
$K_{2,3}$	0.54	0.36	−0.01	0.71	0.46	0.006 1
$K_{2,2}$	0.04	0.03	−0.008 5	0.045	0.030	−0.009
K_0	0.07	0.05	0.02	0.07	0.05	0.02
$k_{d,1}$	0.02	0.01	−0.004 05	0.017	0.012	−0.004
$k_{d,2}$	0.001 9	0.001 0	−0.000 2	0.001 8	0.000 9	−0.000 2

3.5.1.6 模型预测分析

单质硫自养反硝化活性污泥模型的仿真结果与实际实验数据展示于图 3.6 中。可以看出，模型模拟值与实验值具有很好的一致性，表明所构建的模型能够很好地解释 S^0 自养反硝化过程中 NO_3^- 的还原、NO_2^- 的积累、微生物的增长、单质硫表面的溶解和氧化等动态变化过程。NO_3^--N、NO_2^--N 和 SO_4^{2-}-S 的 IoA 值较高，分别为 0.997、0.985 和 0.990，进一步证实了模型的可靠性[8]。但在批次实验的后期，硫酸盐浓度的预测值要明显高于实测数据，这归因于硫酸盐还原菌（SRB）在污泥中共存。SRB 能够利用微生物细胞裂解产生的少量有机物作为电子供体将硫酸盐还原，从而导致反应后期硫酸盐实际浓度低于预测值。后续研究可以把硫酸盐还原动力学加入该模型中来探究硫氧化菌与硫还原菌的相互作用。

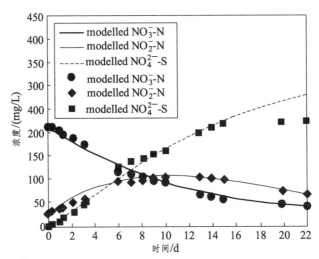

图 3.6 以 S^0 为电子供体的两步自养反硝化实验得到的实验剖面和模型预测
（初始条件：NO_2^--N 为 30 mg/L，NO_3^--N 为 210 mg/L）[8]

3.5.2 单质硫自养反硝化生物膜模型

3.5.2.1 模型建立原则

Wang 等人[116]通过实验证实单质硫自养反硝化在填充床生物膜系统中的动力学受底物反向扩散过程（Counter-Diffusion）的影响。底物反向扩散指的是电子供体和电子受体从相反的方向扩散进入生物膜（见图 3.7），即可溶性硫从 S_n^{2-} 表面向生物膜内部扩散，而硝酸盐从溶液向生物膜内扩散。底物在生物膜内扩散的同时被微生物利用和转化。因此，单质硫自养反硝化的脱氮速率与生物膜厚度有关。反应器运行初期，硝酸盐的去除通量较低是受到生物量的限制（生物膜很薄）。之后，硝酸盐的去除通量随着生物膜厚度的增加而增加，但当生物膜厚度过大时，通量最终会下降。这种下降是由于厚生物膜中扩散阻力的增大。电子供体和受体从相反的方向穿透生物膜，当生物膜过厚时，电子供体与受体相遇时所经历的扩散距离较长，浓度较低[133]。综上，生物膜系统中底物反向扩散与同向扩散对动力学的影响是截然不同的。

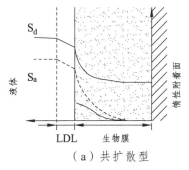
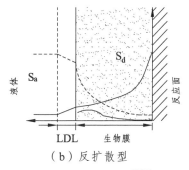

(a) 共扩散型　　　　　　　　　　（b) 反扩散型

图 3.7　共扩散型生物膜和反扩散型生物膜（LDL 为扩散边界层）[133]

根据底物反向扩散特征来构建单质硫自养反硝化生物膜模型。模型中的可溶性变量包括 NO_3^-、NO_2^-、N_2O、和 COD（相当于 S_n^{2-} 作为电子供体的化学需氧量）。一维生物膜内，可溶性变量随时间的动态变化用式（3.22）表示。为了简化模型分析，忽略所有溶质的外传质阻力（扩散边界层），因此生物膜表面（$x=L_F$）的浓度与反应器体液 $C_{B,i}$（mol/m^3 液体）的浓度相等。由于溶液中不存在 S_n^{2-}，硫表面（$x=0$）的 S_n^{2-} 浓度等于反应器中存在的单质硫的量。假设自养反硝化菌以恒定浓度（X_a）均匀分布于生物膜内。同时该模型中生物膜的厚度是固定的（L_F），忽略了生物量的生长、附着或分离。

$$\partial C_{F,i}/\partial t = D_{F,i}\,\partial^2 C_{F,i}/\partial x^2 + r_i \tag{3.22}$$

式中，$C_{F,i}$ 为可溶性变量浓度，mol/m^3；$D_{F,i}$ 是对应可溶物在生物膜中的有效扩散系数；r_i 是微生物对可溶性物的降解速率，见表 3.6 和表 3.7。

模型设置生物膜表面积 A_F 和液体体积 V_B 不变。通过改变进水流速 Q 来预测反硝化通量。NO_3^-、NO_2^-、N_2O 在生物膜表面的通量采用式（3.23）进行计算。

$$J_i = -D_{F,i}(\partial C_{F,i}/\mathrm{d}x)_{x=L_F} \tag{3.23}$$

S_n^{2-} 在硫表面的通量采用式（3.25）进行计算：

$$J_i = -D_{F,i}(\partial C_{F,i}/\mathrm{d}x)_{x=0} \tag{3.24}$$

溶液中 NO_3^-、NO_2^-、N_2O 等变量随时间的动态变化如式（3.25）所示。

$$\mathrm{d}C_{B,i}/\mathrm{d}t = (Q/V_B)(C_{in,i} - C_{B,i}) + J_i A_F / V_B \tag{3.25}$$

由于进水没有可溶电子供体，而 S_n^{2-} 是由 S^0 转化产生的，因此液体中 S_n^{2-} 的浓度随时间的动态变化采用式（3.26）进行计算。

$$\mathrm{d}C_{B,i}/\mathrm{d}t = (Q/V_B)(0 - C_{B,i}) + J_i A_F / V_B \tag{3.26}$$

该生物膜模型中，分别对反应速率 r_1、r_2 和 r_3 叠加 "z 函数"。z 函数是连续函数，该函数值始终大于零，由此使数值模拟过程获得更好的稳定性[133]。

$$z = \frac{1}{(1+e^{-200 \times C\mathrm{poly}+5})} + 10^{-12} \tag{3.27}$$

3.5.2.2 模型动力学与化学计量学矩阵

模型中涉及的 S^0 氧化为硫酸盐的半反应、硝酸盐分三步还原为氮气的半反应及细胞合成的半反应，见表 3.4。

表 3.4 单质硫反硝化涉及的半反应[136]

	半反应	电子分配系数
电子供体(R_d)	$\frac{1}{6}SO_4^{2-} + \frac{4}{3}H^+ + e^- \rightarrow \frac{1}{6}S + \frac{2}{3}H_2O$	1
电子受体(R_a)	$\frac{1}{2}NO_3^- + H^+ + e^- \rightarrow \frac{1}{2}NO_2^- + \frac{1}{2}H_2O$ $\frac{1}{2}NO_2^- + \frac{3}{2}H^+ + e^- \rightarrow \frac{1}{4}N_2O + \frac{3}{4}H_2O$ $\frac{1}{2}N_2O + H^+ + e^- \rightarrow \frac{1}{2}N_2 + \frac{1}{2}H_2O$	f_e^o
细胞合成(R_c)	$\frac{1}{5}CO_2 + \frac{1}{20}NH_4^+ + \frac{1}{20}HCO_3^- + H^+ + e^- \rightarrow \frac{1}{20}C_5H_7O_2N + \frac{9}{20}H_2O$	f_s^o

为了确定每一步反硝化反应的化学计量关系，需要计算出每个反应的 f_s^o。f_s^o 可以从 Y 导出，而 Y 需要通过实验进行测定。Y 与 f_s^o 的转换关系如式（3.28）所示。实验测出的微生物产率及换算成的 f_s^o 总结于表 3.5。

$$f_s^o = \frac{Y \times (n_e \text{ e}^-\text{eq/mol cells})(8 \text{ g COD / e}^-\text{eq donor})}{M_C \text{ g cells/mol}} \quad （3.28）$$

式中，Y 是微生物产率（g cell/g COD）；n_e 是转移电子当量数；M_C 是细胞的经验分子量（g/mol），以 $C_5H_7O_2N$ 计。

表 3.5 实验测定的微生物产率与电子分配系数[133]

反应	f_s^o	$Y/(\text{gDW/g S}^0)$
$NO_3^- \rightarrow NO_2^-$	0.14 ± 0.07	0.15 ± 0.07
$NO_3^- \rightarrow N_2$	0.27 ± 0.01	0.29 ± 0.01
$NO_2^- \rightarrow N_2O$	0.33 ± 0.04	0.35 ± 0.04
$NO_2^- \rightarrow N_2$	0.29 ± 0.05	0.31 ± 0.05
$N_2O \rightarrow N_2$	0.18 ± 0.04	0.19 ± 0.04

表 3.6 单质硫自养反硝化生物膜模型中微生物反应速率方程[133]

反应	速率
多硫化物氧化为硫酸盐并同化为生物质	$r_0 = r_1 \times (1.14/1 - Y_{NO_3}) + r_2 \times (1.14/1 - Y_{NO_2}) + r_3 \times (1.14/1 - Y_{N2O})$
硝酸盐还原	$r_1 = q_{maxNO_3} \times X_a \times (c_{NO_3}/k_{NO_3} + c_{NO_3}) \times c_{poly}/k_{poly} + c_{poly})$
亚硝酸盐还原	$r_2 = q_{maxNO_2} \times X_a \times (c_{NO_2}/k_{NO_2} + c_{NO_2}) \times c_{poly}/k_{poly} + c_{poly})$
氧化亚氮还原	$r_3 = q_{maxN_2O} \times X_a \times (c_{N_2O}/k_{N_2O} + c_{N_2O}) \times c_{poly}/k_{poly} + c_{poly})$

反应模型的化学计量矩阵见表 3.7。

表 3.7　反应模型的化学计量矩阵（化学计量系数以摩尔为单位表示）[133]

反应	底物				速率
	COD	NO_3^-	NO_2^-	N_2O	
1. 多硫化物氧化至硫酸盐和同化	-1				r_0
2. 硝酸盐去除		-1	1		r_1
3. 亚硝酸盐还原			-1	1	r_2
4. 一氧化二氮还原				-1	r_3

3.5.2.3　用于参数校准的实验数据

以 NO_3^-、NO_2^- 和 N_2O 为唯一电子受体，采用批试验测定 Y[133]。批次实验在 25 mL Balch 管中进行。培养液中包含 16 mM 的磷酸盐缓冲对、0.17 g $MgCl_2 \cdot 12H_2O$、10 μL 微量元素、10 μL 钙-铁溶液。培养液中还添加了 0.04 g/L 的 NH_4Cl 作为氮源和 600 mg/L HCO_3^- 作为碳源。每次批次实验加入 10 μL 的菌液。培养液的初始 pH 控制在 7。反应管采用橡胶塞密封，并通过依次真空脱气至 -0.7 大气压，再用 N_2（用于 NO_3^- 和 NO_2^- 实验）或 N_2O（用于 N_2O 实验）加压 4 次创造缺氧条件。反应管置于 26~28 ℃ 的恒温环境中并以 150 r/min 速度水平摇晃。反应大约持续 4 天，反应结束后分别对蛋白质浓度及 NO_3^-、NO_2^-、SO_4^{2-} 浓度进行测定。用于测定产率的批量试验的初始条件见表 3.8。

表 3.8　用于测定产率的批量试验的初始条件

电子受体	初始浓度/(mg-N/L)	初始 S^0 量/g	体积/mL
NO_3^-	50	1	10
NO_2^-	50	1	10
N_2O	800①	1	10

注：① 根据气体压力和亨利定律对水中 N_2O 进行了计算。

采用额外的实验测定单质硫自养反硝化的动力学参数。动力学实验在 250 mL 的玻璃瓶中进行，以满足多次取样的需求。动力学实验与 Y 测定实验所用的培养液相同，但对电子供体和电子受体的初始浓度进行了调整，见表 3.9[133]。

表 3.9　间歇试验的初始条件用于确定硝化动力学

电子受体	初始浓度/(mg-N/L)	初始 S^0 量/g	体积/mL
NO_3^-	10	2	50
NO_2^-	10	2	100
N_2O	800①	2	100

注：① 根据气体压力和亨利定律对水中 N_2O 进行了计算。

3.5.2.4 模型参数赋值

单质硫自养反硝化生物膜模型参数见表3.10。

表3.10 单质硫自养反硝化生物膜模型参数

参数名	含义	价值	单位	文献
$q_{NO_3,max}$	NO_3^- 还原最大反应速率	3.54	d^{-1}	[133]
$q_{NO_2,max}$	NO_2^- 还原最大反应速率	1.98	d^{-1}	[133]
$q_{N_2O,max}$	N_2O 还原最大反应速率	6.28	d^{-1}	[133]
K_{poly}	S_n^{2-} 的半饱和常数	1.0×10^{-3}	$Mmol \cdot L^{-1}$	[133]
K_{NO_3}	NO_3^- 的半饱和常数	1.79×10^{-2}	$mmol \cdot L^{-1}$	[138]
K_{NO_2}	NO_2^- 的半饱和常数	5.7×10^{-2}	$mmol \cdot L^{-1}$	[138]
K_{N_2O}	N_2O 的半饱和常数	1.85×10^{-4}	$mmol \cdot L^{-1}$	[138]
D_{poly}	S_n^{2-} 的扩散系数	1.28×10^{-11}	$m^2 \cdot s^{-1}$	[137]
D_{NO_3}	NO_3^- 的扩散系数	1.7×10^{-9}	$m^2 \cdot s^{-1}$	[138]
D_{NO_2}	NO_2^- 的扩散系数	1.912×10^{-9}	$m^2 \cdot s^{-1}$	CRC 表
D_{N_2O}	N_2O 的扩散系数	2.57×10^{-9}	$m^2 \cdot s^{-1}$	CRC 表
f_{diff}	生物膜中衰减因子扩散系数	0.5	—	[139]
$C_{0,COD}$	多硫化物（COD）进水浓度	1	$mmol \cdot L^{-1}$	[137]
C_{0,NO_3}	NO_3^- 进水浓度	0.714（10 mg-N/L）	$mmol \cdot L^{-1}$	[140]
C_{0,NO_2}	NO_2^- 进水浓度	0	$mmol \cdot L^{-1}$	[137]
C_{0,N_2O}	一氧化二氮	0	$mmol \cdot L^{-1}$	[137]
$C_{in,i}$	初始浓度	$C_{0,i}$	$mmol \cdot L^{-1}$	[140]
X_a	微生物浓度	25	$g \cdot L^{-1}$	典型值
Y_{NO_3}	产率系数($NO_3^- \to NO_2^-$)	0.15	$g \cdot g^{-1}$	[137]
Y_{NO_2}	产率系数($NO_2^- \to N_2O$)	0.35	$g \cdot g^{-1}$	[137]
Y_{N_2O}	产率系数($N_2O \to N_2$)	0.19	$g \cdot g^{-1}$	[137]

3.5.2.5 模型预测分析

应用该模型系统地研究了生物膜厚度和NO_3^-浓度对NO_3^-和NO_2^-通量的影响。图3.8显示了25 μm和500 μm两种生物膜厚度下NO_3^-浓度与NO_3^-和NO_2^-通量之间的关系。在较低的NO_3^-浓度下，500 μm生物膜比25 μm生物膜具有更低的NO_3^-通量和更少的NO_2^-积累。当NO_3^-浓度大于6 mg/L^{-1}后，25 μm和500 μm生物膜在NO_3^-和NO_2^-通量方面表现出相似性。

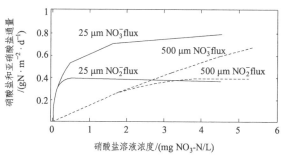

图 3.8 NO$_3^-$（实线）和 NO$_2^-$（虚线）通量为 a 体积 NO$_3^-$ 浓度对 25 μm 和 500 μm 生物膜的影响[133]
（这两个最大通量相同，但较厚的生物膜中达到最大通量需要更高的 NO$_3^-$ 浓度）

利用该模型分析了底物分别在厚度为 25 μm 和 500 μm 的生物膜内的浓度变化情况（见图 3.9）。对于不同的生物膜厚度，分别模拟了溶液中高 NO$_3^-$ 浓度（约为 40 mgN/L），低 NO$_3^-$ 浓度（约为 1 mg N/L）两种进水条件下底物的浓度分布情况。从图 3.9 中可以看到，在 25 μm 生物膜中，S$_n^{2-}$ 几乎完全穿透生物膜，因此 NO$_3^-$ 还原在所有深度下不受电子供体的限制[见图 3.9（a）]。由于 NO$_3^-$ 还原速率高于 NO$_2^-$ 还原速率，造成 NO$_2^-$ 在生物膜内的积累。生物膜内产生的 NO$_2^-$ 向溶液中扩散。该情况下，NO$_3^-$ 还原通量为 0.77 g N·m^{-2}·d^{-1}，NO$_2^-$ 净生成通量为 0.33 g N·m^{-2}·d^{-1}。在 500 μm 生物膜中[见图 3.9（b）]，NO$_3^-$ 需要从外层生物膜扩散到内层 20~30 μm，才能与 S$_n^{2-}$ 相遇。在该区域内，NO$_3^-$ 曲线的斜率逐渐减小，直至在生物膜底部达到零斜率。考虑到 S$_n^{2-}$ 存在的活性区域中 NO$_3^-$ 同样能以最大还原速率反应，因此该情况下 NO$_3^-$ 通量为 0.77 g N·m^{-2}·d^{-1}，与 25 μm 生物膜类似；对应的 NO$_2^-$ 通量为 0.34 g N·m^{-2}·d^{-1}。对于进水浓度为 4 mg N/L 情况[见图 3.9（c）、（d）]，25 μm 和 500 μm 生物膜之间存在显著差异。对于 25 μm 生物膜[见图 3.9（c）]，大部分生物膜的 NO$_3^-$ 浓度高于 4 mg-N/L，说明自养反硝化几乎不受 NO$_3^-$ 传质的影响。而对于 500 μm 生物膜，NO$_3^-$ 与 S$_n^{2-}$ 相遇时的浓度较低，因此自养反硝化速率受到硝酸盐浓度的限制，表明过厚的生物膜并不一定利用脱氮效率的提升。

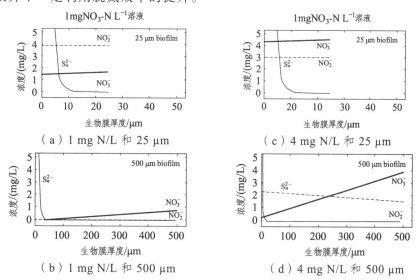

图 3.9 不同生物膜厚度和进水 NO$_3^-$ 浓度下的底物浓度分布[133]

参考文献

[1] CAI J, ZHENG P, QAISAR M, et al. Elemental sulfur recovery of biological sulfide removal process from wastewater: a review[J]. Critical Reviews in Environmental Science and Technology, 2017, 47(21): 2079-2099.

[2] GEORGE G N, GNIDA M, BAZYLINSKI D A, et al. X-ray absorption spectroscopy as a probe of microbial sulfur biochemistry: the nature of bacterial sulfur globules revisited[J]. Journal of bacteriology, 2008, 190(19): 6376-6383.

[3] STEUDEL R.Elemental Sulfur and Sulfur-Rich Compounds[M].Springer Berlin Heidelberg, 1980.

[4] KAMYSHNY JR A, BORKENSTEIN C G, FERDELMAN T G. Protocol for quantitative detection of elemental sulfur and polysulfide zero valent sulfur distribution in natural aquatic samples[J]. Geostandards and Geoanalytical Research, 2009, 33(3): 415-435.

[5] GARCIA A A, DRUSCHEL G K. Elemental sulfur coarsening kinetics[J]. Geochemical Transactions, 2014, 15: 1-11.

[6] STEUDEL R.Elemental Sulfur and Sulfur-Rich Compounds II[M].Springer Berlin Heidelberg,2003.

[7] ZHANG L, QIU Y Y, ZHOU Y, et al. Elemental sulfur as electron donor and/or acceptor: Mechanisms, applications and perspectives for biological water and wastewater treatment[J]. Water Research, 2021, 202: 117373.

[8] KOSTRYTSIA A, PAPIRIO S, FRUNZO L, et al. Elemental sulfur-based autotrophic denitrification and denitritation: microbially catalyzed sulfur hydrolysis and nitrogen conversions[J]. Journal of environmental management, 2018, 211: 313-322.

[9] KOSTRYTSIA A, PAPIRIO S, MATTEI M R, et al. Sensitivity analysis for an elemental sulfur-based two-step denitrification model[J]. Water Science and Technology, 2018, 78(6): 1296-1303.

[10] SENGUPTA S, ERGAS S J, LOPEZ LUNA E. Investigation of solid phase buffers for sulfur oxidizing autotrophic denitrification[J]. Water Environment Research, 2007, 79(13): 2519-2526.

[11] GIORDANO A, DI CAPUA F, ESPOSITO G, et al. Long-term biogas desulfurization under different microaerobic conditions in full-scale thermophilic digesters co-digesting high-solid sewage sludge[J]. International biodeterioration & biodegradation, 2019, 142: 131-136.

[12] KLEINJAN W E, DE KEIZER A, JANSSEN A J H. Kinetics of the reaction between dissolved sodium sulfide and biologically produced sulfur[J]. Industrial & engineering chemistry research, 2005, 44(2): 309-317.

[13] CHEN C, ZHOU X, WANG A, et al. Elementary sulfur in effluent from denitrifying sulfide removal process as adsorbent for zinc (II)[J]. Bioresource technology, 2012, 121: 441-444.

[14] DI CAPUA F, PAPIRIO S, LENS P N L, et al. Chemolithotrophic denitrification in biofilm reactors[J]. Chemical Engineering Journal, 2015, 280: 643-657.

[15] SAHINKAYA E, KILIC A, CALIMLIOGLU B, et al. Simultaneous bioreduction of nitrate and chromate using sulfur-based mixotrophic denitrification process[J]. Journal of hazardous materials, 2013, 262: 234-239.

[16] CAMPOS J L, CARVALHO S, PORTELA R, et al. Kinetics of denitrification using sulphur compounds: effects of S/N ratio, endogenous and exogenous compounds[J]. Bioresource technology, 2008, 99(5): 1293-1299.

[17] MOON H S, CHANG S W, NAM K, et al. Effect of reactive media composition and co-contaminants on sulfur-based autotrophic denitrification[J]. Environmental Pollution, 2006, 144(3): 802-807.

[18] Cardoso R B, Sierra Alvarez R, Rowlette P, et al. Sulfide oxidation under chemolithoautotrophic denitrifying conditions[J]. Biotechnology and bioengineering, 2006, 95(6): 1148-1157.

[19] KLEINJAN W E, DE KEIZER A, JANSSEN A J H. Biologically produced sulfur[M]. Springer Berlin Heidelberg, 2003.

[20] SEIDEL H, WENNRICH R, HOFFMANN P, et al. Effect of different types of elemental sulfur on bioleaching of heavy metals from contaminated sediments[J]. Chemosphere, 2006, 62(9): 1444-1453.

[21] STEUDEL R. On the nature of the "elemental sulfur"(S0) produced by sulfur-oxidizing bacteria—a model for S0 globules[J]. Autotrophic bacteria, 1989: 289-303.

[22] DI CAPUA F, PIROZZI F, LENS P N L, et al. Electron donors for autotrophic denitrification[J]. Chemical Engineering Journal, 2019, 362: 922-937.

[23] LENS P N L.Environmental Technologies to Treat Sulfur Pollution Principles and Engineering-2nd Edition[J].Water intelligence online, 2020(19):19.

[24] BRUNE D C. Sulfur oxidation by phototrophic bacteria[J]. Biochimica et Biophysica Acta (BBA)-Bioenergetics, 1989, 975(2): 189-221.

[25] STEUDEL R. Mechanism for the formation of elemental sulfur from aqueous sulfide in chemical and microbiological desulfurization processes[J]. Industrial & engineering chemistry research, 1996, 35(4): 1417-1423.

[26] VAN GEMERDEN H. The sulfide affinity of phototrophic bacteria in relation to the location of elemental sulfur[J]. Archives of microbiology, 1984, 139: 289-294.

[27] THEN J, TRÜPER H G. Sulfide oxidation in Ectothiorhodospira abdelmalekii. Evidence for the catalytic role of cytochrome c-551[J]. Archives of microbiology, 1983, 135: 254-258.

[28] GRAY G O, KNAFF D B. The role of a cytochrome c-552-cytochrome c complex in the oxidation of sulfide in Chromatium vinosum[J]. Biochimica et Biophysica Acta (BBA)-Bioenergetics, 1982, 680(3): 290-296.

[29] DI CAPUA F, AHORANTA S H, PAPIRIO S, et al. Impacts of sulfur source and temperature on sulfur-driven denitrification by pure and mixed cultures of Thiobacillus[J]. Process Biochemistry, 2016, 51(10): 1576-1584.

[30] STROHL W R, GEFFERS I, LARKIN J M. Structure of the sulfur inclusion envelopes from four Beggiatoas[J]. Current Microbiology, 1981, 6: 75-79.

[31] NICOLSON G L, SCHMIDT G L. Structure of the Chromatium sulfur particle and its protein membrane[J]. Journal of bacteriology, 1971, 105(3): 1142-1148.

[32] JANSSEN A, DE KEIZER A, VAN AELST A, et al. Surface characteristics and aggregation of microbiologically produced sulphur particles in relation to the process conditions[J]. Colloids and surfaces B: Biointerfaces, 1996, 6(2): 115-129.

[33] LYKLEMA J. Inference of polymer adsorption from electrical double layer measurements[M]// Macromolecular Chemistry-11. Pergamon, 1976: 149-156.

[34] LYKLEMA J, FLEER G J. Electrical contributions to the effect of macromolecules on colloid stability[J]. Colloids and surfaces, 1987, 25(2-4): 357-368.

[35] TILLER C L, O'MELIA C R. Natural organic matter and colloidal stability: Models and measurements[J]. Colloids and Surfaces A: Physicochemical and Engineering Aspects, 1993, 73: 89-102.

[36] KIM B W, CHANG H N. Removal of hydrogen sulfide by Chlorobium thiosulfatophilum in immobilized-cell and sulfur-settling free-cell recycle reactors[J]. Biotechnology progress, 1991, 7(6): 495-500.

[37] CORK D J, GARUNAS R, SAJJAD A. Chlorobium limicola forma thiosulfatophilum: biocatalyst in the production of sulfur and organic carbon from a gas stream containing H2S and CO2[J]. Applied and Environmental Microbiology, 1983, 45(3): 913-918.

[38] CHO K S, HIRAI M, SHODA M. Degradation of hydrogen sulfide by Xanthomonas sp. strain DY44 isolated from peat[J]. Applied and Environmental Microbiology, 1992, 58(4): 1183-1189.

[39] SUBLETTE K L, SYLVESTER N D. Oxidation of hydrogen sulfide by Thiobacillus denitrificans: desulfurization of natural gas[J]. Biotechnology and Bioengineering, 1987, 29(2): 249-257.

[40] SUBLETTE K L, SYLVESTER N D. Oxidation of hydrogen sulfide by continuous cultures of Thiobacillus denitrificans[J]. Biotechnology and bioengineering, 1987, 29(6): 753-758.

[41] SUBLETTE K L, SYLVESTER N D. Oxidation of hydrogen sulfide by Thiobacillus denitrificans: desulfurization of natural gas[J]. Biotechnology and Bioengineering, 1987, 29(2): 249-257.

[42] BUISMAN C J N, GERAATS B G, IJSPEERT P, et al. Optimization of sulphur production in a biotechnological sulphide removing reactor[J]. Biotechnology and Bioengineering, 1990, 35(1): 50-56.

[43] JANSSEN A, DE KEIZER A, VAN AELST A, et al. Surface characteristics and aggregation of microbiologically produced sulphur particles in relation to the process conditions[J]. Colloids and surfaces B: Biointerfaces, 1996, 6(2): 115-129.

[44] BUISMAN C J N, LETTINGA G, PAASSCHENS C W M, et al. Biotechnological sulphide removal from effluents[J]. Water Science and Technology, 1991, 24(3-4): 347-356.

[45] VISSER J M, STEFESS G C, ROBERTSON L A, et al. Thiobacillus sp. W5, the dominant autotroph oxidizing sulfide to sulfur in a reactor for aerobic treatment of sulfidic wastes[J]. Antonie van Leeuwenhoek, 1997, 72: 127-134.

[46] GIJS KUENEN J. Colourless sulfur bacteria and their role in the sulfur cycle[J]. Plant and soil, 1975, 43: 49-76.

[47] JANSSEN A J H, MEIJER S, BONTSEMA J, et al. Application of the redox potential for controling a sulfide oxidizing bioreactor[J]. Biotechnology and bioengineering, 1998, 60(2): 147-155.

[48] GADRE R V. Removal of hydrogen sulfide from biogas by chemoautotrophic fixed-film bioreactor[J]. Biotechnology and bioengineering, 1989, 34(3): 410-414.

[49] JANSSEN A J H, LETTINGA G D, DE KEIZER A. Removal of hydrogen sulphide from wastewater and waste gases by biological conversion to elemental sulphur: colloidal and interfacial aspects of biologically produced sulphur particles[J]. Colloids and Surfaces A: Physicochemical and Engineering Aspects, 1999, 151(1-2): 389-397.

[50] CHEN K Y, MORRIS J C. Kinetics of oxidation of aqueous sulfide by oxygen[J]. Environmental science & technology, 1972, 6(6): 529-537.

[51] MARNOCHA C L, SABANAYAGAM C R, MODLA S, et al. Insights into the mineralogy and surface chemistry of extracellular biogenic S0 globules produced by Chlorobaculum tepidum[J]. Frontiers in Microbiology, 2019, 10: 271.

[52] PRANGE A, ARZBERGER I, ENGEMANN C, et al. In situ analysis of sulfur in the sulfur globules of phototrophic sulfur bacteria by X-ray absorption near edge spectroscopy[J]. Biochimica et Biophysica Acta (BBA)-General Subjects, 1999, 1428(2-3): 446-454.

[53] PASTERIS J D, FREEMAN J J, GOFFREDI S K, et al. Raman spectroscopic and laser scanning confocal microscopic analysis of sulfur in living sulfur-precipitating marine bacteria[J]. Chemical Geology, 2001, 180(1-4): 3-18.

[54] PICKERING I J, GEORGE G N, YU E Y, et al. Analysis of sulfur biochemistry of sulfur bacteria using X-ray absorption spectroscopy[J]. Biochemistry, 2001, 40(27): 8138-8145.

[55] BERG J S, SCHWEDT A, KREUTZMANN A C, et al. Polysulfides as intermediates in the oxidation of sulfide to sulfate by Beggiatoa spp[J]. Applied and Environmental Microbiology, 2014, 80(2): 629-636.

[56] HAGEAGE JR G J, EANES E D, GHERNA R L. X-ray diffraction studies of the sulfur globules accumulated by Chromatium species[J]. Journal of Bacteriology, 1970, 101(2): 464-469.

[57] GARCIA A A, DRUSCHEL G K. Elemental sulfur coarsening kinetics[J]. Geochemical Transactions, 2014, 15: 1-11.

[58] KAMYSHNY JR A, FERDELMAN T G. Dynamics of zero-valent sulfur species including polysulfides at seep sites on intertidal sand flats (Wadden Sea, North Sea)[J]. Marine Chemistry, 2010, 121(1-4): 17-26.

[59] LAISHLEY E J, BRYANT R D, KOBRYN B W, et al. Microcrystalline structure and surface area of elemental sulphur as factors influencing its oxidation by Thiobacillus albertis[J]. Canadian journal of microbiology, 1986, 32(3): 237-242.

[60] FRANZ B, LICHTENBERG H, HORMES J, et al. Utilization of solid 'elemental'sulfur by the phototrophic purple sulfur bacterium Allochromatium vinosum: a sulfur K-edge X-ray absorption spectroscopy study[J]. Microbiology, 2007, 153(4): 1268-1274.

[61] HANSON T E, BONSU E, TUERK A, et al. Chlorobaculum tepidum growth on biogenic S (0) as the sole photosynthetic electron donor[J]. Environmental microbiology, 2016, 18(9): 2856-2867.

[62] MEYER O, SCHLEGEL H G. Biology of aerobic carbon monoxide-oxidizing bacteria[J]. Annual review of microbiology, 1983, 37(1): 277-310.

[63] SOROKIN D Y, GIJS KUENEN J, JETTEN M S M. Denitrification at extremely high pH values by the alkaliphilic, obligately chemolithoautotrophic, sulfur-oxidizing bacterium Thioalkalivibrio denitrificans strain ALJD[J]. Archives of microbiology, 2001, 175: 94-101.

[64] SOROKIN D Y, ROBERTSON L A, KUENEN J G. Isolation and characterization of alkaliphilic, chemolithoautotrophic, sulphur-oxidizing bacteria[J]. Antonie van Leeuwenhoek, 2000, 77: 251-262.

[65] WANG Y, BOTT C, NERENBERG R. Sulfur-based denitrification: Effect of biofilm development on denitrification fluxes[J]. Water research, 2016, 100: 184-193.

[66] CUI Y X, BISWAL B K, GUO G, et al. Biological nitrogen removal from wastewater using sulphur-driven autotrophic denitrification[J]. Applied microbiology and biotechnology, 2019, 103: 6023-6039.

[67] WAN D, LI Q, LIU Y, et al. Simultaneous reduction of perchlorate and nitrate in a combined heterotrophic-sulfur-autotrophic system: Secondary pollution control, pH balance and microbial community analysis[J]. Water research, 2019, 165: 115004.

[68] WAN D, LIU Y, WANG Y, et al. Simultaneous bio-autotrophic reduction of perchlorate and nitrate in a sulfur packed bed reactor: kinetics and bacterial community structure[J]. Water research, 2017, 108: 280-292.

[69] CAMPOS J L, CARVALHO S, PORTELA R, et al. Kinetics of denitrification using sulphur compounds: effects of S/N ratio, endogenous and exogenous compounds[J]. Bioresource technology, 2008, 99(5): 1293-1299.

[70] SHAO M F, ZHANG T, FANG H H P. Sulfur-driven autotrophic denitrification: diversity, biochemistry, and engineering applications[J]. Applied microbiology and biotechnology, 2010, 88: 1027-1042.

[71] GUO G, LI Z, CHEN L, et al. Advances in elemental sulfur-driven bioprocesses for wastewater treatment: From metabolic study to application[J]. Water Research, 2022, 213: 118143.

[72] LIN S, MACKEY H R, HAO T, et al. Biological sulfur oxidation in wastewater treatment: a review of emerging opportunities[J]. Water research, 2018, 143: 399-415.

[73] WANG R, LIN J Q, LIU X M, et al. Sulfur oxidation in the acidophilic autotrophic Acidithiobacillus spp[J]. Frontiers in microbiology, 2019, 9: 3290.

[74] LI M, CHEN Z, ZHANG P, et al. Crystal structure studies on sulfur oxygenase reductase from Acidianus tengchongensis[J]. Biochemical and biophysical research communications, 2008, 369(3): 919-923.

[75] LIN S, MACKEY H R, HAO T, et al. Biological sulfur oxidation in wastewater treatment: a review of emerging opportunities[J]. Water research, 2018, 143: 399-415.

[76] FLORENTINO A P, WEIJMA J, STAMS A J M, et al. Ecophysiology and application of acidophilic sulfur-reducing microorganisms[J]. Biotechnology of Extremophiles: Advances and Challenges, 2016: 141-175.

[77] SUN R, LI Y, LIN N, et al. Removal of heavy metals using a novel sulfidogenic AMD treatment system with sulfur reduction: Configuration, performance, critical parameters and economic analysis[J]. Environment international, 2020, 136: 105457.

[78] SUN R, ZHANG L, WANG X, et al. Elemental sulfur-driven sulfidogenic process under highly acidic conditions for sulfate-rich acid mine drainage treatment: performance and microbial community analysis[J]. Water Research, 2020, 185: 116230.

[79] POKORNA D, ZABRANSKA J. Sulfur-oxidizing bacteria in environmental technology[J]. Biotechnology Advances, 2015, 33(6): 1246-1259.

[80] CAI J, ZHENG P, MAHMOOD Q. Effect of sulfide to nitrate ratios on the simultaneous anaerobic sulfide and nitrate removal[J]. Bioresource technology, 2008, 99(13): 5520-5527.

[81] OH S E, KIM K S, CHOI H C, et al. Kinetics and physiological characteristics of autotrophic dentrification by denitrifying sulfur bacteria[J]. Water science and technology, 2000, 42(3-4): 59-68.

[82] CARDOSO R B, SIERRA ALVAREZ R, ROWLETTE P, et al. Sulfide oxidation under chemolithoautotrophic denitrifying conditions[J]. Biotechnology and bioengineering, 2006, 95(6): 1148-1157.

[83] ZHOU W, SUN Y, WU B, et al. Autotrophic denitrification for nitrate and nitrite removal using sulfur-limestone[J]. Journal of Environmental Sciences, 2011, 23(11): 1761-1769.

[84] LI YINGYING, et al. Pilot-scale application of sulfur-limestone autotrophic denitrification biofilter for municipal tailwater treatment: Performance and microbial community structure[J]. Bioresource technology, 2020, 300: 122682.

[85] HAO TIAN-WEI, et al. A review of biological sulfate conversions in wastewater treatment[J]. Water research, 2014, 65: 1-21.

[86] DI CAPUA, FRANCESCO, et al. Impacts of sulfur source and temperature on sulfur-driven denitrification by pure and mixed cultures of Thiobacillus[J].Process Biochemistry, 2016, 51(10): 1576-1584.

[87] SUN JIANLIANG, et al. Arsenite removal without thioarsenite formation in a sulfidogenic system driven by sulfur reducing bacteria under acidic conditions[J].Water research, 2019, 151: 362-370.

[88] QIU Y Y, GUO J H, ZHANG L, et al. A high-rate sulfidogenic process based on elemental sulfur reduction: Cost-effectiveness evaluation and microbial community analysis[J]. Biochemical engineering journal, 2017, 128: 26-32.

[89] GUO J, LI Y, SUN J, et al. pH-dependent biological sulfidogenic processes for metal-laden wastewater treatment: Sulfate reduction or sulfur reduction?[J]. Water Research, 2021, 204: 117628.

[90] LI M, DUAN R, HAO W, et al. Utilization of elemental sulfur in constructed wetlands amended with granular activated carbon for high-rate nitrogen removal[J]. Water Research, 2021, 195: 116996.

[91] MUYZER G, KUENEN J G, ROBERTSON L A. Colorless sulfur bacteria[J]. 2013.

[92] GUO J, WANG J, QIU Y, et al. Realizing a high-rate sulfidogenic reactor driven by sulfur-reducing bacteria with organic substrate dosage minimization and cost-effectiveness maximization[J]. Chemosphere, 2019, 236: 124381.

[93] SIERRA-ALVAREZ R, BERISTAIN-CARDOSO R, SALAZAR M, et al. Chemolithotrophic denitrification with elemental sulfur for groundwater treatment[J]. Water research, 2007, 41(6): 1253-1262.

[94] SAHINKAYA E, KILIC A, DUYGULU B. Pilot and full scale applications of sulfur-based autotrophic denitrification process for nitrate removal from activated sludge process effluent[J]. Water Research, 2014, 60: 210-217.

[95] SIMARD M C, MASSON S, MERCIER G, et al. Autotrophic denitrification using elemental sulfur to remove nitrate from saline aquarium waters[J]. Journal of Environmental Engineering, 2015, 141(12): 04015037.

[96] SAHINKAYA E, DURSUN N, KILIC A, et al. Simultaneous heterotrophic and sulfur-oxidizing autotrophic denitrification process for drinking water treatment: control of sulfate production[J]. Water research, 2011, 45(20): 6661-6667.

[97] ZHANG R C, XU X J, CHEN C, et al. Interactions of functional bacteria and their contributions to the performance in integrated autotrophic and heterotrophic denitrification[J]. Water research, 2018, 143: 355-366.

[98] LIANG B, KANG F, YAO S, et al. Exploration and verification of the feasibility of the sulfur-based autotrophic denitrification integrated biomass-based heterotrophic denitrification systems for wastewater treatment: from feasibility to application[J]. Chemosphere, 2022, 287: 131998.

[99] LI RUI, et al. Woodchip-sulfur based heterotrophic and autotrophic denitrification (WSHAD) process for nitrate contaminated water remediation[J]. Water research, 89 (2016): 171-179.

[100] HE QIAOCHONG, et al. Wood and sulfur-based cyclic denitrification filters for treatment of saline wastewaters[J]. Bioresource Technology, 2021, 328: 124848.

[101] ZHANG RUOCHEN, et al. Heterotrophic sulfide-oxidizing nitrate-reducing bacteria enables the high performance of integrated autotrophic-heterotrophic denitrification (IAHD) process under high sulfide loading[J]. Water Research, 2020, 178: 115848.

[102] GUO G, EKAMA G A, WANG Y, et al. Advances in sulfur conversion-associated enhanced biological phosphorus removal in sulfate-rich wastewater treatment: A review[J]. Bioresource technology, 2019, 285: 121303.

[103] GUO G, WU D, HAO T, et al. Functional bacteria and process metabolism of the Denitrifying Sulfur conversion-associated Enhanced Biological Phosphorus Removal (DS-EBPR) system: An investigation by operating the system from deterioration to restoration[J]. Water research, 2016, 95: 289-299.

[104] LI X, SHI M, ZHANG M, et al. Progresses and challenges in sulfur autotrophic denitrification-enhanced Anammox for low carbon and efficient nitrogen removal[J]. Critical Reviews in Environmental Science and Technology, 2022, 52(24): 4379-4394.

[105] CHEN F, LI X, YUAN Y, et al. An efficient way to enhance the total nitrogen removal efficiency of the Anammox process by S0-based short-cut autotrophic denitrification[J]. Journal of Environmental Sciences, 2019, 81: 214-224.

[106] LI X, YUAN Y, HUANG Y, et al. Simultaneous removal of ammonia and nitrate by coupled S0-driven autotrophic denitrification and Anammox process in fluorine-containing semiconductor wastewater[J]. Science of the total environment, 2019, 661: 235-242.

[107] DI CAPUA F, PAPIRIO S, LENS P N L, et al. Chemolithotrophic denitrification in biofilm reactors[J]. Chemical Engineering Journal, 2015, 280: 643-657.

[108] QIU Y Y, GONG X, ZHANG L, et al. Achieving a novel polysulfide-involved sulfur-based autotrophic denitrificationprocess for high-rate nitrogen removal in elemental sulfur-packed bed reactors[J]. ACS ES&T Engineering, 2022, 2(8): 1504-1513.

[109] BATCHELOR B, LAWRENCE A W. A kinetic model for autotrophic denitrification using elemental sulfur[J]. Water Research, 1978, 12(12): 1075-1084.

[110] QAMBRANI N A, JUNG Y S, YANG J E, et al. Application of half-order kinetics to sulfur-utilizing autotrophic denitrification for groundwater remediation[J]. Environmental earth sciences, 2015, 73: 3445-3450.

[111] PARK J Y, YOO Y J. Biological nitrate removal in industrial wastewater treatment: which electron donor we can choose[J]. Applied microbiology and biotechnology, 2009, 82(3): 415-429.

[112] CHRISTIANSON L, LEPINE C, TSUKUDA S, et al. Nitrate removal effectiveness of fluidized sulfur-based autotrophic denitrification biofilters for recirculating aquaculture systems[J]. Aquacultural Engineering, 2015, 68: 10-18.

[113] DU R, PENG Y, CAO S, et al. Mechanisms and microbial structure of partial denitrification with high nitrite accumulation[J]. Applied microbiology and biotechnology, 2016, 100: 2011-2021.

[114] GUERRERO L, MONTALVO S, HUILIÑIR C, et al. Advances in the biological removal of sulphides from aqueous phase in anaerobic processes: A review[J]. Environmental Reviews, 2016, 24(1): 84-100.

[115] LIU YIWEN, et al. Evaluation of nitrous oxide emission from sulfide-and sulfur-based autotrophic denitrification processes[J]. Environmental Science & Technology, 2016, 50(17): 9407-9415.

[116] SIERRA-ALVAREZ, REYES, et al. Chemolithotrophic denitrification with elemental sulfur for groundwater treatment[J]. Water research, 2007, 41(6): 1253-1262.

[117] Meyer B. Solid allotropes of sulfur[J]. Chemical Reviews, 1964, 64(4): 429-451.

[118] ROHWERDER T, SAND W. The sulfane sulfur of persulfides is the actual substrate of the sulfur-oxidizing enzymes from Acidithiobacillus and Acidiphilium spp[J]. Microbiology, 2003, 149(7): 1699-1710.

[119] SUZUKI I. Oxidation of inorganic sulfur compounds: chemical and enzymatic reactions[J]. Canadian Journal of Microbiology, 1999, 45(2): 97-105.

[120] MATTEI M R, FRUNZO L, D'ACUNTO B, et al. Modelling microbial population dynamics in multispecies biofilms including Anammox bacteria[J]. Ecological Modelling, 2015, 304: 44-58.

[121] SIN GÜRKAN, et al. "Modelling nitrite in wastewater treatment systems: a discussion of different modelling concepts." Water science and technology, 2008, 58(6): 1155-1171.

[122] SIERRA-ALVAREZ, REYES, et al. "Chemolithotrophic denitrification with elemental sulfur for groundwater treatment." Water research, 2007, 41(6): 1253-1262.

[123] ESPOSITO G, et al. "Modelling the effect of the OLR and OFMSW particle size on the performances of an anaerobic co-digestion reactor." Process biochemistry, 2011, 46(2): 557-565.

[124] VAVILIN V A, FERNANDEZ B, PALATSI J, et al. Hydrolysis kinetics in anaerobic degradation of particulate organic material: an overview[J]. Waste management, 2008, 28(6): 939-951.

[125] XU G, YIN F, CHEN S, et al. Mathematical modeling of autotrophic denitrification (AD) process with sulphide as electron donor[J]. Water Research, 2016, 91: 225-234.

[126] ESPOSITO G, FRUNZO L, PANICO A, et al. Model calibration and validation for OFMSW and sewage sludge co-digestion reactors[J]. Waste Management, 2011, 31(12): 2527-2535.

[127] HILLS, DAVID J, KOUICHI NAKANO. Effects of particle size on anaerobic digestion of tomato solid wastes[J]. Agricultural wastes, 1984, 10(4): 285-295.

[128] MATTEI, MARIA ROSARIA, et al. Mathematical modeling of competition and coexistence of sulfate-reducing bacteria, acetogens, and methanogens in multispecies biofilms[J]. Desalination and Water Treatment, 2015, 55(3): 740-748.

[129] ZHANG LILI, et al. Sulfur-based mixotrophic denitrification corresponding to different electron donors and microbial profiling in anoxic fluidized-bed membrane bioreactors[J]. Water Research, 2015, 85: 422-431.

[130] ZHOU W, LIU X, DONG X, et al. Sulfur-based autotrophic denitrification from the micro-polluted water[J]. Journal of Environmental Sciences, 2016, 44: 180-188.

[131] BRUN R, REICHERT P, KÜNSCH H R. Practical identifiability analysis of large environmental simulation models[J]. Water Resources Research, 2001, 37(4): 1015-1030.

[132] LIU Y, PENG L, NGO H H, et al. Evaluation of nitrous oxide emission from sulfide-and sulfur-based autotrophic denitrification processes[J]. Environmental Science & Technology, 2016, 50(17): 9407-9415.

[133] WANG Y, SABBA F, BOTT C, et al. Using kinetics and modeling to predict denitrification fluxes in elemental-sulfur-based biofilms[J]. Biotechnology and Bioengineering, 2019, 116(10): 2698-2709.

[134] ESPOSITO G, FRUNZO L, PANICO A, et al. Modelling the effect of the OLR and OFMSW particle size on the performances of an anaerobic co-digestion reactor[J]. Process biochemistry, 2011, 46(2): 557-565.

[135] HUILIÑIR C, ACOSTA L, YANEZ D, et al. Elemental sulfur-based autotrophic denitrification in stoichiometric S0/N ratio: Calibration and validation of a kinetic model[J]. Bioresource technology, 2020, 307: 123229.

[136] WANG Y, BOTT C, NERENBERG R. Sulfur-based denitrification: Effect of biofilm development on denitrification fluxes[J]. Water research, 2016, 100: 184-193.

[137] VON SCHULTHESS R, WILD D, GUJER W. Nitric and nitrous oxides from denitrifying activated sludge at low oxygen concentration[J]. Water Science and Technology, 1994, 30(6): 123.

[138] CRC. Handbook of chemistry and physics online[M]. CRC, 2014.

[139] HORN H, MORGENROTH E. Transport of oxygen, sodium chloride, and sodium nitrate in biofilms[J]. Chemical Engineering Science, 2006, 61(5): 1347-1356.

[140] WANG QUAN, et al. Evaluation of medical stone amendment for the reduction of nitrogen loss and bioavailability of heavy metals during pig manure composting[J]. Bioresource Technology, 2016, 220: 297-304.

第 4 章 硫代硫酸盐自养反硝化脱氮技术

4.1 硫代硫酸盐氧化途径

硫代硫酸盐具有很高的微生物反应活性，且对微生物没有毒害作用，因此是最常见的用于构建硫自养反硝化系统的电子供体。硫代硫酸盐是硫化物非生物氧化的中间产物，也是硫酸盐异化还原的过程产物，因此硫代硫酸盐同时具有给出电子和接收电子的能力，这一特性增加了硫代硫酸盐代谢途径的复杂性。

硫代硫酸盐代谢途径的复杂性还在于硫氧化菌体内同时存在多种酶系统用于硫代硫酸盐的氧化并生成不同的产物（见图4.1）。目前，已被初步探明的硫代硫酸盐氧化途径共有3种。第 1 种途径是 S_4I 途径，即在酸性条件下硫代硫酸盐被氧化成了连四硫酸盐作为中间产物，并释放 2 个电子[1]。在基质电子供体不足时，连四硫酸盐则继续被氧化成其他中间产物。例如，被转移至细胞质内的连四硫酸在连四硫酸水解酶的作用被氧化生成亚硫酸盐；嗜酸性的 Acidthiobacillus ferrooxidans 在氧化连四硫酸的过程中则会产生单质硫。由于硫代硫酸在酸性条件下不稳定，会异化生成亚硫酸盐和单质硫，因此该途径多常见于嗜酸性硫细菌中。第 2 种途径是在 Sox 多酶复合体作用下被彻底氧化生成硫酸盐，无中间产物生成。Sox 多酶复合体是一种细胞周质酶，其中蛋白 SoxXA、SoxYZ、SoxB 和 Sox(CD)$_2$ 构成了 Sox 代谢途径的核心[2]。硫代硫酸根在 Sox 多酶复合体介导下，SoxXA 络合物首先将硫代硫酸盐的一个硫原子氧化偶合到 SoxYZ 络合物的 SoxY-半胱氨酸-巯基，随后在 SoxB 的作用下释放末端砜基。随后，残余的过硫半胱氨酸的硫烷被 Sox(CD)$_2$ 硫脱氢酶复合物进一步氧化为半胱氨酸-S-硫酸盐，其中的磺酸盐部分再次被 SoxB 水解，从而恢复 SoxYZ。这种代谢途径常见于α-proteobacteria 分类下的硫细菌。第 3 种代谢途径是一种分支途径，由于微生物细胞内 SoxCD 基因的缺失，导致硫代硫酸盐中的一个硫原子无法经 Sox 途径完全氧化成硫酸盐，形成了零价的单质硫储存在细胞内或外[3]。该中间产物能够进一步通过反向异化亚硫酸盐还原酶（Dsr）催化最终氧化成硫酸盐。但零价硫的利用速率远远低于硫代硫酸盐的利用速率，因此影响了实际反硝化过程中的电子传递效率。通过宏基因组学分析，这 3 种代谢途径相关的基因普遍同存于硫氧化菌体内。Fen 等人[4]对硫代硫酸盐自养反硝化中的硫元素进行了定量分析，发现 S^0、酸性挥发性硫化物（Acid Volatile Sulfide，AVS）和 S^{2-} 都是该反应过程中的代谢中间产物；微生物对这些中间产物的利用速率排序是 $S^{2-} > S_2O_3^{2-} > AVS > S^0$。现有研究利用不同的测试手段证实了硫代硫酸盐自养反硝化存在着多种代谢途径，但尚未能对其关键代谢中间产物的积累和消耗进行准确预测。

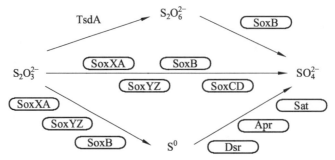

图 4.1 硫代硫酸盐氧化途径及相关酶系统

4.2 硫代硫酸盐自养脱氮影响因素

与其他无机硫电子供体相比，硫代硫酸盐是微生物利用速率最高的电子供体，因此硫代硫酸盐自养反硝化系统的启动时间短，反硝化速率快，工艺灵活性高。硫代硫酸盐自养反硝化的灵活性首先体现在该工艺能够适应较宽的 pH 和温度变化。即使是在超低温（3 ℃）[5]或是 pH 低于 5 的不利条件下[6]，硫代硫酸盐自养反硝化流化床反应器的脱氮效率仍然能接近 100%。硫代硫酸盐自养反硝化的灵活性还体现在该工艺能够处理高浓度高负荷污水，并且对工业废水中存在的重金属具有较高的耐受性。影响硫代硫酸盐自养脱氮的因素主要为 $S_2O_3^{2-}/NO_3^-$、HRT（水力停留时间）、无机盐离子和新兴污染物。

4.2.1 $S_2O_3^{2-}/NO_3^-$

$S_2O_3^{2-}/NO_3^-$ 是影响硫代硫酸盐自养反硝化的关键因素之一。硫代硫酸盐作为一种可溶性的无机硫电子供体，其对自养反硝化的影响与硫化物有一定相似性，即电子供体与电子受体之间的比值会影响反硝化终产物，进而影响脱氮效率。当硫代硫酸盐氧化提供的电子大于反硝化所需电子量时，反硝化的终产物为氮气[式（4.1）]。当硫代硫酸盐不足时，硝酸盐先被还原为亚硝酸盐[式（4.2）]，仅少量亚硝酸盐被进一步还原为氮气[式（4.3）]。Campos 等人[7]观察到当进水 S/N 质量比为 3.70 和 6.67 时，会出现亚硝酸盐的短暂积累；当 S/N 质量比为 1.16 和 2.44 时，亚硝酸盐成了反硝化的主要终产物。Chung 等人[8]也表明当进水 S/N 质量比为 5.1 时才能实现完全反硝化，而短程反硝化（$NO_2^- \rightarrow N_2$）仅需进水 S/N 质量比是 2.5，这可以节约 50%的电子供体投加量。硫代硫酸盐经分支途径氧化过程中会产生 S^0，这使得硫代硫酸盐氧化产生的电子一部分被用于反硝化，另一部分被用于 S^0 的生产。针对这种情况，可以假设在第一步氧化中 S^0 和硫酸盐的生成摩尔数是 1:1[式（4.4）]，然后在第二步氧化中 S^0 再缓慢被氧化为硫酸盐[式（4.5）]。由于硫氧化菌对 $S_2O_3^{2-}$ 和 S^0 的利用速率存在较大差异，在高 $S_2O_3^{2-}/NO_3^-$ 条件下，硫氧化优先利用硫代硫酸盐作为电子供体，并产生大量 S^0 的积累；在低 $S_2O_3^{2-}/NO_3^-$ 条件下，当硫代硫酸盐不足时，微生物转而利用 S^0 作为电子进行反硝化。

$$5S_2O_3^{2-} + 8NO_3^- + H_2O \longrightarrow 10SO_4^{2-} + 4N_2 + 2H^+ \qquad (4.1)$$

$$S_2O_3^{2-} + 4NO_3^- + H_2O \longrightarrow 2SO_4^{2-} + 4NO_2^- + 2H^+ \qquad (4.2)$$

$$3S_2O_3^{2-} + 8NO_2^- + 2H^+ \longrightarrow 6SO_4^{2-} + 4N_2 + H_2O \qquad (4.3)$$

$$S_2O_3^{2-} + NO_3^- \longrightarrow 2S^0 + SO_4^{2-} + NO_2^- \qquad (4.4)$$

$$S^0 + 2NO_2^- \longrightarrow SO_4^{2-} + N_2 \qquad (4.5)$$

4.2.2 HRT

硫氧化菌利用硫代硫酸盐进行自养反硝化时，对电子受体具有一定的选择性。当硝酸盐和亚硝酸盐共存时，硝酸盐是被优先还原的电子受体，因为 Nar 可以直接从 UQ/UQH$_2$ 池中获得电子，而 Nir 则是从 UQ/UQH$_2$ 池的下游电子池（细胞色素 C）中获得电子。中间产物 S^0 作为电子受体时，微生物对硝酸盐的还原速率同样高于亚硝酸盐还原速率。因此，亚硝酸盐还原是硫代硫酸盐自养反硝化中的限速步骤。HRT 通过改变硫代硫酸盐自养反硝化的反应时间来影响亚硝酸盐的积累或去除。硝酸盐的平均去除率随 HRT 的增加而提升。Wang 等人[9]利用硫代硫酸盐去除微污染地表水中的硝酸盐，上向流生物滤池在 HRT 为 0.5 h、1.0 h、2.0 h 时对硝酸盐的去除率分别为 78.7%、87.8%、97.4%。缩短 HRT 则会促进亚硝酸盐的积累。对于稳定运行条件下的硫代硫酸盐自养反硝化流化床反应器，当 HRT 从 10 min 降低至 5 min 时，系统开始出现亚硝酸盐的积累。Liu 等人[10]从宏基因组学角度进一步探究了 HRT 对硫代硫酸盐自养反硝化的影响，SBR 的反应周期从 12 h 减少至 4 h，不仅加速了硝酸盐还原速率和亚硝酸盐的积累，还促使与能量传递（即 ATP 代谢）、电子传递（即 NADH 代谢）和氮/硫转化相关的能量代谢途径从 6.81%增加到 7.52%。

4.2.3 无机盐离子

硫自养反硝化处理也可以应用于低碳氮比工业废水的生物处理，但金属冶炼、制革、湿法烟气脱硫等工业产生的废水中通常含有高浓度的无机盐离子（如 Na$^+$、Cl$^-$、SO$_4^{2-}$ 等），可能会对自养反硝化菌的代谢活性产生抑制，降低脱氮效率。Aquino 等人[11]以硫代硫酸盐为电子供体探究无机盐离子对自养反硝化的影响，*Thiobacillus denitrificans* 的反硝化活性在 8 g/L Na$^+$(NaCl)、10 g/L Na$^+$(Na$_2$SO$_4$)、15 g/L Cl$^-$(KCl)时被完全抑制。K$^+$和 SO$_4^{2-}$ 对自养反硝化速率的抑制作用要弱于 Na$^+$和 Cl$^-$。Na$^+$对维持细胞膜内渗透压具有重要作用，因此适当增加 Na$^+$浓度（<1.0 g/L）能够促进硫代硫酸盐自养反硝化速率，但工业废水中 Na$^+$的浓度过高会使得细胞膜内外渗透压失衡，最终导致细胞膜破裂。无机盐离子浓度的增加也会降低亚硝酸盐还原速率导致亚硝酸盐的积累。Campos 等人[7]研究表明，当亚硝酸盐浓度为 500 mg-N/L 时，会对反硝化速率产生 38%的抑制；当硫酸盐浓度大于 500 mg-S/L 时，便会对硫代硫酸盐自养反硝化产生轻微的抑制作用；当硫酸盐浓度增加至 5 000 mg-S/L 时，会造成 85%的抑制作用。不同的菌群结构对硫酸盐的耐受性存在差异。Oh 等人[12]报道硫酸盐浓度高于 2 000 mg-S/L 才会有对反硝化产生抑制。

4.2.4 新兴污染物

近年来，新兴污染物（如抗生素、人工甜味剂、激素）由于其难降解性和高流动性而广泛存在于水环境中，对水处理微生物代谢过程和水环境健康产生严重威胁。其中，被人类和动物服用的抗生素只有极小一部分能被生物代谢，其余 25%～75%的抗生素最终被直接排放到了水环境中。例如，四环素类抗生素（最常用的抗生素之一），会对硫代硫酸盐自养反硝化过程产生不利影响。当四环素浓度从 0 mg/L 增加到 50 mg/L 时，以硫代硫酸盐为电子供体的硝酸盐去除速率从 1.32 d^{-1} 降低为 0.18 d^{-1}；当四环素浓度高于 2 mg/L 时，亚硝酸盐的还原受到严重抑制，导致亚硝酸盐积累[13]。另外，磺胺甲恶唑抑制反硝化过程的机制是通过抑制反硝化基因的表达，而不是降低反硝化微生物的总丰度。对于硫代硫酸盐和有机物共存的混养反硝化体系，磺胺甲恶唑浓度从 300 μg/L 增加至 1.5 mg/L 后会显著降低亚硝酸盐还原速率，促进硫代硫酸盐的转化和硫化物的生成，这与磺胺甲恶唑胁迫下系统微生物群落的演替有关[14]。磺胺甲恶唑选择性地抑制了异养反硝化菌的代谢活性，提升了异化还原为氨细菌和硫还原细菌的代谢活性和丰度。磺胺甲恶唑浓度增加并未对硫自养反硝化菌的生长产生抑制，说明硫自养反硝化具有同步进行硝酸盐和抗生素降解的潜力。

4.3 硫代硫酸盐自养脱氮工艺发展

4.3.1 强化生物浮床

生物浮床（Floating Treatment Wetlands）也称为人工浮岛，是一种新形式的人工湿地处理系统。挺水植物以一定的密度固定于浮床上，其根系能直接从水体中吸收营养元素，同时发达的根系能为微生物生长提供丰富的附着位点，并促进悬浮污染物的截留、有机物的矿化和微生物介导的氮转化。强化生物浮床是在植物根系下方引入挂膜载体来促进生物膜的生长和提升系统的净化效率及稳定性。当生物浮床用于净化污水处理厂二级出水时，由于水中自带的易降解有机碳和植物根系分泌的有机碳不足，因此硝酸盐难以通过异养反硝化去除。在强化人工浮床系统中添加适量的硫代硫酸盐可以达到"1+1>2"的效果。首先，硫代硫酸盐作为外源电子供体可以有效促进自养反硝化和异养反硝化菌的生长，提升系统对硝酸盐的去除效率。另外，硫代硫酸盐的添加能减少反硝化微生物对温度的依赖性，提升生物浮床在低温条件下的脱氮稳定性。此外，硫是湿地植物生长所需的重要常量营养素，因此硫代硫酸盐氧化生成的硫酸盐能促进浮床植物的生长，植物对硫、氮、碳的吸收分别提升了 94%、15.5%、1.52%[15]，如图 4.2 所示。Sun 等人[16]发现投加了硫代硫酸盐的强化生物浮床虽然能获得接近 100%的脱氮效率，但同时也伴随着较高的 N_2O 排放（10.22～32.55 mg/m²/d），而混合投加硫代硫酸盐和乙酸盐则可在不影响脱氮效率的前提下有效降低强化生物浮床 N_2O 排放（3.34～21.74 mg/m²/d）。这可能由于自养反硝化系统中亚硝酸盐的积累量要高于混养反效果系统，进而刺激了 N_2O 的产生和释放。另外，自养反硝化系统中的 pH 要低于混养反硝化系统，N_2O 还原酶活性在低 pH 下受到抑制进一步导致了 N_2O 的积累。

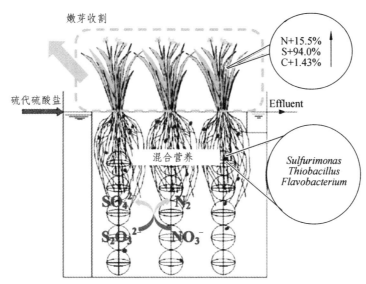

图 4.2 硫代硫酸盐添加对强化生物浮床脱氮的影响

4.3.2 硫代硫酸盐自养反硝化流化床（FBR）

以颗粒 S^0 和石灰石为填料的 S^0LAD 工艺为反硝化提供了一种简单且成本低的解决方案，但由于 S^0 的溶解受限，该工艺并不适用于处理高浓度硝酸盐废水。此外，微生物在填充床反应器内部繁殖还易造成堵塞、窜流、积气等问题，需要定期进行反冲洗。流化床反应器（FBR）是一种污泥附着生长系统，其中载体以高循环流速流化，能够克服上述填充床反应器在长期运行中存在的缺点。填料在反应器中实现流化既减免了反冲洗过程，又增强了生物质和反应底物之间的有效接触和传质过程，由此也具备了更高的处理能力。化能自养型硫氧化细菌的生长速率较慢，反应器启动所需时间较长，利用流化床反应器来培养具有反硝化功能的硫氧化菌有助于缩短生物量富集时间，提升硫氧化菌对环境变化的适应性和工艺的稳定性。Zou 等人[17]以颗粒活性炭（0.5～1 mm）作为流化床反应器的填料，并探究了不同 HRT（0.08～24 h）对硫代硫酸盐自养反硝化的影响；该流化床反应器在 20 ℃ 和 30 ℃ 下展现出了非常高的脱氮效率（高达 3.3 kg-N NO_3^-/m^3·d），在进水硝酸盐负荷为 600 mg/L/h 和 HRT 为 10 min 的条件下能够实现硝酸盐的完全去除且无亚硝酸盐的积累。同时，在 1～46 ℃ 范围内的批次实验结果显示温度对自养反硝化作用有显著影响，使用 Ratkowsky 模型估计出的硫自养反硝化细菌（T. denitrificans 占主导）的最低、最佳和最高生长温度分别低于 1 ℃、26.6 ℃ 和 50.8 ℃。为了探究硫代硫酸盐自养反硝化流化床反应器在低温条件下脱氮可行性，Di Capua 等人[5]进一步探究了温度下降（20 ℃→3 ℃）对硫代硫酸盐自养反硝化的影响。令人惊喜的是，在最低温 3 ℃ 条件下，硫代硫酸盐自养反硝化仍能保持非常高的脱氮速率，在 HRT 为 1 h 和硝酸盐进水负荷为 3.3 kg NO_3^--N/m^3·d 时，脱氮效率可稳定达到 100%。虽然长期低温运行未对脱氮效率产生不利影响，但低温影响了反硝化生物膜的物理性质，导致流化床膨胀和出水中溶解性有机碳的增加。Di Capua 等人[6]进一步探究了酸性不利条件对硫代硫酸盐自养反硝化流化床反应器脱氮的影响，这对于该工艺应用于高酸度（pH＜5）以及高浓度采矿废水的处理具有重要意义。在较低的进水 pH 下，无机碳缺乏会导致脱氮效率迅速下降。因此，需要给流化床反应器配置一个碳酸化单元（见图 4.3），使其连续供给 CO_2 以排除因无机碳缺乏对反硝化的干扰。该流化床反应器中形成的反硝化生物膜能够在 6.90~4.75 的 pH 范围内维持 100 mg/L 的 NO_3^- 的完全去除。流化床反应器中 pH 的逐渐降低导致微生物逐渐适应酸性条件，并改变了 FBR 生物膜中微生物群落的组成。异养反硝化菌（Thermomonas fusca）在反硝化过程中产生的碱度可能提高了生物膜内部的 pH，形成了 pH 梯度，即生物膜内部的 pH 高于进水 pH，这可能一定程度上提升了自养反硝化菌（Thiobacillus denitrificans）对环境 pH 的耐受限度。综上，生物膜内外表面之间的 pH 和 DO 梯度可以根据外部生物化学参数的变化而发展，从而产生不同的微环境，促进具有不同代谢特性的微生物共存，共同维持脱氮的高效性。

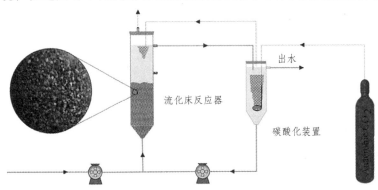

图 4.3 配置了碳酸化单元的流化床反应器

4.3.3 硫代硫酸盐自养反硝化颗粒污泥工艺

硫氧化菌的生长速率缓慢导致硫自养反硝化反应器中的生物量浓度低，这会增加硫自养反硝化工艺启动的时间，降低工艺应对冲击负荷的脱氮稳定性。污泥颗粒化是一种先进的环境生物技术，为富集硫氧化菌或敏感微生物提供了可行的途径。与絮状污泥相比，颗粒污泥具有丰富的微生物多样性、更高的生物量浓度、更好的污泥沉降能力和致密紧凑的结构，因此能够承受更高的进水负荷，并在应对高浓度废水和冲击负荷时表现出较佳的韧性。Qian 等人[18]采用逐步增加硝酸盐负荷的策略成功在 UASB 反应器中培养了具有非常高脱氮速率的硫代硫酸盐自养反硝化颗粒污泥。在长达 161 天的培养过程中，颗粒污泥的尺寸从（0.074±0.007）mm 增加至（1.19±0.07）mm；对应的污泥的沉降速度从（8.47±1.51）m/h 提升至（74.62±11.34）m/h。在水力停留时间仅为 15 min 时，反应器对硝酸盐去除速率达到了 280 mg N/L/h，硝酸盐的去除率为（97.7%±1.0）%，且出水中未检测到亚硝酸盐积累，说明该系统中反硝化污泥对硝酸盐和亚硝酸盐的还原速率几乎相等，因此在极短的 HRT 条件下才能未检出亚硝酸盐的积累。这一特别的现象与 Sulfurimonas 在反应器中的高度富集有关，其相对丰度高达 74.1%。Sulfurimonas 仅含有周质硝酸还原酶（Nap），而缺乏细胞质膜结合硝酸还原酶（Nar），而其余的反硝化相关还原酶（Nir、Nor、Nos）都位于细胞周质。同时，催化硫代硫酸盐氧化为硫酸盐的 Sox 酶复合物也位于周质中。由此推测，电子在周质中的高效传递同步促进了硝酸盐和亚硝酸盐的还原速率，消除了亚硝酸盐的积累。Ma 等人[19]利用好氧颗粒污泥为接种污泥，仅用 7 天就实现了硫代硫酸盐自养反硝化颗粒污泥工艺的启动,并发现硫代硫酸盐的添加能够增加颗粒污泥胞外聚合物中黄素单核苷酸(FMN)和细胞色素 c 等电子传递体,促进硫代硫酸盐自养反硝化过程中电子的间接传递。

4.3.4 半程硫代硫酸盐自养反硝化耦合厌氧氨氧化工艺

硫代硫酸盐自养反硝化过程中极易出现亚硝酸盐的积累,这为耦合厌氧氨氧化工艺提供了可能。硫代硫酸盐的投加量通常需要高于理论值才能保证反硝化脱氮效率,而实现部分反硝化($NO_3^- \to NO_2^-$)则可以大幅度节省药剂投加量。同时,研究发现通过部分反硝化为厌氧氨氧化提供亚硝酸盐比短程硝化更易于操控和更稳定[20]。另外,硫氧化菌具有较低的污泥产率(0.59~0.65 gVSS/gN)不会因生长而过度竞争厌氧氨氧化菌的生存空间[21]。硫氧化菌产生的亚硝酸盐经厌氧氨氧化途径转化为氮气,可以最大限度地减少 N_2O 的释放。

最初,通过在两级反应器中分别富集硫氧化菌和厌氧氨氧化菌并控制硫代硫酸盐的投加量,可以稳定实现两种工艺的耦合[22]。但是,硝酸盐是厌氧氨氧化不可避免产生的副产物,这会降低两级耦合系统的总氮去除效率。目前的研究主要追求在单级反应器内实现两种功能菌的富集以及氨氮和硝酸盐污染物的同步去除。

在单级耦合反应器中,厌氧氨氧化所需的亚硝酸盐来源于硫代硫酸盐部分反硝化,所以进水 NH_4^+/NO_3^- 比值会影响氨氮的去除率。另外,当进水投加的 $S_2O_3^{2-}$ 较高时,可能会促进硫氧化菌将亚硝酸盐进一步还原为氮气,因此进水 $S_2O_3^{2-}/NO_3^-$ 也是影响氨氮的去除率的关键参数。

SBR 反应器中进水 NH_4^+/NO_3^- 摩尔比值对厌氧氨氧化菌在耦合系统中捕捉亚硝酸盐的影响如图 4.4(a)、(b)、(c)所示。在不同的 NH_4^+/NO_3^- 比值下,各种氮污染物的生物转化表现出相似的趋势。首先,硝酸盐被硫氧化菌快速还原为亚硝酸盐。随着亚硝酸盐的不断积累,氨氮的降解速率也相应增加。当硝酸盐还原速率与厌氧氨氧化反应速率相等时,亚硝酸盐浓度达到峰值。值得注意的是,随着 NH_4^+/NO_3^- 摩尔比的提升,亚硝酸盐峰值出现的时间前移,但峰值降低。在反应过程中形成了一些瞬态的硝酸盐积累,但在出水中几乎没有检测到硝酸盐。在硫代硫酸盐的氧化过程中,通过硫元素平衡发现少量零价硫(S^0)在细胞内或细胞外产生。而硫酸盐的产生可分为两个阶段。第一阶段持续 1 h 左右,呈快速线性增长。第二阶段的生成速率要低得多。

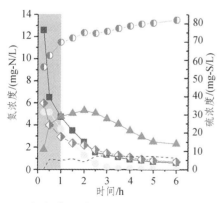 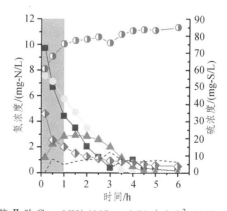

(a)第Ⅰ阶段:$NH_4^+/NO_3^- = 0.5$　　(b)第Ⅱ阶段:$NH_4^+/NO_3^- = 0.75$($S_2O_3^{2-}/NO_3^- = 0.85$)

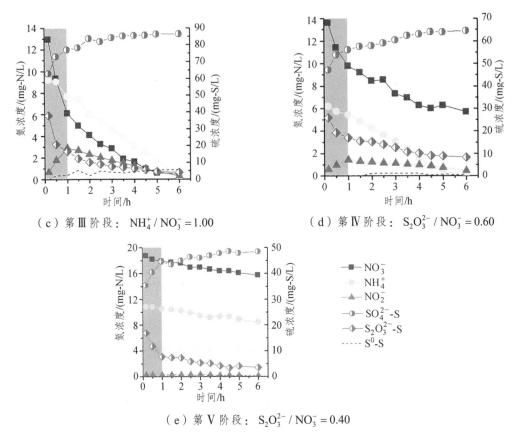

(c) 第Ⅲ阶段：$NH_4^+/NO_3^- = 1.00$
(d) 第Ⅳ阶段：$S_2O_3^{2-}/NO_3^- = 0.60$
(e) 第Ⅴ阶段：$S_2O_3^{2-}/NO_3^- = 0.40$

图 4.4　多种污染物在不同典型反应周期的动态变化

NH_4^+/NO_3^-摩尔比对系统脱氮性能的影响主要归因于厌氧氨氧化菌对硫氧化菌产生的亚硝酸盐的竞争。当进水NH_4^+/NO_3^-为 0.5 时，根据化学计量学[式（4.6）]需要约 13.2 mg/L 亚硝酸盐与氨氮经厌氧氨氧化过程共同转化为氮气[23]。在此运行条件下，氨氮的去除效率接近 100%。

$$NH_4^+ + 1.32NO_2^- + 0.066HCO_3^- + 0.13H^+ \\
\longrightarrow 0.066CH_2O_{0.5}N_{0.15} + 1.02N_2 + 0.26NO_3^- + 2.03H_2O \quad (4.6)\\
\Delta G^\ominus = -358 \text{ kJ/mol}$$

在第Ⅱ阶段，假设进水的硝酸盐全部被硫氧化菌还原成亚硝酸盐且没有被进一步还原，此时亚硝酸盐的积累量刚好与厌氧氨氧化理论所需的值相等。这种情况下，氨氮的去除效率仍然接近 99%，意味着厌氧氨氧化菌对亚硝酸盐有着极高的亲和力。进入第Ⅲ阶段，当NH_4^+/NO_3^-从 0.75 增加至 1.00 后，氨氮的去除效率没有受到显著的影响。相反地，系统出水中出现了少量亚硝酸盐的积累。这一现象与多个原因有关。首先，由于厌氧氨氧化菌的种类和动力学的多样性，该耦合系统中厌氧氨氧化反应可能遵循不同的化学计量学，如式（4.7）[24]。

$$NH_4^+ + 1.146NO_2^- + 0.07HCO_3^- + 0.057H^+ \\
\longrightarrow 0.071CH_{1.74}O_{0.31}N_{0.20}5 + 0.986N_2 + 0.161NO_3^- + 2.00H_2O \quad (4.7)$$

另一个更重要的原因与硫代硫酸盐的生物氧化途径相关。反应器运行过程中,我们观察到附着在内壁生长的污泥表面沉积了一些白色固体。通过扫描电镜和能谱分析,推断出污泥表面沉积的白色物质是 S^0(见图4.5)。硫代硫酸盐经完整的Sox途径氧化时,两个硫原子会全部转化为硫酸盐且不产生任何中间产物。但是,硫代硫酸盐经不完整的Sox途径氧化时,只有1个硫原子能够被氧化为硫酸盐,而另一个硫原子则转化成了 $S^{0[3]}$。对于不完整氧化途径,当硫代硫酸盐被消耗尽后,S^0 仍可继续作为电子供体,但是 S^0 的反应速率要比硫代硫酸盐低得多,这也对应了硫酸盐曲线中的两个不同的斜率。S^0 较低的利用速率和亚硝酸盐亲和力使得硫氧化菌在与厌氧氨氧化菌争夺亚硝酸盐时处于劣势,但是积蓄下来的 S^0 能够被用于去除厌氧氨氧化的副产物。在第Ⅲ阶段,将副产物完全转化为氮气所需的电子量可能超过的系统中 S^0 所能提供的电子总量,最终导致了一部分亚硝酸盐的累积。

通过观测不同 NH_4^+/NO_3^- 条件下多种污染物的动态变化发现,厌氧氨氧化菌对亚硝酸盐的最大捕获能力接近硫氧化菌对硝酸盐的还原速率,这是硫代硫酸盐部分反硝化-厌氧氨氧化耦合工艺能够在单级混合系统中成功构建的关键。

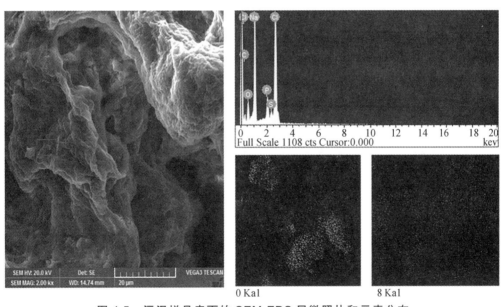

图4.5 污泥样品表面的SEM-EDS显微照片和元素分布

对于耦合系统而言,实现部分反硝化所需的硫代硫酸盐的量理应低于完全反硝化所需的量,因此在第Ⅳ和第Ⅴ阶段逐步减少硫代硫酸盐的用量,以此探究 $S_2O_3^{2-}/NO_3^-$ 对脱氮性能的影响。不同硫代硫酸盐投加量下多种污染物的动态变化如图4.4(b)、(d)、(e)所示。当 $S_2O_3^{2-}/NO_3^-$ 为0.85时,大多数污染物在反应周期前4h能够被去除到较低的水平。当 $S_2O_3^{2-}/NO_3^-$ 下降到0.60后,亚硝酸盐累积曲线的峰值进一步降低,说明硝酸盐还原速率与厌氧氨氧化速率之间差值逐渐缩小。当 $S_2O_3^{2-}/NO_3^-$ 进一步下降到0.40后,亚硝酸盐累积峰值彻底消失,亚硝酸盐浓度在整个反应周期始终处于0.25 mg-N/L左右。同时,硝酸盐和氨氮的去除速率也明显下降。在反应周期结束后，出水中的硝酸盐浓度和氨氮浓度仍然高达 15.77 mg-N/L 及 8.44 mg-N/L。特别是在第Ⅳ阶段和第Ⅴ阶段系统内几乎没有 S^0 的累积。

耦合系统脱氮性能恶化的直接原因是在电子供体不足的情况下硝酸盐的还原被严重抑制。由此导致的亚硝酸盐产生量的不足又同时影响了氨氮的去除效率。另外，亚硝酸盐浓度曲线峰值的消失反映出耦合系统内的限速步骤是硝酸盐还原为亚硝酸盐，不再是亚硝酸盐转化为氮气。硝酸盐还原在低 $S_2O_3^{2-}/NO_3^-$ 条件下被抑制的原因是复杂的。首先，硫氧化菌在竞争亚硝酸盐时，一部分硫代硫酸盐被用于亚硝酸盐的还原。其次，硫代硫酸盐被完整的 Sox 途径氧化时，实现部分反硝化所需的理论 $S_2O_3^{2-}/NO_3^-$ 摩尔比值是 0.38。但硫代硫酸盐被不完整的 Sox 途径氧化时，要将硝酸盐完全转变为亚硝酸盐所需要的 $S_2O_3^{2-}/NO_3^-$ 摩尔比值可能要接近 1.0。虽然生成的 S^0 可以继续为硝酸盐提供电子供体，但其反应速率明显下降，在水力停留时间不变的条件下最终会影响反应器的脱氮性能。此外，当硫代硫酸盐用作电子供体时，硫氧化菌可能符合 r 型生长模式，即其对硫代硫酸盐具有较高的生长速率但较低的底物亲和力。当反应器内硫代硫酸盐浓度降低到 K_s（$S_2O_3^{2-}$ 的半饱和系数）以下时，硫代硫酸盐自养反硝化速率将大幅下降。一般情况下，建议保持进水 $S_2O_3^{2-}/NO_3^-$ 摩尔比高于 0.60，以实现更好的脱氮性能，这也有利于在系统中形成一定量的 S^0，消除厌氧氨氧化反应的副产物，进一步优化脱氮效果。

4.4 硫代硫酸盐自养脱氮模拟方法

4.4.1 硫代硫酸盐自养反硝化电子竞争模型

4.4.1.1 模型建立原则

由于硫代硫酸盐氧化过程中伴随中间产物生成和消耗，而无法获得准确的化学计量学，为此通过引入电子载体作为中间变量来解构反硝化所涉及的氧化过程和还原过程。电子载体有还原态（M_{red}）和氧化态（M_{ox}）两种形式，代表着将电子传递给末端电子受体的多种电子传递链的总和，例如 NADH 脱氢酶、琥珀酸脱氢酶、泛醌细胞色素 c 还原酶和各种类型的细胞色素。还原态载体（M_{red}）和氧化态载体（M_{ox}）之间的平衡遵循等式：$M_{red} \rightleftharpoons M_{ox} + 2e^- + 2H^+$。由于微生物细胞内的电子传递链是有限的，细胞内 M_{red} 和 M_{ox} 的总量被认为是恒定的。

基于硫代硫酸盐的自养反硝化过程所涉及的物质变化包括 NO_3^-、NO_2^-、$S_2O_3^{2-}$、S^0、SO_4^{2-}、M_{red} 和 M_{ox}。其中，氧化过程包括硫代硫酸盐氧化生成硫酸盐和 S^0 氧化生成硫酸盐。还原过程包括硝酸盐还原为亚硝酸盐、亚硝酸盐还原为氮气、硫代硫酸盐还原为 S^0。氧化过程产生的电子首先汇集于电子调蓄池中，而后续电子在的不同还原反应中的分配情况即反映了不同还原酶对电子的竞争能力。电子的产生与流向如图 4.6 所示。

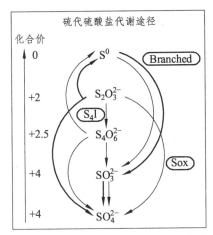
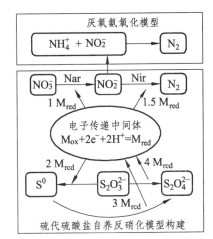

图 4.6 硫代硫酸盐氧化途径与电子流传递示意图

4.4.1.2 模型动力学与化学计量学矩阵

该模型包括两个以硫酸盐为最终产物的硫氧化过程。硫代硫酸盐和 S^0 与 M_{ox} 载体的反应见方程式（4.8）和式（4.9）。反硝化电子受体与 M_{red} 的反应分别对应于方程式（4.10）和式（4.11）。硫代硫酸盐中的硫原子变成 S^0 需要消耗电子，该过程如方程式（4.12）所示。

反应 1：硫代硫酸盐氧化为硫酸盐

$$S_2O_3^{2-} + 4M_{ox} + H_2O \longrightarrow 2SO_4^{2-} + 4M_{red} + 2H^+ \tag{4.8}$$

反应 2：S^0 氧化为硫酸盐

$$S^0 + 3M_{ox} + 4H_2O \longrightarrow SO_4^{2-} + 3M_{red} + 2H^+ \tag{4.9}$$

反应 3：硝酸盐还原为亚硝酸盐

$$NO_3^- + M_{red} \longrightarrow NO_2^- + M_{ox} + H_2O \tag{4.10}$$

反应 4：亚硝酸盐还原为氮气

$$NO_2^- + 1.5M_{red} + H^+ \longrightarrow 0.5N_2 + 1.5M_{ox} + 2H_2O \tag{4.11}$$

反应 5：硫代硫酸盐还原为 S^0

$$S_2O_3^{2-} + 2M_{red} + 2H^+ \longrightarrow S^0 + 2M_{ox} + 3H_2O \tag{4.12}$$

反应 6：基于硫代硫酸盐的微生物（X_{SOB}）生长

$$S_2O_3^{2-} + 2CO_2 + 0.4NH_4^+ \longrightarrow SO_4^{2-} + 0.4C_5H_7O_2N + 3H_2O \tag{4.13}$$

反应 7：基于 S^0 的微生物（X_{SOB}）生长

$$S^0 + 1.5CO_2 + 0.3NH_4^+ \longrightarrow SO_4^{2-} + 0.3C_5H_7O_2N + 2H_2O \tag{4.14}$$

为了简化模型，避免微生物同化反应与异化反应之间的电子竞争，电子载体并未用于描述微生物生长反应。能量在同化作用与异化作用之间的分配通过引入分配系数来表示。矩阵中使用符号所对应的含义和单位见表4.1。每一步反应的动力学方程见表4.2。

表 4.1 模型变量的定义

变量	定义	单位
$S_{NO_3^-}$	硝酸盐浓度	(mmol/L as NO_3^-)
$S_{NO_2^-}$	亚硝酸盐浓度	(mmol/L as NO_2^-)
$S_{S_2O_3^{2-}}$	硫代硫酸盐浓度	(mmol/L as $S_2O_3^{2-}$)
S_{S^0}	S^0 浓度	(mmol/L as S^0)
$S_{SO_4^{2-}}$	硫酸盐浓度	(mmol/L as SO_4^{2-})
S_{Mox}	还原态电子载体浓度	(mmol/L as M_{red})
S_{Mred}	氧化态电子载体浓度	(mmol/L as M_{ox})
X_{SOB}	活性硫氧化菌污泥浓度	(mg·VSS/L)

表 4.2 硫代硫酸盐自养反硝化模型化学计量学和动力学矩阵

反应	$S_{NO_3^-}$	$S_{NO_2^-}$	$S_{S_2O_3^{2-}}$	S_{S^0}	$S_{SO_4^{2-}}$	S_{Mox}	S_{Mred}	X_{SOB}	动力学方程
1			-1	2		$-4(1-f_s^1)$	$4(1-f_s^1)$	$45.2 f_s^1$	$r_{S_2O_3^{2-},max}^2 \dfrac{S_{S_2O_3^{2-}}}{K_{S_2O_3^{2-}}+S_{S_2O_3^{2-}}} \dfrac{S_{Mox}}{K_{Mox}+S_{Mox}} X_{SOB}$
2				-1	1	$-3(1-f_s^2)$	$3(1-f_s^2)$	$33.9 f_s^2$	$r_{S,max} \dfrac{S_S}{K_S+S_S} \dfrac{S_{Mox}}{K_{Mox}+S_{Mox}} X_{SOB}$
3	-1	1				1	-1		$r_{NO_3^-,max} \dfrac{S_{NO_3^-}}{K_{NO_3^-}+S_{NO_3^-}} \dfrac{S_{Mred}}{K_{Mred,1}+S_{Mred}} X_{SOB}$
4		-1				1.5	-1.5		$r_{NO_2^-,max} \dfrac{S_{NO_2^-}}{K_{NO_2^-,1}+S_{NO_2^-}} \dfrac{S_{Mred}}{K_{Mred2}+S_{Mred}} X_{SOB}$
5			-1	2	2		-2		$r_{int,max} \dfrac{S_{S_2O_3^{2-}}}{K_{S_2O_3^{2-}}+S_{S_2O_3^{2-}}} \dfrac{S_{Mred}}{K_{Mred,3}+S_{Mred}} X_{SOB}$
6								-1	$b_1 X_{SOB}$

4.4.1.3 动力学实验

本研究采用单级SBR反应器来开发半程硫代硫酸盐自养反硝化耦合厌氧氨氧化工艺。SBR反应器为有机玻璃制成的圆筒，直径为20 cm，整体高31 cm，有效容积约8 L，高径比1.55。反应器顶部装配了机械搅拌电机和搅拌桨，转速设置为60 r/min。反应器最外层为1.5 cm厚的水浴保温层，通过循环泵连接配有温控装置的水浴锅，恒定实验温度为32±1 °C。SBR反应器的运行周期为12 h，其中包括进水时间10 min、反应时间11 h、沉淀时间30 min、排水时间15 min、闲置时间5 min。硫自养反硝化菌和厌氧氨氧化菌的污泥产量都比较低，因此在整个运行期间除了采集微生物样本，系统不进行额外排泥。反应器进水中含有 20 mg-N/L NH$_4$Cl、20 mg-N/L KNO$_3$、80 mg-S/L Na$_2$S$_2$O$_3$、0.2 g/L MgCl$_2$·6H$_2$O、0.1 g/L KH$_2$PO$_4$、0.1 g/L CaCl$_2$、0.5 g/L NaHCO$_3$、1 mL/L 的微量元素。

反应器运行达到稳定状态后，从中取适量污泥进行动力学实验。批次实验在 500 mL 的血清瓶中进行。每次批次试验前，向溶液中添加 5 mg/L NH$_4^+$-N 和 5 mg/L PO$_4^{3-}$-P 作为细胞合成所需的氮源和磷源，并且加入 500 mg/L 的碳酸氢钠作为细胞生长所需的无机碳源以及 pH 缓冲剂。每次实验开始前，向血清瓶中通入氮气 3 min，以确保厌氧条件。然后血清瓶用橡胶塞密封，并通过软管与一个气体收集袋连接，以平衡气压的变化。实验正式开始时，将 5 mL 事先准备的溶液注入血清瓶内，溶液中含有不同浓度的电子供体和受体。在整个实验过程中，血清瓶在 30 ℃ 的水浴中以 150 r/min 的速率连续振荡，并在特定的时间间隔采集水样。实验 A1~A6 所获污染物随时间变化的数据集用于率定模型参数，实验 A7~A8 所获的数据集用于模型的验证，见表 4.3。

表 4.3　批次实验进水方案

名称	NO$_2^-$/(mmol/L)	NO$_3^-$/(mmol/L)	S$_2$O$_3^{2-}$/(mmol/L)	S$_2$O$_3^{2-}$/NO$_x^-$
A1	2.0		1.0	0.50
A2		3.5	4.2	1.20
A3		2.0	1.6	0.80
A4	2.5		2.0	0.80
A5		2.5	2.5	1.00
A6	1.5	1.0	2.5	2.50
A7		1.8	1.8	1.00
A8	0.7	1.5	2.0	0.91

4.4.1.4　模型参数值

为避免过度的参数化，一些在先前研究中报道的参数会被直接采用，一些参数值是由理论计算得出。而一些直接关系到微生物代谢特征的参数则需要通过实验数据进行率定和验证（见表 4.4）。

表 4.4　模型的动力学参数

参数名	定义	参数值	单位	来源
$r_{S_2O_3^{2-},max}$	最大硫代硫酸盐氧化比速率	2.426	mmol·g^{-1}·h^{-1}	参数率定
$r_{S,max}$	最大 S^0 氧化比速率	0.498	mmol·g^{-1}·h^{-1}	参数率定
$r_{NO_3^-,max}$	最大硝酸盐还原比速率	2.217	mmol·g^{-1}·h^{-1}	参数率定
$r_{NO_2^-,max}$	最大亚硝酸盐还原速率	1.339	mmol·g^{-1}·h^{-1}	参数率定
$r_{int,max}$	最大硫代硫酸盐还原速率	1.675	mmol·g^{-1}·h^{-1}	参数率定
$K_{NO_3^-}$	硝酸盐还原酶半饱和常数	0.06	mmol·L^{-1}	[21]
$K_{NO_2^-,1}$	亚硝酸盐还原酶半饱和常数	0.042	mmol·L^{-1}	[21]

续表

参数名	定义	参数值	单位	来源
$K_{S_2O_3^{2-}}$	反应1中 $S_2O_3^{2-}$ 的半饱和常数	0.252	$mmol \cdot L^{-1}$	[21]
K_S	反应2中 S^0 的半饱和常数	0.5	$mmol \cdot L^{-1}$	[25]
K_{Mox}	反应1中 M_{ox} 的亲和力系数	$0.01 \times C_{tot}$	$mmol \cdot L^{-1}$	[26]
$K_{Mred,1}$	Nar 酶对 M_{red} 的亲和力系数	3.32×10^{-3}	$mmol \cdot L^{-1}$	参数率定
$K_{Mred,2}$	Nir 酶对 M_{red} 的亲和力系数	4.32×10^{-3}	$mmol \cdot L^{-1}$	参数率定
$K_{Mred,3}$	反应5中 M_{red} 的亲和力系数	2.20×10^{-3}	$mmol \cdot L^{-1}$	参数率定
f_s^1	$S_2O_3^{2-}$ 氧化过程的能量分配系数	0.225		[27]
f_s^2	S^0 氧化过程的能量分配系数	0.483		理论计算
C_{tot}	电子载体总量	1×10^{-2}	mmol/g-VSS	[26]
b_1	硫氧化菌的衰减速率	0.002	h^{-1}	[28]

其中，分配系数 f_s^1 和 f_s^2 则是通过以下计算获得。

硫氧化菌以 S^0 为电子供体，硝酸盐为电子受体自养生长所需的吉布斯自由能为

电子供体：$\frac{1}{6}S + \frac{2}{3}H_2O = \frac{1}{6}SO_4^{2-} + \frac{4}{3}H^+ + e^-$ −19.48 kJ/eeq （4.15）

电子受体：$\frac{1}{5}NO_3^- + \frac{6}{5}H^+ + e^- = \frac{1}{10}N_2 + \frac{3}{5}H_2O$ −71.67 kJ/eeq （4.16）

产生总能量（ΔG_R）：

$$\frac{1}{6}S + \frac{1}{5}NO_3^- + \frac{1}{15}H_2O = \frac{1}{6}SO_4^{2-} + \frac{1}{10}N_2 + \frac{2}{15}H^+ \quad -91.15 \text{ kJ/eeq} \quad (4.17)$$

以铵为氮源的细胞合成：

$$\frac{1}{5}CO_2 + \frac{1}{20}NH_4^+ + \frac{1}{20}HCO_3^- + H^+ + e^- = \frac{1}{20}C_5H_7O_2N + \frac{9}{20}H_2O \quad (4.18)$$

（1）分解代谢所需能量：

$$\Delta G_{cata} = K\Delta G_R = 0.60 \times (-91.15) = -54.69 \text{ kJ/eeq} \quad (4.19)$$

式中，K 为捕获的能量转移分数（通常为 0.60）。

（2）合成代谢所需能量：

合成代谢所需能量是以丙酮酸作为代谢中间产物以及特定氮源为依据进行计算的。

$$\Delta G_{ana} = \frac{\Delta G_P}{K^m} + \Delta G_C + \frac{\Delta G_N}{K} \quad (4.20)$$

其中 $\Delta G_p = \Delta G_{donor} + \Delta G_{pyruvate} = -19.48 + 35.78 = 16.3$ (kJ/eeq)。

式中，m 在 ΔG_p 为正值时取 +1，在 ΔG_p 为正值时取 −1；ΔG_C 为将 1 eq 丙酮酸转化为细胞所

需的吉布斯自由能，为 31.41 kJ/eq；ΔG_N 为将特定氮源还原为铵所需的吉布斯自由能，铵为氮源时取 0。

因此：

$$\Delta G_{ana} = \frac{16.3}{0.6^1} + 31.41 + 0 = 58.58 \text{ (kJ/eeq)} \tag{4.21}$$

（3）分配系数：

$$f_s^0 = \frac{1}{1 + \frac{f_e^0}{f_s^0}} = \frac{1}{1 + \frac{\Delta G_{ana}}{-\Delta G_{cata}}} = \frac{1}{1 + \frac{58.58}{54.69}} = 0.483 \tag{4.22}$$

$$f_e^0 = 1 - f_s^0 = 1 - 0.483 = 0.517 \tag{4.23}$$

4.4.1.5 参数敏感性分析

新建立的硫代硫酸盐自养反硝化模型中包括大量的参数，但我们仅对其中的 8 个参数进行了率定，其余参数对模型模拟精度的影响需要进一步进行敏感性分析。参数敏感性分析就是评估参数取值的改变对输出函数输出结果的影响程度，从而筛选出敏感参数和不敏感参数。AQUASIM2.0 软件提供了 4 种参数敏感性分析功能函数，分别是绝对-绝对灵敏度函数 $\delta_{y,p}^{a,a}$、相对-绝对灵敏度函数 $\delta_{y,p}^{r,a}$、绝对-相对灵敏度函数 $\delta_{y,p}^{a,r}$、相对-相对灵敏度函数 $\delta_{y,p}^{r,r}$。

$$\delta_{y,p}^{a,a} = \frac{\partial y}{\partial p} \tag{4.24}$$

$$\delta_{y,p}^{r,a} = \frac{1}{y}\frac{\partial y}{\partial p} \tag{4.25}$$

$$\delta_{y,p}^{a,r} = p\frac{\partial y}{\partial p} \tag{4.26}$$

$$\delta_{y,p}^{r,r} = \frac{p}{y}\frac{\partial y}{\partial p} \tag{4.27}$$

其中，绝对-绝对灵敏度函数是模型研究中最常使用的灵敏度函数，它表示的是每单位的参数 p 的绝对变化值造成的输出函数 y 的绝对变化。绝对-相对灵敏度函数和相对-相对灵敏度函数则是以参数 p 的相对变化作为分母，因此它们反映的结果与参数值的大小和单位无关，这使得我们能够定量比较不同参数 p 对输出函数 y 的影响。灵敏度函数的值越大，说明该参数对模型越敏感，同时也意味着该参数能够在参数率定中被精确识别。

本研究采用绝对-相对灵敏度函数对模型中的所有参数进行敏感性分析，结果见表 4.5。可以看出，$r_{NO_3^-,max}$、$r_{NO_2^-,max}$、$r_{int,max}$ 是模型中最敏感的三个参数，它们对所有底物的浓度变化都有显著影响。另外，$K_{Mred,1}$ 和 $K_{Mred,2}$ 主要对硝酸盐和亚硝酸盐的变化敏感，而 $r_{S_2O_3^{2-},max}$、$r_{S,max}$、$K_{Mred,3}$ 则对含硫化合物的变化敏感。这说明以上参数能够从现有的数据集中被较好地识别和率定。而 $K_{S_2O_3^{2-},1}$、K_S、$K_{NO_3^-}$、$K_{NO_2^-,1}$ 在该模型中属于不敏感参数，这是因为动力学实验过程中硫代硫酸盐、S^0、硝酸盐、亚硫酸盐的浓度都远远高于其对应的半饱和常数。同时，f_s^1 和 f_s^2 对含硫化合物也具有较高的敏感度，因为 f_s^1 和 f_s^2 决定了电子供体提供的能量在电子受体还原和细胞合成之间的分配，这通常与电子供体的类型和微生物种类有关。

表 4.5 参数敏感性分析结果

参数名	NO_2^-	NO_3^-	S^0	$S_2O_3^{2-}$	SO_4^{2-}	N_2	M_{ox}	M_{red}
	mmol/L							
$r_{S_2O_3^{2-},max}$	0.033 0	0.097 4	0.181 6	0.151 9	0.132 8	0.040 5	0.010 2	0.010 2
$r_{S,max}$	0.177 7	0.391 7	0.525 6	0.061 1	0.525 6	0.107 0	0.004 4	0.004 4
$r_{NO_3^-,max}$	1.533 0	1.359 0	0.469 1	0.298 3	0.771 5	0.087 4	0.013 7	0.013 7
$r_{NO_2^-,max}$	1.059 0	0.332 7	0.323 9	0.201 9	0.527 1	0.362 9	0.010 2	0.010 2
$r_{int,max}$	0.240 2	0.712 5	1.277 0	1.085 0	0.892 7	0.237 6	0.030 4	0.030 4
K_{Mox}	0.001 9	0.012 2	0.010 2	0.014 5	0.023 2	0.005 1	0.000 6	0.000 6
$K_{Mred,1}$	0.518 2	0.416 5	0.112 4	0.066 7	0.173 3	0.050 0	0.003 5	0.003 5
$K_{Mred,2}$	0.514 8	0.198 2	0.118 3	0.069 7	0.182 5	0.158 4	0.003 9	0.003 9
$K_{Mred,3}$	0.060 5	0.176 0	0.281 5	0.239 3	0.197 0	0.058 1	0.007 1	0.007 1
K_S	0.044 9	0.099 3	0.138 2	0.022 4	0.138 2	0.027 2	0.001 1	0.001 1
$K_{S_2O_3^{2-},1}$	0.078 1	0.179 7	0.280 3	0.233 0	0.185 7	0.051 2	0.003 5	0.003 5
$K_{NO_3^-}$	0.073 8	0.060 0	0.016 9	0.010 4	0.026 4	0.006 9	0.000 7	0.000 7
$K_{NO_2^-,1}$	0.088 3	0.023 2	0.031 5	0.022 8	0.055 6	0.033 2	0.000 9	0.000 9
f_s^1	0.061 3	0.202 9	0.369 8	0.254 6	0.639 2	0.071 5	0.010 1	0.010 1
f_s^2	0.175 1	0.384 7	0.117 4	0.063 9	0.169 7	0.104 8	0.004 4	0.004 4

4.4.1.6 模型预测分析

1. 电子竞争机理

硫氧化菌细胞内的反硝化性能和 S^0 的积累有很大的影响。因此，验证后的模型将被用于探究不同运行条件对内部电子竞争和电子分布的影响。

在分支途径介导的反硝化反应的第一步，将 1 mol 硝酸盐还原为亚硝酸盐需要消耗 1 mol 的硫代硫酸盐。而当中间产物 S^0 完全氧化为硫酸盐后，实现完全反硝化（$NO_3^- \rightarrow N_2$）仅需 0.625 mol 硫代硫酸盐。由此可见，反硝化的效率以及 S^0 的积累都受 S/N 的影响。同时，与单一受体相比，多受体同时存在可能会加剧电子竞争。为此，首先在低 S/N 条件下对不同电子受体存在的反硝化过程进行模拟，之后再在高 S/N 条件下进行模拟。假设模拟在体积为 2 L 的 SBR 反应器中进行，模拟时间为 SBR 的一个反应阶段，在该过程中无排水、无污泥外排。模拟的初始条件见表 4.6。

表 4.6 电子竞争模拟的初始条件

运行条件	NO_2^- /(mmol/L)	NO_3^- /(mmol/L)	$S_2O_3^{2-}$ /(mmol/L)	S/N（摩尔比）	X_{SOB} /(gVSS/L)
低 S/N	2	—	0.6	0.3	1
	—	2	0.6		
	2	2	1.2		
高 S/N	—	2	2	1	1
	—	2	2		
	2	2	4		

在低 S/N 条件下，各还原反应的电子消耗速率以及不同形态电子载体的变化如图 4.7 所示。首先，可以观察到电子消耗速率和电子载体浓度在反应最开始时有一个瞬态的突变，这是由于硫酸硫酸盐被硫氧化菌氧化后触发的 M_{red} 的快速生成。然后，M_{red} 以最高的速率将电子传递给了 Sox 酶，生成 S^0。但是，Sox 酶的电子消耗速率随着反应的进行迅速降低。根据图 4.7（a）、（c），Nar 和 Nir 酶的电子消耗速率的变化趋势与 M_{red} 的变化趋势是一致的，这说明在电子供体不足时，Nar 和 Nir 的电子消耗速率受 M_{red} 浓度的制约。从图 4.7 中可以看到，M_{ox} 和 M_{red} 存在明显的浓度反转，这与反硝化电子供体的变化有关。硫代硫酸盐是最初的电子供体，其氧化速度很快，因此早期 M_{red} 数量很丰富。硫代硫酸盐消耗后，累积的 S^0 被氧化继续为反硝化提供电子。由于 S^0 氧化速率远低于硫代硫酸盐，M_{red} 浓度在后期处于非常低的水平。

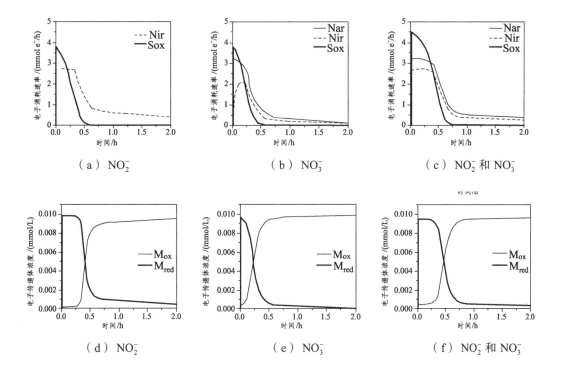

（a）NO_2^-　　（b）NO_3^-　　（c）NO_2^- 和 NO_3^-

（d）NO_2^-　　（e）NO_3^-　　（f）NO_2^- 和 NO_3^-

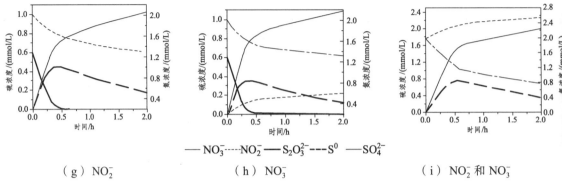

(g) NO_2^-　　　　　(h) NO_3^-　　　　　(i) NO_2^- 和 NO_3^-

图 4.7　低 S/N 下各还原反应的电子消耗速率、电子载体浓度变化及反应物浓度变化

进一步分析电子竞争在高 S/N 条件的变化情况。从图 4.8 中可以看到，在电子供体充足的情况下，Nar 和 Nir 在反正前期都能以最大电子消耗速率进行反应，并随着 M_{red} 的下降后电子消耗速率才有所下降。Sox 的电子消耗速率虽然在反应开始时最高，但其始终处于下降状态，且与 M_{red} 的变化趋势无关。这表明 Sox 的电子消耗速率对 M_{red} 的变化不敏感，其本质上是对硫代硫酸盐浓度的变化更为敏感。因此，初始硫代硫酸盐浓度越高，Sox 的电子消耗速率也就越快。那么在电子供体充足的情况下，较高浓度的硫代硫酸盐促进了电子更多地流向 Sox，因此导致了反应前期更高的 S^0 积累，也加剧了 Sox 与 Nar、Nir 的电子竞争。

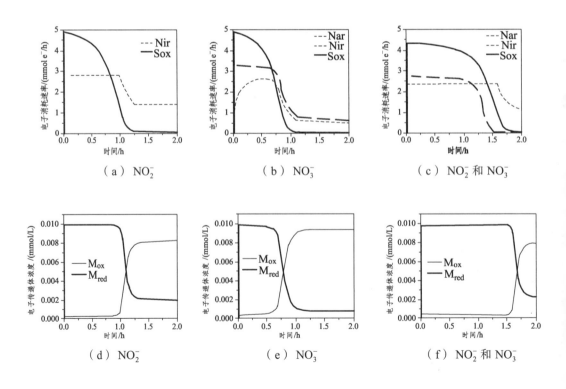

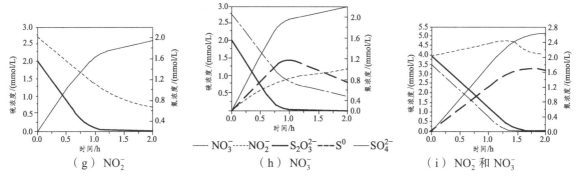

图 4.8 高 S/N 下各还原反应的电子消耗速率、电子载体浓度变化及反应物浓度变化

电子消耗速率反映的是特定时间和条件下不同酶对电子竞争能力的强弱。在硫代硫酸盐浓度下降至 0.01 mmol/L 以下的时间段内，对电子消耗速率曲线进行积分，得到的电子总量反映的是最终电子在不同酶之间的分布，结果如图 4.9 所示。在大多数情况下，Nir 对电子的竞争力最弱。尤其在低 S/N 条件下，硝酸盐和亚硝酸盐共同作为电子受体时，Nir 对电子的竞争会进一步受到限制。在以往的研究中，通常会有类似的报道，即硝酸盐的存在会导致亚硝酸盐的积累[7, 8]。然而，硫氧化菌对电子受体利用偏好的相关机制尚未有定论。其中，最可能的一个原因是 Nar 和 Sox 都是细胞周质酶，而 Nir 是一种膜结合酶。Sox 在细胞周质产生的电子则更容易被 Nar 优先利用，而电子需经过细胞色素 c 传递后才能被 Nir 利用[29]。从电子亲和力系数上看，Nar 具有与 Sox 相似的电子亲和力系数，而 Nir 的电子亲和力系数则高于前者。另外，在硫代硫酸盐不足（低 S/N）的条件下，电子在 Nar 中的分布要高于在 Sox 中的分布。而在硫代硫酸盐充足（高 S/N）的条件下，更多的电子会分布于 Sox，这进一步说明了高浓度硫代硫酸盐会促进电子优先以 S^0 形式储存，同时也加剧了与反硝化酶的电子竞争。综上，Sox 具有比 Nar 和 Nir 更强的电子竞争能力，但这种能力随着硫代硫酸盐浓度的降低而减弱。

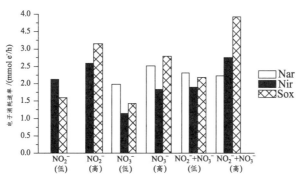

图 4.9 电子在不同酶之间的分布

2. 缓解电子竞争策略

在硫代硫酸盐反硝化过程中，产生的电子分别用于氮氧化物还原和 S^0 生成。虽然 S^0 可以继续作为电子供体，但 S^0 的氧化速率远低于硫代硫酸盐。因而过多 S^0 的生成会导致反硝化效率降低。根据上述研究发现，硫代硫酸盐浓度在 Sox 对电子的竞争中起着至关重要的作用。为了减少反应过程中 S^0 的积累，提出了一种连续投加硫代硫酸盐的运行策略来缓解 Sox、Nar 和 Nir 之间的电子竞争。

模拟同样在体积为 2 L 的 SBR 反应器中进行。对于一次性投加硫代硫酸盐的情景，假设向 1 L 的含氮废水（2.5 mmol/L NO_3^-）中加入 1 L 硫代硫酸盐溶液（1.5 mmol/L）。对于连续投加的情景，假设 1 L 硫代硫酸盐溶液以 0.5 L/h 的流速连续流入反应器，共持续 2 h。

不同运行方式下的污染物转化情况以及各还原反应对电子的消耗速率如图 4.10 所示。在一次性投加电子供体的方式下，反应进行到 0.75 h 时出现了 S^0 积累峰值，此时硫代硫酸盐也消耗殆尽，所以这之后 Nar 和 Nir 的电子消耗速率也开始急剧下降。由于初始硫代硫酸盐浓度较高，Sox 的电子消耗速率在早期也保持最高。最终有 29.5% 的电子被存储在 S^0 中，70.5% 的电子用于 NO_x^- 还原。相比之下，在连续投加电子供体的方式下，系统全程没有较高的 S^0 积累。硝酸盐和亚硝酸盐看起来以相对稳定的速率减少。在整个反应过程中，硫代硫酸盐的浓度始终处于极低的水平，这导致 Sox 的电子消耗率要低于 Nar 和 Nir 的电子消耗速率。因此，更多的电子（83.4%）被用于 NO_x^- 还原，只有 16.6% 的电子流向了 Sox。

由此可以推断，高硫代硫酸盐浓度和短 HRT 有利于 S^0 的积累和回收。有研究利用嗜盐碱性硫氧化菌回收 S^0，他们也得出了一致的结论，即 S^0 产量与硫代硫酸盐初始浓度呈线性相关[27]。相反地，连续投加电子供体的方式稀释了硫代硫酸盐的初始浓度，因而有利于缓解硫氧化菌内部的电子竞争。该模拟结果通过一系列实验进行了验证。在不同的投加策略下，对单位硫代硫酸盐消耗量下的总氮去除率和 S^0 积累率进行了比较，如图 4.10（e）、（f）所示。所有实验条件下，硫代硫酸盐的连续投加策略都获得了更高的总氮去除率和更低的 S^0 积累，这与我们的模拟结果是一致的。这说明低硫代硫酸盐浓度有利于缓解电子竞争，提高电子利用效率。值得注意的是，总氮去除率随着 $S_2O_3^{2-}/NO_3^-$ 的增加而提高，而 S^0 积累量则随着 $S_2O_3^{2-}/NO_3^-$ 的增加而降低，这可能与 S^0 相对较高的半饱和系数有关。由于高浓度硫代硫酸盐促进更多的 S^0 生成，这也间接促进了更高的 S^0 利用率。

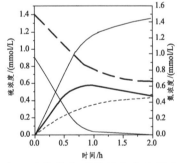

（a）一次性投加下的污染物浓度变化

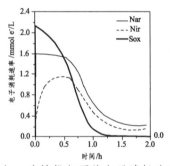

（b）一次性投加下的电子消耗速率

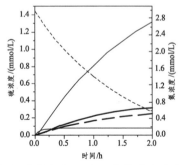

（c）连续投加下的污染物浓度变化

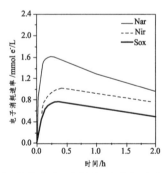

（d）连续投加下的电子消耗速率

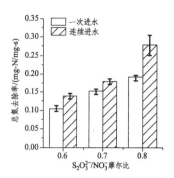
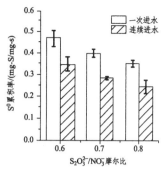

（e）不同进水 $S_2O_3^{2-}/NO_3^-$ 条件下的总氮去除率　　（f）不同进水 $S_2O_3^{2-}/NO_3^-$ 条件下的 S^0 累计率

图 4.10　一次性投加下的模拟结果和连续投加下的模拟结果及
不同进水 $S_2O_3^{2-}/NO_3^-$ 条件下的验证实验

4.4.2　硫代硫酸盐自养半程反硝化耦合厌氧氨氧化模型

4.4.2.1　模型集成

在 Sox 途径或分支途径介导的硫代硫酸盐自养反硝化过程都会出现亚硝酸盐的积累，这也为部分反硝化与厌氧氨氧化耦合提供了可靠的亚硝酸盐来源。最近有不少研究者试图在单级反应器中实现硫代硫酸盐部分反硝化与厌氧氨氧化的耦合，以提高脱氮效率并消除厌氧氨氧化副产物[30]。然而，硫代硫酸盐部分反硝化与厌氧氨氧化的成功耦合仅在分支途径介导的反硝化系统中被发现[31,32]。分支途径及中间产物 S^0 是如何影响亚硝酸盐的累积，以及两种功能菌对亚硝酸盐的竞争目前尚不清晰，因此利用已建立的反硝化模型集成已有的厌氧氨氧化模型（见表 4.7）对此进行探究。厌氧氨氧化模型动力学参数见表 4.8。

表 4.7　厌氧氨氧化模型矩阵

反应	$S_{NO_3^-}$	$S_{NO_2^-}$	$S_{NH_4^+}$	X_{AN}	动力学方程
1	0.26	−1.32	−1	1.59	$r_{AN,max} \dfrac{S_{NO_2^-}}{K_{NO_2^-,2}+S_{NO_2^-}} \dfrac{S_{NH_4^+}}{K_{NH_4^+}+S_{NH_4^+}} X_{AN}$
2			−1		$b_2 X_{AN}$

表 4.8　厌氧氨氧化模型动力学参数

参数	定义	参数值	单位	来源
$r_{AN,max}$	最大反应比速率	1.697	$mmol \cdot g^{-1} \cdot h^{-1}$	[156]
$K_{NH_4^+}$	厌氧氨氧化菌对 NH_4^+ 的亲和力系数	5×10^{-3}	$mmol \cdot L^{-1}$	[184]
$K_{NO_2^-,2}$	厌氧氨氧化菌对 NO_2^- 的亲和力系数	5×10^{-3}	$mmol \cdot L^{-1}$	[184]
b_2	厌氧氨氧化菌的衰减常数	0.000 13	h^{-1}	[185]

4.4.2.2 Sox途径介导的硫代硫酸盐自养反硝化模型

为了进行比较，采用先前研究中报道的Sox途径介导的硫代硫酸盐自养反硝化模型，并在相同条件下进行模拟，以揭示硫代硫酸盐代谢途径对耦合系统构建的影响。Sox 途径介导的反硝化模型矩阵见表4.9，模型所使用的动力学参数见表4.10。

表4.9　Sox途径介导的反硝化模型矩阵[21]

反应	$S_{NO_3^-}$	$S_{NO_2^-}$	$S_{S_2O_3^{2-}}$	$S_{SO_4^{2-}}$	X_{SOB}	动力学方程
1	-2.626	2.626	-1	2	15.5	$\dfrac{\mu_{1,max}}{Y_1}\dfrac{S_{S_2O_3^{2-}}}{K_{S_2O_3^{2-}}+S_{S_2O_3^{2-}}}\dfrac{S_{NO_3^-}}{K_{N,1}+S_{NO_3^-}}X_{SOB}$
2		-2.07	-1	2	0.01	$\dfrac{\mu_{2,max}}{Y_2}\dfrac{S_{S_2O_3^{2-}}}{K_{S_2O_3^{2-}}+S_{S_2O_3^{2-}}}\dfrac{S_{NO_2^-}}{K_{N,2}+S_{NO_2^-}+\dfrac{S_{NO_2^-}}{K_i}}X_{SOB}$
3					-1	$b_1 X_{SOB}$

表4.10　经亚硝酸盐驯化的污泥动力学参数[21]

参数名称	定义	参数值	单位
$\mu_{1,max}$	反应1的最大比速率	0.026 9	h^{-1}
$\mu_{2,max}$	反应2的最大比速率	0.028 3	h^{-1}
$K_{N,1}$	Nar对NO_3^-的亲和力系数	0.06	$mmol \cdot L^{-1}$
$K_{N,2}$	Nir对NO_2^-的亲和力系数	0.031	$mmol \cdot L^{-1}$
$K_{S_2O_3^{2-}}$	Sox对$S_2O_3^{2-}$的亲和力系数	0.252	$mmol \cdot L^{-1}$
K_i	Haldane亚硝酸盐抑制常数	5.371	$mmol \cdot L^{-1}$
Y_1	反应1的污泥产率	0.015	g/mmol
Y_2	反应2的污泥产率	0.010	g/mmol
b_1	硫氧化菌的衰减常数	0.002	h^{-1}

4.4.2.3 模型预测分析

1. 耦合工艺底物竞争机理

模拟所用的初始条件为溶液中含有 1.5 mmol/L NO_3^-、1.2 mmol/L NH_4^+ 及 1.2 mmol/L $S_2O_3^{2-}$。反应器中硫氧化菌与厌氧氨氧化菌的相对含量分别为 0.45 gVSS/L 和 0.15 gVSS/L。不同代谢途径下的半程反硝化与厌氧氨氧化耦合的模拟结果如图4.11所示。

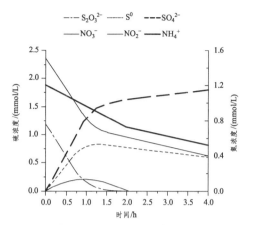
(a)分支途径介导下的污染物浓度变化

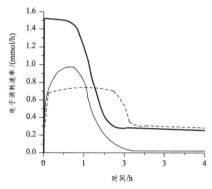
(b)分支途径介导下各种酶的电子消耗速率

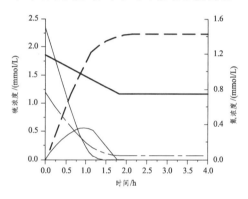
(c)非驯化 Sox 途径介导下污染物的浓度变化

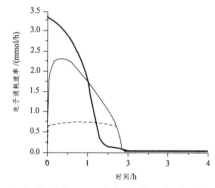
(d)非驯化 Sox 途径介导下各种酶的电子消耗速率

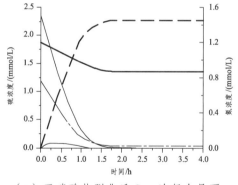
(e)亚硝酸盐驯化后 Sox 途径介导下污染物的浓度变化

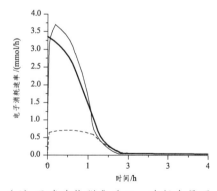
(f)亚硝酸盐驯化后 Sox 途径介导下各种酶的电子消耗速率

图 4.11 不同途径介导的反硝化与厌氧氨氧化耦合的模拟结果

从污染物浓度的变化情况可以看出，在分支途径介导的系统中成功实现了硝酸盐和氨氮的同步去除，然而在 Sox 介导的系统中却剩余了大量的氨氮无法去除。如预想的那样，亚硝酸盐的积累在分支途径和 Sox 途径介导的系统中都发生，这是因为 Nar 的电子消耗率在反应开始时最高。然而,亚硝酸盐进一步被利用的方式在不同途径介导的系统中展现出差异。在分支途径介导的系统中[见图4.10(a)、(b)],当系统中仅剩S^0作为电子供体时,Nir的电子消耗速率急剧下降,而anammox的电子消耗速率仍保持在较高的水平,这导致67.5%的亚硝酸盐被厌氧氨氧化菌利用,而只有32.5%的亚硝酸盐被硫氧化菌还原。在Sox途径介导的系统中[见图4.10(c)、(d)],基于硫代硫酸盐为电子供体的Nir的电子消耗速率在反应全程都高于厌氧氨氧化的电子消耗速率,这使得硫氧化菌在亚硝酸盐竞争中处于优势地位。最后,大多数亚硝酸盐(60.5%)被SOB还原,只有39.5%的亚硝酸盐被anammox捕获。对于经亚硝酸盐驯化过的污泥,硫氧化菌在亚硝酸盐争夺中的优势更加明显[见图4.10(e)、(f)],因为驯化有助于提高亚硝酸盐的最大还原比速率以及haldane亚硝酸盐抑制常数。

根据模拟结果,可以得出结论:分支途径介导的反硝化过程有利于与厌氧氨氧化进行耦合。具体而言,由于S^0的形成,一部分电子用于硫代硫酸盐还原,剩余电子优先流向Nar而非Nir,这保障了厌氧氨氧化所需的亚硝酸盐。此外,在争夺亚硝酸盐时,以S^0为电子供体的Nir的电子消耗速率极低,显著降低了硫氧化菌对亚硝酸盐竞争能力,使厌氧氨氧化菌能够与硫氧化菌共存。相较之下,Sox途径介导的反硝化过程更为高效,其能够在更短的水力停留时间内达到更好的脱氮效率[44]。同时硫代硫酸盐氧化产生的电子全都用于反硝化,因而具有更高的电子传递效率。Sox途径和分支途径介导下反硝化动力学差异为新工艺设计和优化提供了新的思路。

2. 耦合工艺优化设计

前面已探明进水NH_4^+/NO_3^-和$S_2O_3^{2-}/NO_3^-$是影响硫代硫酸盐自养部分反硝化耦合厌氧氨氧化工艺的重要因素。虽然投加高剂量的硫代硫酸盐可以保证较高的脱氮效率,但过多的硫代硫酸盐输入会导致S^0的积累和处理成本的增加。此外,进水中的硝酸盐是经部分好氧硝化产生,好氧区供氧量和进水水质的变化会导致NH_4^+/NO_3^-的波动。因此,耦合系统脱氮效能的优化需要综合考虑NH_4^+/NO_3^-和$S_2O_3^{2-}/NO_3^-$的影响。

为了提高脱氮效能,减少中间产物S^0的积累,采用响应面法探究NH_4^+/NO_3^-和$S_2O_3^{2-}/NO_3^-$的最佳组合。4个响应变量(总氮去除效率、S^0积累率、SOB丰度和厌氧氨氧化菌丰度)在NH_4^+/NO_3^-摩尔比为0.5~1.0和$S_2O_3^{2-}/NO_3^-$摩尔比为0.4~0.8的范围内进行优化,结果如图4.12所示。

随着$S_2O_3^{2-}/NO_3^-$比的增加,总氮去除效率提高,S^0的积累也随之增加。当NH_4^+/NO_3^-从0.5增加到1.0时,TN去除效率先上升后下降。当NH_4^+/NO_3^-比率过高时,硫代硫酸盐部分反硝化产生的亚硝酸盐不足以与所有的氨氮反应,致使氨氮成为废水中浓度最高的氮污染物。此外,较高的氨浓度在亚硝酸盐竞争方面为厌氧氨氧化细菌提供了优势,从而加剧了S^0的积累。当NH_4^+/NO_3^-比值较低时,大部分亚硝酸盐需要通过硫氧化菌去除。但是以S^0为电子供体的亚硝酸盐还原速率很低,导致总氮去除效率的降低。硫氧化菌与厌氧氨氧化菌之间的竞争关系受进水中硫代硫酸盐和氨氮浓度影响。当采用高$S_2O_3^{2-}/NO_3^-$比和低NH_4^+/NO_3^-比时,硫氧化菌占主导地位。当采用低$S_2O_3^{2-}/NO_3^-$比和高NH_4^+/NO_3^-比时,厌氧氨氧化菌处于优势地位。这是因为硫氧化菌和厌氧氨氧化菌利用不同的底物作为电子供体,但将亚硝酸盐作为共同的电子受体。因此，硫氧化菌和厌氧氨氧化菌的相对丰度变化与两者对亚硝酸盐的争夺情况有关。

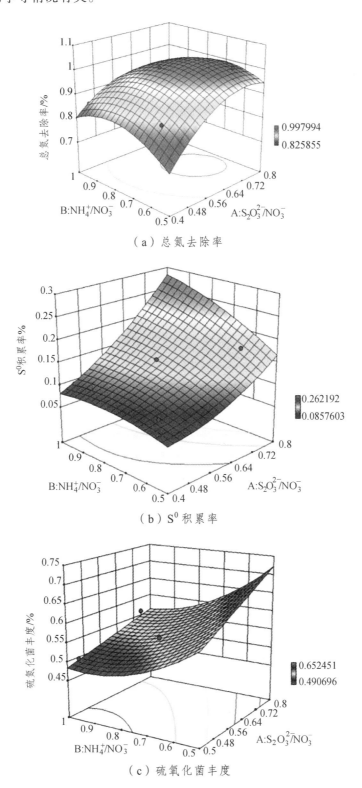

（a）总氮去除率

（b）S^0积累率

（c）硫氧化菌丰度

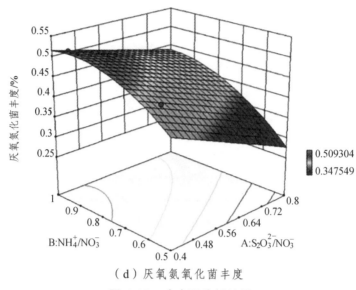

(d) 厌氧氨氧化菌丰度

图 4.12 响应面分析结果

利用响应面法,得到了总氮去除率和 S^0 积累的最佳区域,如图 4.13 所示。当 $S_2O_3^{2-}/NO_3^-$ 和 NH_4^+/NO_3^- 分别为 0.60 和 0.66 时,总氮去除率最高,S^0 积累量最低。值得注意的是,总氮去除效率高于 90% 的区域占据了等高线图[见图 4.13(a)]的大部分区域,这表明硫代硫酸盐自养部分反硝化耦合厌氧氨氧化工艺具有较好的抗冲击能力,可以应对较宽的进水波动并保持良好的脱氮性能。此外,如果 $S_2O_3^{2-}/NO_3^-$ 被精确地控制在 0.6 以下,可以避免过高的 S^0 累积。而储存于胞内的 S^0 也可以在进水硝酸盐出现峰值或硫代硫酸盐供应不足时被继续用于反硝化。

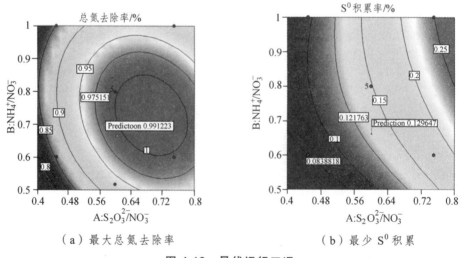

(a) 最大总氮去除率　　　　　(b) 最少 S^0 积累

图 4.13 最优运行工况

参考文献

[1] DAM B, MANDAL S, GHOSH W, et al. The S4-intermediate pathway for the oxidation of thiosulfate by the chemolithoautotroph and inhibition of tetrathionate oxidation by sulfite[J]. Research in Microbiology, 2007, 158(4): 330-338.

[2] FRIEDRICH C G, ROTHER D, BARDISCHEWSKY F, et al. Oxidation of reduced inorganic sulfur compounds by bacteria: Emergence of a common mechanism?[J]. Applied and Environmental Microbiology, 2001, 67(7): 2873-2882.

[3] MEYER B, IMHOFF J F, KUEVER J. Molecular analysis of the distribution and phylogeny of the gene among sulfur-oxidizing bacteria-evolution of the Sox sulfur oxidation enzyme system[J]. Environmental Microbiology, 2007, 9(12): 2957-2977.

[4] FAN C Z, ZHOU W L, HE S B, et al. Sulfur transformation in sulfur autotrophic denitrification using thiosulfate as electron donor[J]. Environmental Pollution, 2021, 268: 115708.

[5] DI CAPUA F, MILONE I, LAKANIEMI A M, et al. High-rate autotrophic denitrification in a fluidized-bed reactor at psychrophilic temperatures[J]. Chemical Engineering Journal, 2017, 313: 591-598.

[6] DI CAPUA F, LAKANIEMI A M, PUHAKKA J A, et al. High-rate thiosulfate-driven denitrification at pH lower than 5 in fluidized-bed reactor[J]. Chemical Engineering Journal, 2017, 310: 282-291.

[7] CAMPOS J L, CARVALHO S, PORTELA R, et al. Kinetics of denitrification using sulphur compounds: Effects of S/N ratio, endogenous and exogenous compounds[J]. Bioresource Technology, 2008, 99(5): 1293-1299.

[8] CHUNG J, AMIN K, KIM S, et al. Autotrophic denitrification of nitrate and nitrite using thiosulfate as an electron donor[J]. Water Research, 2014, 58: 169-178.

[9] WANG Z, FEI X, HE S B, et al. Effects of hydraulic retention time and S2O3-/NO3- ratio on thiosulfate-driven autotrophic denitrification for nitrate removal from micro-polluted surface water[J]. Environmental Technology, 2017, 38(22): 2835-2843.

[10] LIU Y H, XIE S K, CHEN Y J, et al. Metagenomic analysis reveals the influence of pH and hydraulic loading on thiosulfate-driven denitratation: Insight into efficient performance and microbial mechanism[J]. Process Safety and Environmental Protection, 2023, 170: 898-907.

[11] 'AQUINO A, KALINAINEN N, AUVINEN H, et al. Effects of inorganic ions on autotrophic denitrification by and on heterotrophic denitrification by an enrichment culture[J]. Science of The Total Environment, 2023, 901: 165940.

[12] OH S E, KIM K S, CHOI H C, et al. Kinetics and physiological characteristics of autotrophic dentrification by denitrifying sulfur bacteria[J]. Water Science and Technology, 2000, 42(3-4): 59-68.

[13] BAI Y, WANG Z Z, LENS P N L, et al. Role of iron(II) sulfide in autotrophic denitrification under tetracycline stress: Substrate and detoxification effect[J]. Science of The Total Environment, 2022, 850: 158039.

[14] CHEN Y, ZHAO Y G, WANG X, et al. Impact of sulfamethoxazole and organic supplementation on mixotrophic denitrification process: Nitrate removal efficiency and the response of functional microbiota[J]. Journal of Environmental Management, 2022, 320: 115818.

[15] GAO L, ZHOU W L, WU S Q, et al. Nitrogen removal by thiosulfate-driven denitrification and plant uptake in enhanced floating treatment wetland[J]. Science of The Total Environment, 2018, 621: 1550-1558.

[16] SUN S S, LIU J, ZHANG M P, et al. Thiosulfate-driven autotrophic and mixotrophic denitrification processes for secondary effluent treatment: Reducing sulfate production and nitrous oxide emission[J]. Bioresource Technology, 2020, 300.

[17] ZOU G, PAPIRIO S, LAKANIEMI A M, et al. High rate autotrophic denitrification in fluidized-bed biofilm reactors[J]. Chemical Engineering Journal, 2016, 284: 1287-1294.

[18] QIAN J, BAI L Q, ZHANG M K, et al. Achieving rapid thiosulfate-driven denitrification (TDD) in a granular sludge system[J]. Water Research, 2021, 190: 116716.

[19] MA W J, ZHANG H M, TIAN Y. Rapid start-up sulfur-driven autotrophic denitrification granular process: Extracellular electron transfer pathways and microbial community evolution[J]. Bioresource Technology, 2024, 395: 130331.

[20] MA B, XU X X, WEI Y, et al. Recent advances in controlling denitritation for achieving denitratation/anammox in mainstream wastewater treatment plants[J]. Bioresource Technology, 2020, 299: 122697.

[21] MORA M, DORADO A D, GAMISANS X, et al. Investigating the kinetics of autotrophic denitrification with thiosulfate: Modeling the denitritation mechanisms and the effect of the acclimation of SO-NR cultures to nitrite[J]. Chemical Engineering Journal, 2015, 262: 235-241.

[22] QIAN J, ZHANG M K, WU Y G, et al. A feasibility study on biological nitrogen removal (BNR) via integrated thiosulfate-driven denitratation with anammox[J]. Chemosphere, 2018, 208: 793-799.

[23] STROUS M, HEIJNEN J J, KUENEN J G, et al. The sequencing batch reactor as a powerful tool for the study of slowly growing anaerobic ammonium-oxidizing microorganisms[J]. Applied Microbiology and Biotechnology, 1998, 50(5): 589-596.

[24] LOTTI T, KLEEREBEZEM R, LUBELLO C, et al. Physiological and kinetic characterization of a suspended cell anammox culture[J]. Water Research, 2014, 60: 1-14.

[25] DECRU S O, BAETEN J E, CUI Y X, et al. Model-based analysis of sulfur-based denitrification in a moving bed biofilm reactor[J]. Environmental Technology, 2022, 43(19): 2948-2955.

[26] PAN Y T, NI B J, YUAN Z G. Modeling Electron Competition among Nitrogen Oxides Reduction and N2O Accumulation in Denitrification[J]. Environmental Science & Technology, 2013, 47(19): 11083-11091.

[27] HAJDU-RAHKAMA R, ÖZKAYA B, LAKANIEMI A M, et al. Kinetics and modelling of thiosulphate biotransformations by haloalkaliphilic Thioalkalivibrio versutus[J]. Chemical Engineering Journal, 2020, 401: 126047.

[28] WANG A J, LIU C S, REN N Q, et al. Simultaneous removal of sulfide, nitrate and acetate: Kinetic modeling[J]. Journal of Hazardous Materials, 2010, 178(1-3): 35-41.

[29] KUYPERS M M M, MARCHANT H K, KARTAL B. The microbial nitrogen-cycling network[J]. Nature Reviews Microbiology, 2018, 16(5): 263-276.

[30] QIAN J, ZHANG M K, PEI X J, et al. A novel integrated thiosulfate-driven denitritation (TDD) and anaerobic ammonia oxidation (anammox) process for biological nitrogen removal[J]. Biochemical Engineering Journal, 2018, 139: 68-73.

[31] DENG Y F, TANG W T, HUANG H, et al. Development of a kinetic model to evaluate thiosulfate-driven denitrification and anammox (TDDA) process[J]. Water Research, 2021, 198: 117155.

[32] LIU Z H, LIN W M, LUO Q J, et al. Effects of an organic carbon source on the coupling of sulfur (thiosulfate)-driven denitration with Anammox process[J]. Bioresource Technology, 2021, 335: 125280.

第5章 硫铁化合物自养反硝化脱氮技术

5.1 硫铁化合物的分类

硫铁化合物通常可以分为四方硫铁矿（Mackinawite）、陨硫铁（Troilite）、磁黄铁矿（Pyrrhotite）、胶黄铁矿（Greigite）、菱硫铁矿（Smythite）、白铁矿（Marcasite）、黄铁矿（Pyrite）7类，见表5.1。

表5.1 硫铁化合物的分类及其相关物理、化学性质

硫铁矿物种类	物理性质		化学组成	结构晶型
	密度/(g·cm^{-3})	莫氏硬度		
四方硫铁矿（Mackinawite）	4.65	2.5~3	FeS	四方晶系
陨硫铁（Troilite）	4.74	4~5	FeS	六方晶系
磁黄铁矿（Pyrrhotite）	4.58~4.65	3.5~4.5	$Fe_{1-x}S$, $x=0~0.125$	可变，但通常为六方晶系
胶黄铁矿（Greigite）	4.12	4~5.5	Fe_3S_4	立方晶系
菱硫铁矿（Smythite）	4.3	4.5~5.5	Fe_9S_{11}	六方晶系
白铁矿（Marcasite）	4.89	6~6.5	FeS_2	正交晶系
黄铁矿（Pyrite）	4.95	6~6.5	FeS_2	立方晶系

5.1.1 四方硫铁矿

四方硫铁矿是一种广泛存在于低温水环境中的矿物，这种矿物当量被认为是水硝石的主要成分，水硝石是沉积物中黑色硫化铁物质的旧称。通常由FeS_{1-x}组成，其晶体结构展现出铁（Fe）和硫（S）原子以层状排列的四方晶系特性，每个Fe原子与4个S原子配位[1]。矿物的外观通常呈黑色或铁锈色，莫氏硬度在2.5~3.0，反映其相对柔软的性质。四方硫铁矿表现出磁性，在外部磁场下可被磁化。在氧气环境中，四方硫铁矿可能发生氧化反应形成铁氧化物（FeO），同时与硫化氢（H_2S）发生反应。在酸性条件下，四方硫铁矿可溶于酸，且溶解速率随H^+呈一级依赖关系并产生可溶性的铁离子和硫酸。但四方硫铁矿与HCl反应后通常会留下黑色残留物，表明溶解不完全。研究表明，这种残留物是黑色菱形硫[2]。而在中性到碱性溶液中，四方硫铁矿溶解速率与H^+浓度无关。在高温和高压条件下，四方硫铁矿可能转化为陨硫铁，这种转化通常发生在深部地壳或上地幔的条件下，例如在热液矿床或地壳深部的变质作用中[3]。

四方硫铁矿在土壤和水体修复中展现出广泛的应用前景。纳米级的FeS具备极大的比

表面积和极高的反应活性,不仅可用作吸附剂,还可作为还原剂促进重金属离子(Cd、Cr、Cu、Hg、Ni、Pb 和 Zn)在土壤和水体中的去除[4, 5]。此外,四方硫铁矿还可以作为电子供体用于硝酸盐的还原和促进有机物的降解[6]。

5.1.2　陨硫铁(Troilite)

陨硫铁主要存在于陨石中。它通常由 FeS 组成,呈现出铁灰色至银白色,具有六方晶系的特征,其晶体结构中铁和硫原子以六角形的排列方式构成。陨硫铁具有相对较高的硬度,莫氏硬度介于 4.0~5.0。在化学性质方面,陨硫铁在空气中可能会发生氧化反应,生成铁氧化物。在酸性环境中,陨硫铁可能会与酸发生反应并溶解,生成二价铁离子和硫酸。这些性质使得陨硫铁在陨石学和地质学中具有显著的研究价值,特别是对于理解陨石的形成和地球内部硫铁矿物的行为有重要意义。同时在一定温度范围内,陨硫铁可以通过吸收或释放硫来转化为磁黄铁矿[3]。

5.1.3　磁黄铁矿(Pyrrhotite)

磁黄铁矿是地球和太阳系中最丰富的硫化铁,在海洋系统中很少见[7]。它通常由 $Fe_{1-x}S$(X=0~0.125)组成,呈现出铜红到褐色,具有金属光泽;其晶体结构呈现六方晶系,莫氏硬度在 3.5~4.5,质地较为柔软。在空气中,磁黄铁矿对氧气敏感,易逐渐氧化,形成氧化铁和硫化物。在酸性环境中,磁黄铁矿可与酸反应,并产生二价铁离子和硫酸。由于其在矿石和岩石中广泛分布,磁黄铁矿在地质学、矿床学及工程领域中引起了关注,尤其是与一些环境问题(如酸性矿渣产生)相关。磁黄铁矿通常在相对较低的温度下通过氧化反应转化为黄铁矿,这个过程可能涉及氧分子的参与。磁黄铁矿的性质对于理解地球内部过程、矿床形成和矿产资源勘探具有重要的科学和应用价值。

5.1.4　胶黄铁矿(Greigite)

胶黄铁矿主要存在于一些特定的地质环境和沉积体中。它通常由 Fe_3S_4 组成,其晶体结构属于立方晶系,晶体外貌常呈块状或颗粒状,表面通常为黑色,具有金属光泽[8];其莫氏硬度一般在 4.0~5.5,故其质地相对较硬。在化学性质上,胶黄铁矿对氧气非常敏感,容易在空气中发生氧化反应。在酸性条件下,胶黄铁矿可能会与酸发生反应,形成可溶的产物,包括二价铁离子和硫酸[9, 10]。这种溶解性质对于理解地下水和矿床成因过程具有重要作用。

5.1.5　菱硫铁矿(Smythite)

菱硫铁矿主要存在于一些特定的地质环境和矿床中,是一种稀有矿物,主要发现于热液系统中,通常与碳酸盐伴生。它由 Fe_9S_{11} 组成,常呈块状或颗粒状,其颜色通常为黑色至深褐色,表面具有金属光泽[11];其莫氏硬度一般为 4.5~5.5。化学性质方面,菱硫铁矿在氧气存在下可能会发生氧化反应,生成铁氧化物。此外,在酸性条件下,菱硫铁矿可能会与酸发生反应，产生二价铁离子和硫酸。菱硫铁矿的存在通常与地质条件和演变有关，其分布并不广泛。菱硫铁矿可能是磁黄铁矿的一种多晶形式，形成的条件可能包括特定的温度和压力条件[3]。

5.1.6 白铁矿(Marcasite)

白铁矿是热液系统和沉积岩中常见的矿物。它由 FeS_2 组成，与硫铁矿（Pyrite）具有相同的化学成分，但晶体结构不同[12]。白铁矿的晶体结构呈现出正交晶系的特征，其中铁和硫原子以特定的方式有序排列，通常呈现出金属光泽，外观上可能为白色至浅黄色，并具有较高的硬度。化学性质方面，白铁矿在空气中容易发生氧化反应，生成二氧化硫和铁氧化物。在酸性条件下，白铁矿可以与酸发生反应，溶解产生二价铁离子和硫酸。在水和氧气存在的情况下白铁矿和黄铁矿之间可能发生相互转化。白铁矿在地质学中具有一定的研究价值，它通常与沉积岩、变质岩及一些热液矿床有关；其在沉积环境中的形成与氧化还原条件密切相关，为研究地球历史和古环境变化提供了重要线索。在矿床学方面，白铁矿有时也是金属矿床中的伴生矿物。

5.1.7 黄铁矿(Pyrite)

黄铁矿，又称硫铁矿，是一种地球表面最为丰富的陆生硫化铁矿物，其存在于地壳的多个环境中，包括沉积岩、变质岩和一些热液矿床。这种矿物的晶体结构属于立方晶系，由 FeS_2 组成，其中铁和硫原子以立方对称的方式有序排列。黄铁矿的外观通常呈金黄色，具有明显的金属光泽和相对较高的硬度，使其在地质过程中扮演着重要角色。化学性质方面，黄铁矿相对稳定且对氧气不敏感。然而，在受到外部氧化剂的作用下，特别是在潮湿的条件下，黄铁矿可能会发生氧化反应。此外，微生物作用也能使黄铁矿发生溶解和氧化反应。硫铁矿作为无机电子供体应用于自养反硝化脱氮在近年来逐渐受到研究者的关注，其在地下水修复[13]、雨水净化[14]和污水处理厂二级出水深度脱氮[15]等方面展示出了良好的脱氮潜力。

5.2 硫铁化合物的氧化途径

5.2.1 非生物途径氧化

硫铁矿物的非生物途径氧化是指在没有生物参与的情况下，硫铁矿物中的铁和硫元素与氧气发生反应，产生氧化铁和硫酸等产物的过程。硫铁矿物表面氧化主要是铁的扩散与氧发生反应生成氧化物，然后硫被氧化形成硫酸盐。该过程涉及 Fe^{2+} 离子从晶格内扩散至晶体表面，并与氧发生反应生成 FeOOH。随后 H_2O 或 O_2 透过 FeOOH 层，与 S_2^{2-} 或 S^{2-} 等离子发生反应，生成 SO_4^{2-} 等[16-18]。值得注意的是，氧化产物硫酸盐中的氧主要来源于水而非氧气，硫的氧化滞后于铁，所以硫的氧化是矿物氧化的限速步骤[19, 20]。当 Fe^{3+} 和溶解氧共存时，Fe^{3+} 被认为是主要的氧化剂。在此情境下，硫铁矿物通过电化学反应氧化，其中阳极上发生硫铁矿的氧化反应，而阴极上发生 Fe^{3+} 的还原反应[21, 22]。这一氧化过程导致矿物表面出现分层现象，形成富氧缺硫层-富硫贫铁层-硫铁矿物层[23, 24]。

酸溶性硫铁矿物的表面氧化过程与硫铁矿的氧化存在一定的相似性，但是硫铁矿晶体中对硫（S_2^{2-}）结构的存在使其更稳定，也更难被氧化。对硫必须先转化为单硫（S^{2-} 或 S^0）才能促使硫铁矿的溶解[25]。一些研究者认为，在硫铁矿的断面上存在着单硫，硫铁矿的氧化过程首先始于这些表面单硫位点[26, 27]。暴露于环境中的硫铁矿因其表面原子的点阵平面被截断，形成了大量的表面悬键，进而体现出较高的表面能，具有较强的表面活性，因而容易与周围环境中 O_2 和 H_2O 发生表界面的氧化反应形成酸性矿物废水（Acid Mine Drainage, AMD）[28]。这种酸性废水通常富含溶解的金属离子，可能对水环境和生态系统造成严重的影响。硫铁矿氧化形成 AMD 主要发生的化学反应如下[29]：

$$2FeS_2 + 7O_2 + 2H_2O \longrightarrow 2Fe^{2+} + 4H^+ + 4SO_4^{2-} \tag{5.1}$$

$$4Fe^{2+} + O_2 + 4H^+ \longrightarrow 4Fe^{3+} + 8H_2O \tag{5.2}$$

$$FeS_2 + 14Fe^{3+} + 8H_2O \longrightarrow 15Fe^{2+} + 16H^+ + 2SO_4^{2-} \tag{5.3}$$

首先，周围环境中的 O_2 和 H_2O 作用于硫铁矿表面能比较高的地方，如边、角及晶格缺陷处，使硫铁矿表面被氧化产生少量的 H^+、Fe^{2+} 及 SO_4^{2-}，如式（5.1）所示；随后，式（5.1）中产生的 Fe^+ 被空气中的 O_2 氧化成 Fe^{3+}；最后，式（5.2）中所产生的 Fe^{3+} 与硫铁矿发生表界面反应产生大量的 Fe^{2+}，如式（5.3）所示。而后产生的 Fe^{2+} 又因反应（5.2）继续被 O_2 氧化生成 Fe^{3+}，从而形成一个循环。硫铁矿通过此过程循环往复至完全氧化，形成 AMD。上述 3 个反应相比较而言，方程式（5.2）所代表的反应速度相对缓慢，该反应为硫铁矿表面氧化反应的限速步骤，控制着硫铁矿的最终表面氧化速率。

5.2.2 生物途径氧化

硫铁矿物（如硫铁矿、磁硫铁矿）在微生物作用下氧化分解是导致酸性矿山废水形成和重金属元素释放的主要原因。随着研究者对硫铁矿物表面氧化认识的深入，后续研究陆续发现，即便在酸度很高的矿区环境中仍然普遍存在可以显著加快 Fe^{2+} 氧化成 Fe^{3+} 的微生物，进而显著提高硫铁矿表面的氧化速率[30]。SINGER 等[31]研究结果表明，相较于无菌反应体系，加入嗜酸性氧化亚铁硫杆菌后，硫铁矿的氧化速率提高了近 100 万倍。为了区别于单纯无机化学类物质对硫铁矿的作用，根据有无微生物参与硫铁矿的表面氧化，将其分为化学氧化和生物氧化，而后根据微生物是否直接参与硫铁矿的表界面反应，硫铁矿的生物氧化又可分为直接作用机理、间接作用机理[32]。

5.2.2.1 直接作用机理

直接氧化作用即微生物利用其细胞表面结构中的菌毛及其细胞分泌物，吸附在硫铁矿表面，然后通过自身代谢过程中产生的多种酶或代谢产物直接将硫铁矿溶解为 Fe^{2+} 和 SO_4^{2-}，完全不需要借助其他氧化剂的作用就可直接将矿物氧化。作用机理如图 5.1 所示。

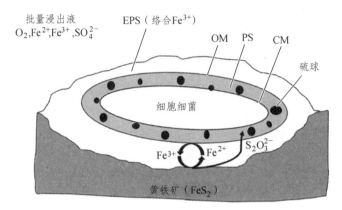

图 5.1 硫铁矿直接氧化反应机理

细菌对硫铁矿物的直接氧化既可以通过细胞外膜蛋白、鞭毛或者纳米导线，也可以通过细菌的胞外聚合物(EPS)[33]。两种情况都需要细菌紧密、直接地附着在矿物表面。细胞外膜蛋白（如 c 型细胞色素）、鞭毛、纳米导线等都具有直接电子传递的功能。而 EPS 作为联系矿物表面和细胞的媒介，在硫铁矿物分解过程中的作用主要有 3 个方面：① EPS 对细菌在矿物表面的附着起着积极作用，细菌与矿物的直接接触可以促进 EPS 的产生[34]，而移除 EPS 后的细菌则很难吸附于硫铁矿物表面[35]；② EPS 在细菌和矿物表面之间创造了特殊的反应微环境[36]，使配体浓度、酸碱性、氧化还原活性与周围溶液形成差异，进而影响矿物的分解速率；③ EPS 能够为附着的细菌提供营养物质，并免遭外部毒素的破坏[37]。

在细菌-矿物界面反应中，EPS 既可以通过有机组分提供质子来促进矿物分解，也可以通过 EPS 组分与溶液中的金属离子发生络合作用来促进矿物分解。在硫铁矿（Pyrite）的直接生物氧化分解过程中，环境流体中 Fe^{3+} 的浓度会逐渐升高，EPS 与 Fe^{3+} 络合，使细菌表面带正电荷，由于在酸性条件下硫铁矿表面本身带负电荷，一方面可以通过静电引力使细菌吸附在硫铁矿表面，在酶的催化作用下氧化矿物表面元素而促进硫铁矿的分解；另一方面，EPS 吸附的 Fe^{3+} 可直接氧化硫铁矿表面的硫，进而促进硫铁矿的分解。研究发现，不同成分的 EPS 对硫铁矿的分解具有不同的促进或抑制作用。其中，葡萄糖醛酸和柠檬酸的存在能够显著促进硫铁矿的分解速率，可能是通过与硫铁矿表面的铁原子发生络合作用，导致铁溶出至周围环境，从而促进矿物的溶解。相反，葡萄糖和精氨酸的存在则会抑制硫铁矿的分解，可能是由于它们在矿物表面形成覆盖层，降低了固体吸附剂的表面能和反应面积[37]。因此，EPS 在金属硫化物矿物的分解过程中起到了重要的调节作用。

5.2.2.2 间接作用机理

硫铁矿物被生物氧化的过程中，细菌既可以在矿物表面形成生物膜，也可以浮游状态生长[36]。研究发现浮游状态细菌对硝酸盐还原速率接近整体反硝化速率[38]，这表明微生物间接作用机理在硫铁矿自养反硝化过程中占据主导地位。硫铁矿物的间接生物氧化过程与矿物的种类、环境 pH、氧化剂种类等有关。

根据硫铁化合物的电子结构，一般存在酸性溶解和氧化溶解两种溶解机理。所有硫铁矿前体物（如 FeS、Fe_3S_4、$Fe_{1-x}S$、Fe_7S_8 等）的价带都来源于铁轨道和硫化物轨道。这些波段容易受到质子攻击，导致金属和硫部分之间的键断[32]。因此，随着 HS^-(H_2S)和 Fe^{2+} 的释放，所有的硫铁矿前体物都适用于酸性溶解。在缺氧条件下，这两种产物都可以分别被硫氧化型反硝化菌和铁氧化型反硝化菌氧化[39]。在亚铁离子和硝酸盐的反应过程中，会产生沉淀和质子，继续溶解硫铁矿前体物。因此，对于硫铁矿前体物，它们的缺氧氧化可以通过质子促使溶解来维持。在酸性溶解的同时，硫铁矿前体物也可能在强氧化剂如 O_2 或 Fe^{3+} 离子的存在下发生氧化溶解[40]。氧化攻击释放出 Fe^{2+} 和硫化物阳离子（H_2S^{*+}）作为第一个游离硫化合物。硫化物阳离子也可以由 Fe^{3+} 离子对 H_2S 的单电子氧化形成。随后，硫化物阳离子二聚形成游离二硫化物(H_2S_2)，并进一步形成多硫化物(H_2S_n)，最终再被氧化为单质硫[41]。这种酸溶性金属硫化物的氧化溶解途径被命名为"多硫机制"。

相比之下，硫铁矿的价带完全来自其金属轨道，这使得硫铁矿抵抗质子攻击。硫原子和铁原子之间的化学键只能在强氧化剂连续 6 个单电子氧化步骤后才能断开。因此，与硫铁矿前体物不同，硫铁矿在任何情况下都需要化学氧化过程才能溶解。Fe^{3+} 离子和 H^+ 离子是硫化矿的浸出剂，细菌的作用是使这两种浸出剂再生并使它们富集在矿物/细菌或矿物/水的界面以加快浸出速率。根据硫铁矿物浸出反应出现的中间产物的不同，形成了硫代硫酸盐机理，即根据分子轨道理论和动力学计算，硫铁矿(FeS_2)只能被 Fe^{3+} 离子而不是 O_2 分子的氧化作用而浸蚀分解[32,41,42]。硫铁矿被 Fe^{3+} 离子氧化的具体过程是：三价铁六水合物首先将硫铁矿中的硫分子氧化，从而浸蚀破坏晶格中的 Fe-2S 化学键，分解产物是硫代硫酸盐和亚铁六水合物；然后硫代硫酸盐依次被循环氧化分解为连四硫酸盐、二硫丙酮磺酸、连三硫酸盐和硫代硫酸盐。在整个氧化过程中产生有少量的中间产物元素硫和连五硫酸盐。因硫铁矿浸出的重要中间产物是硫代硫酸盐，所以其浸出机理被称为硫代硫酸盐机理。硫铁矿的硫代硫酸盐浸出机理如图 5.2 所示。

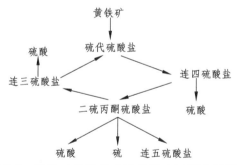

图 5.2　硫铁矿的硫代硫酸盐浸出过程物质转化

试验研究表明，具有氧化亚铁能力的细菌（如氧化亚铁硫杆菌、氧化亚铁钩端螺旋菌和嗜酸嗜热的硫化裂变菌等）能够促进硫铁矿的氧化溶解，而没有氧化亚铁能力的细菌（如氧化硫硫杆菌）不能氧化、浸出硫铁矿[43]。这也说明了硫铁矿的浸出是 Fe^{3+} 离子氧化浸出过程，具有氧化亚铁能力的细菌能够将 Fe^{2+} 离子氧化成 Fe^{3+} 离子，使浸出反应得以继续进行。在硫铁矿的细菌浸出体系中，具有硫氧化能力的细菌（如氧化硫硫杆菌）也可能参与了中间硫化合物的分解反应，将元素硫或中间硫化合物氧化成硫酸，使浸出体系的 pH 降低，为嗜酸的浸矿细菌提供适宜的生长环境。

但是，上述机理并不能很好地解释硫铁矿在缺氧条件下的微生物氧化过程。一方面，以硫铁矿为电子供体的反硝化一般发生在中性 pH（6~8）溶液中，在该 pH 下，Fe^{3+} 迅速沉淀为 Fe^{3+}（氢）氧化物，而游离 Fe^{3+} 离子几乎不存在。另一方面，初始氧化剂（O_2 和 Fe^{3+}）在缺氧条件下不存在，如何触发硫铁矿的溶解？对此，有研究认为硫铁矿自养反硝化中，悬浮态微生物能够合成和分泌可溶性电子穿梭体（如甲基萘醌和核黄素），并由 menC/E/G 和 ribA 等基因编码[44]。而最为大家熟知的硫自养反硝化功能菌 *Thiobacillus* 却缺乏 menC，而系统中共存的 *Rhodococcus*、*Nocardioides*、*Actinomadura* 等菌属则具有 menC。由此推断，缺氧条件下硫铁矿的间接生物氧化过程主要由可溶性的电子穿梭体来介导，即 *Rhodococcus*、*Nocardioides*、*Actinomadura* 等菌属分泌的氧化态电子穿梭体与硫化物发生界面反应后，生成还原态电子穿梭体，之后再进入反硝化菌体内将其所携带的电子用于硝酸盐的还原[45]。该反应过程如图 5.3 所示。

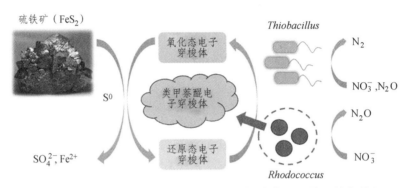

图 5.3 缺氧条件下硫铁矿在可溶性电子穿梭体介导下的间接氧化机理

5.3 硫铁化合物自养脱氮影响因素

硫铁化物的自养脱氮效率及反应动力学受多方面因素影响，其中包括硫化铁的种类和比表面积、底物和生物量浓度、溶液 pH、温度、微量营养素以及碳源等。这些关键因素相互交织，共同调控了自养脱氮过程中的反应效能与动力学特性。

5.3.1 硫化铁的种类

硫化铁是由硫和铁原子组成的复合物。由于其不同的组成和结构，硫化铁在作为电子供体时表现出显著的反应性差异。目前广泛用于脱氮的硫化铁主要包括四方硫铁矿(FeS)、磁硫铁矿($Fe_{1-x}S$, $x=0 \sim 0.125$)和硫铁矿(FeS_2)。四方硫铁矿呈四方层状结构，是一种亚稳态的缺硫硫化铁[3, 46]。研究表明，FeS 是一种容易获取的反硝化电子供体，其添加不仅能够立即提高反硝化活性，还能富集环境样品中的反硝化细菌，并可作为唯一的底物[47]。磁硫铁矿是 FeS 的非化学计量变体，展现出基于 NiAs 结构的多种超结构[46]。尽管磁硫铁矿是一种稳定的矿物，但容易受到缺氧微生物氧化的影响。此外，四方硫铁矿（Mackinawite）和 Greigite(Fe_3S_4)的混合物是硫铁矿形成环境中典型的 FeS_2 前体，也是自养反硝化菌容易获得的能量来源。虽然在现场研究和实验室研究中已经有令人信服的证据表明硫铁矿能够驱动反硝化反应，但利用 FeS_2 进行脱氮的实验结果并不都是积极有效的。Haaijer 等人[48]的研究指出，纯粹结晶的硫铁矿并不能作为反硝化的电子供体。对比研究显示，硫铁矿的反硝化速率始终远低于酸溶性硫化铁（如 FeS、Fe_3S_4 等）[49, 50]。这些研究结果共同揭示了硫化铁的类型在自养脱氮过程中扮演着至关重要的角色，影响自养脱氮的效率。硫铁矿和其他形式的硫化铁之间的不同反应性归因于它们的微观结构和溶解度[51]。

5.3.2 比表面积（SSA）

另一个决定硫化铁在自养脱氮过程中反应性的关键参数是比表面积（SSA）。硫化铁氧化是一个受表面控制的过程，在此过程中，氧化由铁的缺陷位点启动并不断增强的。由于无定形硫化铁的表面粗糙度更高，这些缺陷位点在无定形硫化铁上广泛存在[52, 53]。这解释了为何纯度高、结晶度高的硫铁矿（低 SSA）无法作为有效的反硝化电子供体，而低结晶度的硫铁矿（高 SSA）可以被硝酸盐微生物氧化。除了增加活性位点外，高比表面积还会促进细胞-矿物质之间的相互作用、固液传质，并提升硫化铁溶解速率[39, 48]。因此，比表面积可视为硫化铁总体反应活性的有效参数，并与影响自养脱氮的速率有着强关联性，即 SSA 越高，反硝化速率越高。

天然的硫化铁（如硫铁矿、磁硫铁矿）由于其晶体结构通常表现出较低的比表面积（$0.02 \sim 0.4 \ m^2/g$，微米级），这很大程度上限制了硫铁矿氧化反应动力学。因此，提高硫化铁的比表面积是实现高速率脱氮的关键。减小粒径是提高颗粒比表面积最常用的策略。研究表明降低硫化铁的晶粒尺寸可以显著提高反硝化速率[54, 55]。当使用纳米级硫铁矿颗粒进行脱氮，反硝化速率可增加至 13 g NO_3^--N/m^3/d，比微米级硫铁矿颗粒的反应速率高出两个数量级[55]。此外，通过改变矿物的微观结构也可以提高比表面积。例如，Yang 等人[56]开发了一种经济有效的方法，通过在惰性气氛（N_2）下简单煅烧矿物（600 ℃，1 h），将天然硫铁矿转化为具有纳米结构的磁硫铁矿（NPyrr）。处理后的产物（NPyrr）呈现多孔蜂窝状结构，比表面积为 $10 \sim 28 \ m^2/g$。这种高比表面积使 NPyrr 能够实现 165 g NO_3^--N/m^3/d 的高反硝化速率，比类似粒度的天然硫化铁高出一个数量级。

5.3.3 pH 和碱度

pH 和碱度是影响微生物活性的重要参数。pH 过高或过低都会影响微生物的活性，进而对反硝化产生抑制。最著名的硫化铁氧化细菌 T. denitricans 以还原性硫化合物为底物时，在 pH 接近中性(6.8 ~ 7.5)的范围内表现出最佳的活性[54, 57]。酸性 pH(<6.5)和碱性 pH(>8)对微生物活性均有抑制作用，且在酸性越强的条件下抑制作用越强[50]。

然而，以硫铁矿为电子供体的反硝化过程的 pH 适应范围却有所不同。硫铁矿自养反硝化过程能在 pH 为 5 ~ 8 范围内进行，并且在酸性条件下（pH 从 7 降至 5）反硝化速率更高（14→17.5 mgNO_3^--N/L/d）[58]。可能的原因：① 铁硫化物反硝化菌在低 pH 环境下具有最适值；② 低 pH 促进了铁硫化物的溶解，从而提高反硝化速率；③ 硫铁矿可作为缓冲剂，维持反应系统 pH 的稳定[54]。此外，碱度的增加能改善反硝化作用，较低或较高的 pH 环境可能导致碳酸根分解和二氧化碳排出，消耗可用的碳源，从而抑制细菌功能，使自养反硝化过程受阻。综上自养反硝化菌的最适 pH 在 6.8～8.2。为保持自养菌的活性及保证反应系统的脱氮速率，应使进水 pH 在合理范围内，同时系统中有足够的碱度。不适宜的 pH 除了影响微生物的生理状态外，还可能诱发次生抑制因子，如游离亚硝酸盐（FNA）。

5.3.4 温　度

温度通过影响微生物的活性来影响自养脱氮的效率。自养反硝化菌通常表现出嗜温行为，反硝化最佳温度约为 30 ℃，低于 20 ℃ 或高于 40 ℃ 会对反硝化过程产生明显抑制作用[15, 59, 60]。Zhou 等人[61]通过实验发现低温条件会明显抑制自养反硝化过程，5 ℃ 时的自养反硝化速率仅为 25 ℃ 时的 3.2%，15 ℃ 时的反硝化速率为 25 ℃ 的 24%。值得注意的是，一些环境菌株也表现出嗜冷性。Trouve 等人[50]分离出几株反硝化菌，能 10 ℃ 时获得最大的反硝化速率。其中一些甚至可以在 5 ℃ 下保持较高的反硝化活性。然而，这些菌株是否广泛分布，以及它们对温度变化的反应有多强，值得进一步研究。

5.3.5 微量元素和碳源

以硫化铁为电子供体的反硝化菌在代谢过程中更偏向利用 NH_4^+ 作为氮源，并对微量元素如 Mg^{2+}、PO_4^{3-} 和 Fe^{2+} 有特定的代谢需求。早期研究表明，在 NH_4Cl 浓度低于 0.008 3% 的培养基中，*T. denitri cans* 的生长受到明显抑制。Li 等人[58]观察到当 NH_4^+ 作为氮源存在，且浓度达到 7.8 mg/L 时，可以显著提高硫化铁自养反硝化速率。尽管在缺乏 NH_4^+ 的条件下反硝化仍然发生，但反硝化速率仅为最大速率的 60% 左右。此外，增加 Mg^{2+}（高达 0.24 mg/L）和 PO_4^{3-}-P（高达 0.11 mg/L）的浓度可显著提高反硝化速率。适量的 Fe^{2+}（0.25～8.3 mg/L）是维持 *T. denitri cans* 生长所必需的元素，但较高浓度的 Fe^{2+} 可能会抑制反硝化作用。当游离 Fe^{2+} 达到约 0.1 mM 时，硫化铁介导的反硝化作用被完全抑制[47]。因此，在使用硫铁矿物进行反硝化时，应注意避免过量的 Fe^{2+} 离子。

自养脱氮过程受无机碳源（CO_2，HCO_3^-）的可用性控制。Li 等[58]的研究发现，为了有效脱氮，HCO_3^- 浓度应保持在 30 mg/L 以上。无机碳缺乏（HCO_3^-<30 mg/L）会导致反硝化活性迅速下降。尽管硫化铁介导的自养反硝化作用通常不需要有机碳源，但少量的有机碳可以提高总体反硝化速率，这可能是通过促进混合营养过程来实现的[62]。有机碳的存在还可以通过诱导微生物硫酸盐还原来减轻硫酸盐的积累[56]。

5.3.6 预处理

为了提升硫铁矿自养反硝化速率，优化硫铁矿表面生物膜附着微环境，研究者们尝试用煅烧、酸洗、超声等手段对微米甚至纳米级硫铁矿进行预处理[63, 64]。天然硫铁矿由 FeS_2 组成，同时存在着氧化铁（Fe_2O_3）和 S^0 等杂质。不同的预处理手段并没有改变硫铁矿表面的主要成分，但对杂质有不同程度的影响。超声、酸洗和煅烧可以将硫铁矿表面的氧元素比例降低至 17.40%、3.14% 和 12.83%，表明由于物理冲击或化学反应，硫铁矿表面阻碍微生物接触氧化的细小氧化态颗粒被不同程度地去除[65]。与未处理的黄铁矿相比，超声波和酸洗可使总氮去除率提高 14% 和 99%，硫酸盐产率分别降低 51% 和 42%[65]。超声和酸洗预处理可以增加硫铁矿和附着细胞之间的传质，从而提高自养反硝化速率。酸洗处理还可以通过直接或间接的侵蚀机制，有效地促进了介质中大量 Fe^{2+} 的迅速释放。煅烧并未对反硝化速率产生积极的影响，却最大限度地促进生物膜在硫铁矿上附着生长，这得益于煅烧能使硫铁矿的比表面积略微增。但是高温下硫铁矿表面氧化物质或氧化层的结构收缩对硫铁矿生物利用度产生了抑制。

5.4 硫铁矿自养脱氮工艺发展

5.4.1 硫铁矿填充床反应器

现有污水处理厂工艺难以实现氮磷的深度去除，如 A/A/O 工艺的二级出水中仍然含有较高浓度的氮（10~15 mg-N/L）、磷（0.5~1.0 mg/L），难以满足越来越严苛的水环境保护需求。污水厂二级出水中微生物易降解的有机碳含量很低，需要投加外源有机物来促进反硝化，同时需要投加化学药剂进行化学除磷。这无疑会增加污水处理成本，并伴随二次污染的风险。对此，研究人员开发了硫铁矿填充床反应器处理二级出水并取得了同步脱氮除磷的效果。硫铁矿（FeS_2）和磁硫铁矿都是自然界普遍存在且低成本的矿物，均可被作为自养反硝化的电子供体。硫铁矿在缺氧条件下氧化要比 S^0 氧化产生的硫酸盐和酸度减少 41% 和 65%。此外，硫铁矿和磁硫铁矿氧化生成的 Fe^{2+}、Fe^{3+}、$Fe(OH)_3$ 等铁氧化物均能吸附和共沉淀除磷。硫铁矿填充床反应器的处理效率受限于微生物对硫铁矿的利用速率。以天然磁黄铁矿为电子供体（粒径 2.36~5.12 mm）的填充床反应器在处理含 21.11 mg/L 总氮和 2.62 mg/L 磷酸盐的污水厂二级出水时，需要长达 24 h 的水力停留时间才能将出水氮磷降低至 1.89 mg/L、0.34 mg/L[15]。为了提升处理效率，缩短 HRT，Di Capua 等人[66]选用了粒径更小（1~2 mm）的黄铁矿为填料，并辅以水流循环来增加污染物与黄铁矿及生物膜的接触时间，因此该系统能在 HRT 为 8 h 时实现 90% 以上的硝酸盐和 70% 磷酸盐的去除；此外该系统出水的硫酸盐浓度比理论值低 1.5~4 倍，一部分硫酸盐被硫还原菌转化为了 S^{2-}，S^{2-} 易与 Fe^{2+}/Fe^{3+} 反应生产沉淀，促进 FeS_x 在系统内的循环，一定程度减少了副产物的生成（见图 5.4）。

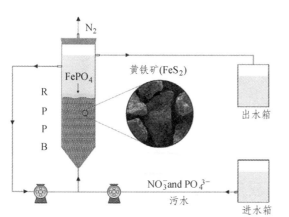

图 5.4 硫铁矿填充床反应器及其同步脱氮除磷途径[66]

5.4.2 硫铁矿改良生物滞留设施

城市下垫面积累的氮、磷随降雨径流排入受纳水体，是水体富营养化的重要污染源。生物滞留设施是城市面源污染源头控制的常用工程措施，但其对溶解性氮、磷的去除效率较差。传统生物滞留设施填料（如土壤、砂）表面带负电荷，因此对硝酸盐、磷酸盐等阴离子无法通过静电吸附去除。另外，雨水中易微生物降解的有机碳含量低，无法满足异养反硝化脱氮的需求。将硫铁矿作为改良填料加入生物滞留设施处理地表径流会受到干湿交替，复杂降雨条件，以及极端气候（如极寒、长期干旱等）的影响。Chen 等人[14]研究首次证实了硫铁矿作为填料加入生物滞留设施淹没区能够实现同步脱氮除磷，并且该系统对低温及干旱交替环境具有更好的适应性。但是该设施的出水硫酸盐和总铁浓度偏高，这是因为在干旱期，氧气向下穿透使得一部分硫铁矿发生化学氧化[式（5.4）]。较高副产物的生成不仅会增加二次污染的风险，还会加剧硫铁矿的损耗，缩短生物滞留设施运行周期。

$$4FeS_2+14H_2O+15O_2 \rightarrow 8SO_4^{2-}+Fe(OH)_3+16H^+ \tag{5.4}$$

为此，Kong 等人[67]通过在生物滞留设施上层添加生物炭，并减少淹没区硫铁矿的填充率来优化上述工艺。生物炭具有极强的持水性和离子交换能力，因此显著提升了生物滞留设施填料在干旱期的含水率，减少氧气向下层填料穿透，同时生物炭还强化了设施对氨氮的去除率。但由于淹没区硫铁矿的填充率和微生物利用速率较低，该设施需要在长干旱期条件下才能获得令人满意的处理效果，却难以应对高氮负荷、短间隔降雨的脱氮需求。Chai 等人[68, 69]进一步开发了硫铁矿+有机碳双电子供体生物滞留设施来兼顾雨水脱氮的高效性和稳定性。异养反硝化与自养反硝化协同作用提升了生物滞留设施的脱氮速率；同时硫铁矿也是一种协同除磷材料和缓释电子供体，保障设施长期运行时的脱氮稳定性（见图 5.5）。

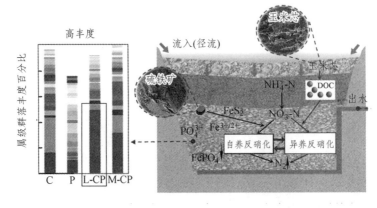

图 5.5 有机碳-硫铁矿双电子供体生物滞留设施及其脱氮机理[69]

5.4.3 硫铁矿三维电极生物膜反应器

硫铁矿不仅是参与反硝化的电子供体，也是一种半导体材料，因此被应用于了生物膜电化学系统。对于传统的电极生物膜反应器，电解池的阴极产生氢气，促使阴极生物膜以氢气为电子供体进行反硝化，阳极以炭棒为材料时会释放出CO_2，作为自养反硝化菌生长所需的无机碳源。但是，氢自养反硝化是产碱反应[式（5.5）]，溶液pH大于9时会对微生物的代谢活性产生抑制。硫铁矿自养反硝化是产酸反应，将氢自养反硝化与硫铁矿自养反硝化相结合为维持电极生物膜反应器内部的酸碱平衡提供了新的思路。

$$2NO_3^- + 5H_2 \longrightarrow N_2 + 4H_2O + 2OH^- \quad (5.5)$$

$$15NO_3^- + 5FeS_2 + 10H_2O \longrightarrow 7.5N_2 + SO_4^{2-} + 5Fe(OH)_3 + 5H^+ \quad (5.6)$$

Xiao等人[67]对比研究了仅氢自养反硝化参与的电极生物膜反应器、仅硫铁矿自养反硝化参与的生物膜反应器以及两者结合的三维电极生物膜反应器的运行情况，证实了硫铁矿作为填料的三维电极生物膜反应器的硝酸盐去除速率更高，系统的pH能维持在8.0~8.5，弱碱性环境使得Fe^{3+}主要以$Fe(OH)_3$形式沉淀，因此三维电极生物膜反应器出水中总铁的浓度很低。硫铁矿自养反硝化产生的H^+还可以作为三维电极生物膜阴极产氢的前驱物，提高产氢速率。电流强度是调节系统pH和加快反应速率的关键。研究报道硫铁矿三维电极生物膜反应器的最佳电流强度是 0.1 mA/cm²；电流强度从 0.05 增加至 0.1 mA/cm² 时可以刺激阴极细菌生长，同时增强了硝酸盐还原酶和亚硝酸盐还原酶的反应活性；当电流强度进一步从 0.1 提升至 0.3 mA/cm²，阴极生物膜的生物量、硝酸盐还原酶和亚硝酸盐还原酶的反应活性均显著下降[71]（见图5.6）。

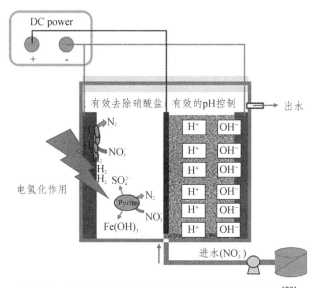

图5.6 硫铁矿三维电极生物膜反应器反应历程[70]

5.4.4 硫铁矿人工湿地-微生物燃料电池耦合系统（CW-MFC）

传统人工湿地处理污水厂尾水面临着碳源不足的问题，因此人工湿地工艺难以通过微生物硝化和反硝化途径获得较高的脱氮效率。硫铁矿作为填料应用于人工湿地获得了积极的脱氮效果，硫铁矿的添加不仅能作为电子供体促进自养反硝化脱氮，硫铁矿氧化产生的铁氧化物还能实现同步除磷。然而，硫铁矿的还原性会消耗氧气，对好氧生物过程产生不利影响；此外，硫铁矿的单向氧化过程会影响污水脱氮的可持续性[72]。

在人工湿地系统中，沿填料深度方向天然形成了好氧区和厌氧区之间分层的氧化还原梯度，可以微生物燃料电池的方式产生生物电流。若通过外部电路连接阴极和阳极，并放置外部负载，则可在净化污水的同时实现能量的回收[73]。人工湿地耦合微生物燃料电池的另一优点是能通过长距离电子转移使有机物和氨氮在厌氧区通过细胞外电子转移有效被氧化[73, 74]。该工艺减少了曝气或潮汐控制，可以节省运营成本。但是由于功能性外电源被限制在阳极区域中，人工湿地耦合微生物燃料电池工艺处理性能和电流输出的提升受到了电极尺寸的限制[75]。人工湿地耦合微生物燃料电池系统的功率密度和库仑效率低于毫升级微生物燃料电池，这是因为阳极产电微生物对有机碳去除的贡献很低[73]。天然硫铁矿具备长距离电子传输性能，将其用作人工湿地耦合微生物燃料电池系统的阳极填充材料为提升水质净化和电能回收效能提供了新的工艺优化思路。

相比于石英砂人工湿地、硫铁矿人工湿地、石英砂 CW-MFC，硫铁矿 CW-MFC 表现出了更优的脱氮除磷能力和产电能力，硫铁矿 CW-MFC 的平均生物电输出比石英砂 CW-MFC 高 19.0%~28.4%[76]。Yan 等人[77]以硫铁矿作为 CW-MFC 的阳极填充材料，以石英砂作为 CW-MFC 的阴极填料材料，该系统获得了更高的 COD、氨氮、总氮、总磷的去除率，以及更优的电化学性能，最大功率密度比石英砂 CW-MFC 提高了 52.7%。硫铁矿作为阳极填充材料对 CW-MFC 处理效能和电化学性能提升的促进机理包括以下方面。一是硫铁矿的导电性能扩大了 CW-MFC 系统阳极范围。灭活实验证明硫铁矿在阳极环境中具有一定的电化学氧化趋势，该电化学氧化趋势在微生物的作用下得到增强。硫铁矿表面附着的微生物产生的电子与有机物氧化产生的电子相互叠加，从而提高了外部电路电流。二是硫铁矿填充的阳极区域营造了铁氧化还原循环。通过 16S rRNA 高通量测序，硫铁矿填料富集了电活性细菌 *Geobacter*，这使得硫铁矿电化学氧化产生的铁氧化物能进一步被 *Geobacter* 还原，减少了系统出水铁离子浓度。三是硫铁矿在阳极区域诱导了微生物长距离电子传输的硫循环过程。电缆菌 *Desulfobulbaceae* 与硫氧化菌和硫还原菌相互作用，共同促进了硫的氧化还原循环。Lu 等人[78]进一步对比了硫铁矿 CW-MFC 与磁硫铁矿 CW-MFC 在处理低 C/N 污水过程中无机和有机电子的竞争机制。由于晶体结构的差异，磁硫铁矿比硫铁矿具有更好的氧化还原活性，因此磁硫铁矿 CW-MFC 获得的库仑产率更高。系统中的有机电子供体主要用于驱动异养反硝化、硝酸盐异化还原为氨（DNRA）和产电；无机电子供体主要参与自养反硝化和发电。两者之间的竞争平衡受硫酸盐浓度和进水 C/N 影响。

尽管硫铁矿 MFC-CW 系统（见图 5.7）在实验室条件下表现出了良好的反硝化性能，但在实际工程应用中可能面临一些挑战。例如，系统中的微生物群落组成和相对丰度受多种因素影响，包括碳氮比、阳极位置等，这可能影响系统的稳定性和可预测性。

此外，对于系统的长期运行效率和可持续性，以及在不同环境条件下的适应性，仍需进一步研究。

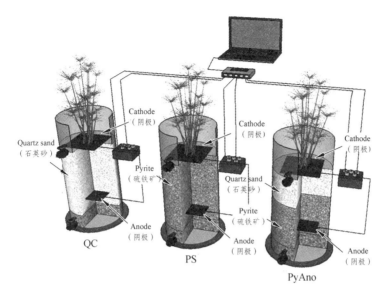

QC—石英砂 CW-MFC；PS—硫铁矿 CW-MFC；
PyAno—使用硫铁矿作为阳极填充材料，石英砂作为阴极填充材料。

图 5.7　CW-MFC 构造示意图[77]

5.4.5　硫铁矿促进厌氧氨氧化工艺电子传递和氮-铁-硫循环

厌氧氨氧化是一种先进、绿色、低碳的生物脱氮工艺，它无须外加有机碳源，在缺氧条件下能将氨氮与亚硝酸盐一同转化为氮气。然而，厌氧氨氧化菌的生长速率和细胞产量极低，且容易被底物和其他抑制性污染物限制其厌氧氨氧化性能。此外，厌氧氨氧化会产生一定量的硝酸盐副产物，其浓度与进水负荷呈正比。若能同步去除硝酸盐副产物将进一步提升厌氧氨氧化工艺的脱氮效率。近期研究表明，电子穿梭物和导电材料可以通过增强电子转移来促进微生物活性[79, 80]。电子穿梭物包括细胞分泌的小分子（如黄素）和外源介质（如蒽醌-2,6-二磺酸盐，AQDS）等可作为电子载体，帮助电子从细胞表面转移到电子受体[81]。导电材料包括颗粒活性炭和含铁矿物等，可以促进细胞外电子转移[82]。天然硫铁矿具有半导体性质，且矿藏资源丰富。利用硫铁矿增强电子转移促进厌氧氨氧化脱氮效率为工艺优化提供了一个经济、环保的方案。

Feng 等人[83]对比研究了电子穿梭体和导体材料对厌氧氨氧化颗粒污泥系统脱氮的影响，研究表明在高底物冲击负荷（3.86 kg·N·m^{-3}·d^{-1}）的条件下，硫铁矿的添加（1 g/L）使得总氮的去除率提升了 52%。硫铁矿对厌氧氨氧化菌代谢活性的促进作用是多方面的。首先，硫铁矿的添加有助于保持厌氧氨氧化菌细胞的完整性，上调微生物的氮代谢基因，提高细胞代谢活力和耐力，进而提升了厌氧氨氧化菌对冲击负荷的抵抗能力。其次，硫铁矿刺激了微生物血红素 c 的分泌，以及铁从溶液输送到细胞的能力。血红素 c 在电子转移和储存中起着至关重要的作用。细胞内铁的增加有利于 Fe-S 蛋白的合成，Fe-S 蛋白是参与电子转移过程的重要成分。细胞色素 c 和铁硫蛋白含量的增加共同加速了厌氧氨氧化代谢酶之间的电子传递。相比于 AQDS，硫铁矿在厌氧氨氧化过程中还可能充当导线来直接增强细胞外电子转移，以实现更高的脱氮速率。最后，硫铁矿的加入还丰富了厌氧氨氧化系统的脱氮途径，副产物硝酸盐可以通过铁代谢和硫代谢相关代谢途径去除。硫铁矿直接介导自养反硝化。硫铁矿氧化产生的 Fe^{3+} 能够与 NH_4^+ 通过 Feammox 途径反应生成 Fe^{2+} 和氮气。生成的 Fe^{2+} 又可作为电子供体参与铁自养反硝化，进而实现铁循环。而硫铁矿氧化生成的硫酸盐也能异化还原实现硫的循环。

尽管黄铁矿的添加显著提高了厌氧氨氧化系统的氮去除效率，但在实际水处理应用中可能还会遇到成本、操作复杂性、长期运行稳定性等问题。未来的研究可以集中在进一步优化黄铁矿的添加量和方式，探索其在不同水质条件下的脱氮效果；进行长期运行试验，评估系统的稳定性；研究黄铁矿与其他添加剂的协同效应；以及开展成本效益分析，评估该技术在实际水处理中的经济性。此外，研究还可以扩展到不同类型和浓度的废水处理，以及探索其他可能的导电材料或电子供体，以提高厌氧氨氧化过程的效率和应用范围。

5.5 硫铁矿自养脱氮模拟方法

5.5.1 硫铁矿自养反硝化动力学

硫铁矿作为一种固体电子供体，其在微生物介导下的自养反硝化动力学过程与其他可溶性无机硫电子供体有着明显的差异，与单质硫的动力学过程有着一定的相似性。这种相似性体现在：微生物需要在固体电子供体表面形成生物膜进行脱氮。在微生物胞外聚合物的作用下，硫铁矿溶解产生的 Fe^{2+}、S_2^{2-} 进入生物膜中。同时，溶液中的硝酸盐通过扩散作用从另一方向进入生物膜。生物膜成为微生物进行硫铁矿自养反硝化的核心场所。单质硫表面粗糙，易于微生物附着，所以单质硫自养反硝化动力学方程仍可用 Monod 方程进行描述。与单质硫不同的是，硫铁矿颗粒的截面较为光滑，比表面积低，因此附着的微生物量少，难以形成明显的生物膜，所以需要根据实际情况选择零级反应、半级反应或一级反应方程来描述其动力学过程。

零级反应：

$$\frac{dC_{NO_3}}{dt} = K_1 \tag{5.7}$$

$$\frac{dC_{NO_2}}{dt} = K_2 \tag{5.8}$$

式中，C_{NO_3} 为生物膜表面硝酸盐浓度（mg-N/L）；C_{NO_2} 为生物膜表面亚硝酸盐浓度（mg-N/L）；K_1 和 K_2 分别为硝酸盐还原和亚硝酸盐还原的零级反应速率常数。

半级反应：

$$\frac{dC_{NO_3}}{dt} = -k_1 C_{NO_3}^{0.5} \tag{5.9}$$

$$\frac{dC_{NO_2}}{dt} = k_1 C_{NO_3}^{0.5} - k_2 C_{NO_2}^{0.5} \tag{5.10}$$

式中，k_1 和 k_2 分别为硝酸盐还原和亚硝酸盐还原的半级反应速率常数（$mg^{0.5}/L^{0.5} \cdot h$）。

一级反应：

$$\frac{dC_{NO_3}}{dt} = -k_1' C_{NO_3} \tag{5.11}$$

$$\frac{dC_{NO_2}}{dt} = k_1' C_{NO_3} - k_2' C_{NO_2} \tag{5.12}$$

式中，k_1' 和 k_2' 分别为硝酸盐还原和亚硝酸盐还原的一级反应速率常数（h^{-1}）。

一般地，当进水中硝酸盐浓度远远大于微生物对硝酸盐的半饱和常数时，可将反应动力学近似为零级反应。当进水硝酸盐浓度较高但反应速率受传质影响较大时，反应动力学更近似半级反应。当硫铁矿用于处理低浓度含氮污废水时，硝酸盐浓度对反应速率的影响扩大，其动力学过程更符合一级反应。

5.5.2 生物炭-硫铁矿改良生物滞留设施雨水水质模型

生物滞留设施是海绵城市建设最常使用的单体设施，其对悬浮固体（SS）、重金属、病原体等具有良好的去除效果，但对硝酸盐的去除率低。天然滤料和硝酸盐都带负电荷，因此硝酸盐难以被静电吸附去除。同时，地表降雨径流中易降解有机碳源匮乏，限制了硝酸盐通过微生物反硝化作用去除。对此，我们将生物炭和硫铁矿分别加入生物滞留设施的包气带和淹没区，开发了一种基质改良型生物滞留设施，长期运行数据表明该设施对氨氮、硝酸盐、磷酸盐的去除效率明显提升。基于已有实验数据，我们进一步构建了生物炭-硫铁矿改良生物滞留设施水质模型，对影响微生物反硝化及硝酸盐泄漏的因素进行了模拟分析。

5.5.2.1 模型建立原则

生物滞留设施主要利用滤料吸附和微生物降解实现溶解态氮磷的去除。在该模型中，选用Freundlich isotherm来描述吸附平衡[式（5.13）]，滤料对吸附质的吸附动力学被认为由扩散限制[式（5.14）]。生物滞留设施中的微生物量难以测量，因此采用一级反应动力学替代Monod动力学来描述硫铁矿自养反硝化[式（5.15）]。对于雨水来说，电子供体（硫铁矿）是相对充足的，所以在低硝酸盐浓度情况下反应速率受到NO_3^-浓度的限制。亚硝酸盐在降雨和干旱期间的积累都极低，因此该模型将反硝化简化为一步反应。

$$S_i = K_f C^n \tag{5.13}$$

式中，C_s 为溶解态污染物浓度（mg/m^3）；K_f 是Freundlich常数[$mg^{1-n}(m^3)^n/kg$]；n 是经验指数；S_i 是被吸附物质的固相（mg/kg）。

$$\frac{\partial C_s}{\partial t} = \alpha(S_{eq} - S_i) \tag{5.14}$$

式中，α 为传质系数（1/s）；S_{eq} 是平衡时的吸收物质浓度。

$$\frac{\partial C_{NO_3}}{\partial t} = -k\frac{C_{NO_3}}{m_p} \tag{5.15}$$

式中，k 是一级反应动力学常数；m_p 是试验改良生物滞留中硫铁矿的质量（kg）。

降雨过程，溶解性氮在生物滞留设施内的迁移过程采用 ADE 一维稳态流动公式来描述[式（5.16）]。该模型中假设无分散传输，对于同时能被滤料吸附和微生物代谢的污染物而言，它在生物滞留设施内的迁移转化则可表示为式（5.17）。在干旱期，自养反硝化作用在生物滞留系统的淹没区持续进行脱氮，反应速率与式（5.15）相同。

$$\frac{\partial C_i}{\partial t} = -v\frac{\partial C_i}{\partial x} + D\frac{\partial^2 C_i}{\partial x^2} \tag{5.16}$$

$$\frac{\partial C_i}{\partial t} = -v\frac{\partial C_i}{\partial x} + D\frac{\partial^2 C_i}{\partial x^2} - \frac{\rho}{\theta}\frac{\partial S_i}{\partial t} - \frac{m}{m_p}kC_i \tag{5.17}$$

式中，v 为平均孔隙水流速（m/h）；D 是水动力分散系数（m²/h）；x 是沿着生物滞留柱的距离（m）；ρ 是介质的体积密度（kg/m³）；θ 是介质的孔隙度；m 是模型生物滞留系统中添加的硫铁矿的质量（kg）。

降雨过程通常只持续 1~4 h，雨水在生物滞留设施内的停留时间较短，因此降雨过程中未将氨化作用、硝化作用对溶解态氮的影响考虑进去。但是，干旱期包气带中发生的硝化作用对下一场降雨影响显著，所以由吸附态氨氮转化的吸附态硝氮被计算并设为下一场雨开始的初始条件。该生物滞留设施未添加有机质填料（如木屑、堆肥），因此异养反硝化对溶解态氮的去除未被考虑在内。

5.5.2.2 用于模型校准的实验数据

用于实验和建模的雨水生物滞留设施的构造如图 5.8 所示。所有的雨水生物滞留设施横截面积为 0.071 m²，深度为 0.95 m。生物滞留设施由上至下分别为 45 cm 的好氧区、40 cm 的缺氧区和 10 cm 的排水区。在缺氧区和排水区的中间以及好氧区的末端设置了 3 个取样口。对于改良生物滞留设施，好氧区填充了体积比为 80%的砂（0.25~1.0 mm）和 20%的生物炭（0.15~0.30 mm），生物炭由松木在 500 ℃下热解制成；缺氧区填充了体积比为 90%的砂和 10%的硫铁矿（1~2 cm）。好氧区的孔隙率为 0.53±0.01，缺氧区的孔隙率为 0.43±0.01。为了促进生物滞留设施的快速启动，将实验室驯化成熟的自养反硝化污泥和异养反硝化污泥接种于缺氧区。排水区的上层和底层设置级配良好的砂（0.075~4.75 mm）和鹅卵石（4~8 mm），以保护淹没区填料不随雨水冲刷流失。以常规生物滞留设施为对照，其好氧区和缺氧区的唯一介质为砂，所对应的孔隙率为 0.44±0.03，其他设计均与改良生物滞留设施相同。植物对污染物去除性能和水力学有着深远的影响，但其氮素的吸收能力因植物类型而异，因此本研究未将植物的贡献考虑在内。

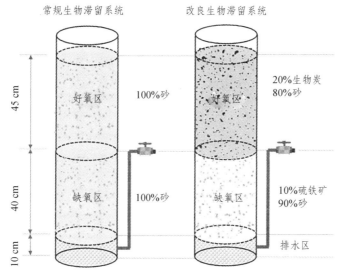

图 5.8　常规及改良生物滞留系统构造

生物滞留设施先以恒定工况运行直至系统达到稳定状态。采集降雨全过程中生物滞留设施污染物在不同出水体积（孔隙体积）下的浓度变化，所获的数据集用于率定模型的动力学参数。干旱期，采集生物滞留设施淹没区内的不同时间序列的孔隙水进行分析，所获的数据集用于确定硫铁矿自养反硝化动力学方程和相关参数。然后生物滞留设施在复杂降雨条件下运行，收集分析生物滞留设施在不同降雨强度下的事件平均浓度（Event Mean Concentration，EMC）进行模型的验证。实验所用雨水为人工配水，包含 3 mg-N/L KNO_3、2 mg-N/L NH_4Cl、0.5 mg-P/L KH_2PO_4、3 mg-N/L 甘氨酸、18.2 mg/L 乙酸钠。降雨过程以恒定流量将人工配置的雨水通过蠕动泵输送至 15 孔布水喷头均匀滴落在生物滞留设施顶部。模型率定与验证所使用的降雨事件信息总结于表 5.2 中。

表 5.2　用于模型校准和验证的降雨事件信息

降雨事件	降雨历时/h	总降雨量/mm	前期干旱天数/d	服务面积比	进水 NH_4^+/(mg-N/L)	进水 NO_3^-/(mg-N/L)	类型
1	4	50	6	20	2.049	3.218	常规
2	4	50	6	20	2.049	3.218	改良
3	2	25	3	20	2.086	3.211	改良
4	8	25	3	20	2.086	3.161	改良
5	8	25	3	20	2.113	2.983	改良
6	4	25	3	20	2.004	3.211	改良
7	4	25	3	20	2.086	3.086	改良
8	2	25	3	20	2.168	3.116	改良
9	2	25	3	20	2.086	3.211	改良
10	1	25	3	20	2.004	3.045	改良
11	1	25	3	20	2.223	2.938	改良

通过批次吸附实验来分析砂、生物炭对氨氮的吸附特性。首先进行泄漏实验来排除本底污染物对吸附实验的影响，之后在 0、0.5、1、2、5、10 mg-N/L 浓度下依次进行吸附实验。将 0.2 g 的填料和 10 mL 不同浓度梯度的溶液加入离心管，在 150 r/min、(20±2)℃ 恒温振荡 24 h 后测定溶液中的污染物浓度。将实验所得数据通过 Freundlich 等温吸附模型进行拟合。

5.5.2.3 模型参数值

考虑到砂和生物炭对硝酸盐的吸附能力有限，所以假设硝酸盐的传质系数（α_{NO3}）为 10，这表示填料达到吸附平衡所需时间很短。以吸附试验中获得的 Freundlich 等温模型作为默认参数值进行氨氮吸附过程相关参数的率定，主要包括 α_{NH4} 和 K_{fNH4}^{b}。模型率定所获的最佳参数见表 5.3。对干旱期生物滞留设施淹没区硝酸盐的动态变化进行回归分析，证实了硫铁矿自养反硝化动力学符合一级反应动力学，相关性高达 0.99（见图 5.9）。

表 5.3　雨水水质模型的动力学相关参数

参数名	定义	参数值	单位
$K_{fNH_4}^{s}$	砂对氨氮的 Freundlich 常数	0.096±0.029	$mg^{1-n}(m^3)^n/kg$
$n_{NH_4}^{s}$	砂对氨氮的 Freundlich 指数	0.332	—
$K_{fNH_4}^{b}$	生物炭对氨氮的 Freundlich 常数	0.683	$mg^{1-n}(m^3)^n/kg$
$n_{NH_4}^{b}$	生物炭对氨氮的 Freundlich 指数	0.732	—
$K_{fNO_3}^{s}$	砂对硝氮的 Freundlich 常数	3.4×10^{-4}	$mg^{1-n}(m^3)^n/kg$
$n_{NO_3}^{s}$	砂对硝氮的 Freundlich 指数	0.529	—
$K_{fNO_3}^{b}$	生物炭对硝氮的 Freundlich 常数	3.0×10^{-4}	$mg^{1-n}(m^3)^n/kg$
$n_{NO_3}^{b}$	生物炭对硝氮的 Freundlich 指数	0.542	—
α_{NH_4}	氨氮吸附传质系数	0.625±0.534	h^{-1}
α_{NO_3}	硝氮吸附传质系数	10	h^{-1}
k	硫铁矿自养反硝化一级反应动力学参数	0.013	h^{-1}

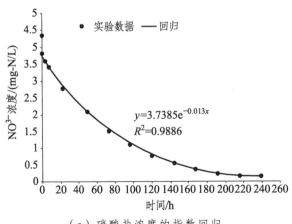

（a）硝酸盐浓度的指数回归

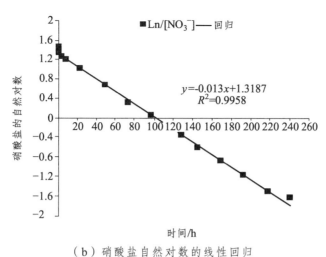

（b）硝酸盐自然对数的线性回归

图5.9 硫铁矿自养反硝化动力学

5.5.2.4 参数敏感性分析

通过调整每个动力学参数的±10%进行参数敏感性分析。采用绝对-绝对灵敏度函数$\delta_{y,p}^{a,a}$来识别模型中的敏感参数，结果见表5.4。$K_{fNH_4}^s$、$n_{NH_4}^s$、α_{NH_4}这三个参数决定砂对氨氮的吸附过程，因此对氨氮浓度的变化敏感度较高。而$K_{fNO_3}^s$和k则是对硝酸盐浓度敏感度较高的参数，其中$K_{fNO_3}^s$影响的是砂对硝酸盐的吸附性质，而k则是通过影响硫铁矿自养反硝化速率来影响硝酸盐浓度变化。由于生物炭的吸附能力远高于雨水中氨氮的输入量，生物炭吸附氨氮相关参数的敏感性并不高。

表5.4 生物炭-硫铁矿改良生物滞留设施水质模型参数敏感性分析结果

参数名	参数值	灵敏度	
		+10%	−10%
$K_{fNH_4}^s$	0.096	−3.12	3.21
$n_{NH_4}^s$	0.332	−2.42	2.04
$K_{fNH_4}^b$	0.683	0.00	0.00
$n_{NH_4}^b$	0.732	0.00	0.00
$K_{fNO_3}^s$	3.4×10^{-4}	0.00	62.97
$n_{NO_3}^s$	0.529	−0.12	0.08
$K_{fNO_3}^b$	3.0×10^{-4}	0.00	0.00
$n_{NO_3}^b$	0.542	0.00	0.04
α_{NH_4}	0.625	−0.27	0.30
α_{NO_3}	10	0.00	0.00
k_{denit}	0.013	−3.29	4.94

5.5.2.5 模型预测分析

1. 硫铁矿自养反硝化对生物滞留设施脱氮的贡献

在干旱期间,淹没区滞留的水可以用硫铁矿作为电子供体进行连续反硝化。然而,如果两次降雨事件之间的间隔很短,淹没区中积累的硝酸盐会被冲出,并对受纳水体产生不利影响。因此,需要厘清硫铁矿自养反硝化在不同干旱期条件下对脱氮的贡献。

如图 5.10 所示,当前期干旱时间从 1 天延长到 10 天时,雨水生物滞留设施的硝酸盐去除效率显著提高,这表明硫铁矿在干旱期间发挥着重要作用。当前期干旱持续时间超过 2 天时,干旱期的硝酸盐去除量要高于降雨期的硝酸盐去除量。然而,由于水力停留时间(HRT)短,硫铁矿自养反硝化在降雨期的贡献非常低[见图 5.10(c)]。干旱期较长的 HRT 可以弥补硫铁矿自养反硝化反应速率低的缺点。在木屑改良的生物滞留设施中也观察到了类似现象,即较长的干旱期有利于木屑的水解,并为脱氮提供生物可利用的有机碳[84]。在降雨期,硝酸盐的去除主要是由于内部蓄水。淹没区的孔隙水体积计算为 15.27 L。对于小降雨量,100%的雨水在降雨结束时可以保留在淹没区,由此延长了硝酸盐与填料和微生物接触的时间,从而提高了去除率。值得注意的是,在前期干旱持续时间为 1 天的情况下,硝酸盐去除率为 -1.15%,这意味着雨水生物滞留设施中产生了额外的硝酸盐。该部分硝酸盐是在干旱期通过硝化作用从包气带产生的。产生的硝酸盐量远远超过了介质的吸附能力,会在下一次降雨事件中快速解吸并随水排出。如果淹没区没有可用的电子供体,雨水生物滞留设施可能会成为下一次降雨中硝酸盐泄漏的来源。

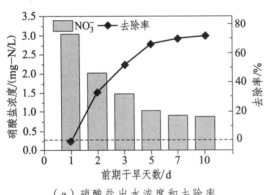

(a)硝酸盐出水浓度和去除率

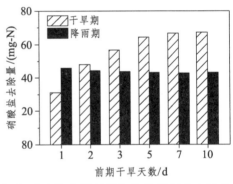

(b)硝酸盐在降雨期和干旱期间的去除量

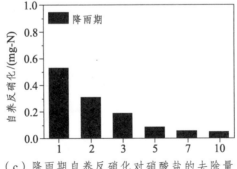

(c)降雨期自养反硝化对硝酸盐的去除量

图 5.10 生物炭-硫铁矿改良生物滞留设施在不同前期干旱持续时间下的脱氮情况

2. 生物滞留设施优化设计

选择适当的硫铁矿填充率、服务面积比和淹没区深度并通过模型模拟来优化生物炭-硫铁矿雨水生物滞留设施的硝酸盐去除（见图 5.11）。当硫铁矿充填率从 10% 提高到 20% 时，硝酸盐的去除效率显著提高；当填充率进一步增加时，填充率对硝酸盐去除效率的边际效应明显，这表明硫铁矿的低利用率很难通过提高硫铁矿填充率来弥补。这与硫铁矿的比表面积非常低，附着生物量有限有关[85]。另一方面，硫铁矿填充率的增加虽然可以提高反硝化速率，但也会导致副产物的释放增加。出水中的硫酸盐浓度从 7.70 mg/L 增加到 10.60 mg/L，而出水中的总铁从 2.25 mg/L 增加到 3.09 mg/L。然而，实验室规模实验中的净硫酸盐（2.93～4.50 mg/L）和总铁生成量（0.009～0.065 mg/L）远低于预测值。其中一个原因可能是存在异化硫酸盐还原，因此一些硫酸盐在缺氧条件下被还原为硫化物[86]。另一个原因可能是无定形氢氧化铁是在中性条件下形成的，其具有高吸附能力，可以与各种阴离子相互作用[46]。无定形氢氧化铁还可以加速硫铁矿的溶解以及与磷酸盐的共沉淀[64]。如果产生的铁与磷酸盐一起沉淀，则可以去除 1.24～1.71 mg-P/L 的磷酸盐[见图 5.11（d）]。

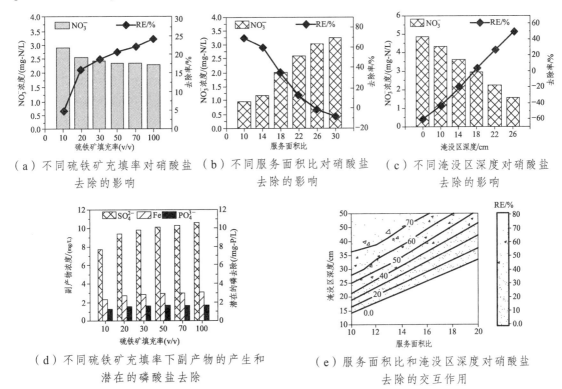

（a）不同硫铁矿填充率对硝酸盐去除的影响　（b）不同服务面积比对硝酸盐去除的影响　（c）不同淹没区深度对硝酸盐去除的影响
（d）不同硫铁矿充填率下副产物的产生和潜在的磷酸盐去除　（e）服务面积比和淹没区深度对硝酸盐去除的交互作用

图 5.11　模型模拟结果

相比之下，硝酸盐去除效率受到服务面积比和淹没区深度的显著影响，如图 5.11（b）、（c）所示。服务面积比决定了特定降雨事件中接收的径流量。当服务面积比为 10 时，硝酸盐的去除率高达 68%，而当服务面积比增至 30 时，去除率急剧下降至 -8%。模拟结果证实,生物滞留设施是小雨量降雨事件和初期降雨径流污染控制的理想选择,这与之前的研究一致[87, 88]。硝酸盐去除效率因淹没区深度的改变而呈现巨大波动(-60.7%~48.3%)[见图5.11(c)],体现了淹没区深度对提高反硝化作用的重要性。随着淹没区深度从0 cm扩大到50 cm,蓄水量从0 L增加到19.84 L。因此,更多富含硝酸盐的雨水可以保留在淹没区中,并在干旱期经反硝化去除。在硫铁矿充填率为20%的情况下,进一步模拟了服务面积比和淹没区深度的交互作用。同时增加淹没区深度以及减少服务面积可以使硝酸盐去除效率达70%以上。然而,图中相对较大的白色区域会导致硝酸盐的负去除。这种现象与硝酸盐穿透有关,将在后面详细讨论。

3. 硝酸盐泄漏机理

包气带中吸附的氨氮在干旱期间被氧化为硝酸盐,因此该部分硝酸盐在下一场降雨冲刷作用下从生物滞留设施中泄漏是很难避免的[86, 89]。为了了解硝酸盐泄漏与服务面积比之间的关系,模拟了降雨中期硝酸盐浓度沿生物滞留设施填料深度的分布。如图5.12(a)所示,不同服务面积比条件下硝酸盐的峰出现在不同的深度。服务面积比为10的峰值出现在包气带的上部,然后随着服务面积比增加峰值逐渐向淹没区移动。降雨结束时[见图5.12(b)],服务面积比为30的硝酸盐穿透消失。对于10~26的服务面积比,硝酸盐峰值的主要部分保留在淹没区。进一步模拟了不同淹没区深度下硝酸盐浓度沿生物滞留设施深度的分布,获得了类似的结果[见图5.13(a)、(b)]。如果没有淹没区,硝酸盐的峰值出现得最早,并在降雨结束时消失,这表明过量的硝酸盐已经从生物滞留设施中排出。当淹没区深度为30~50 cm时,大部分硝酸盐穿透可以保留在淹没区,从而提高硝酸盐去除效率。

由此得出,硝酸盐泄漏在很大程度上取决于硝酸盐穿透发生的时间以及它在生物滞留设施中的持续时间。在高服务面积比的情况下,较高的流量会导致雨水在生物滞留设施中的流速增加。然后,高流速会导致硝酸盐穿透出现得更早,因此含有高浓度硝酸盐的雨水在降雨结束前被提前排出。此外,淹没区深度的下降加速了硝酸盐从生物滞留设施中的排放,因此加剧了硝酸盐的泄漏(负硝酸盐去除效率)[见图5.12(c)和图5.13(c)]。相比之下,低服务面积比的硝酸盐穿透出现较晚,因此具有高浓度硝酸盐的渗透水可以保留在淹没区中。同时增加淹没区深度可以提供更多的储水量,并延迟硝酸盐的排放,从而避免硝酸盐泄漏。

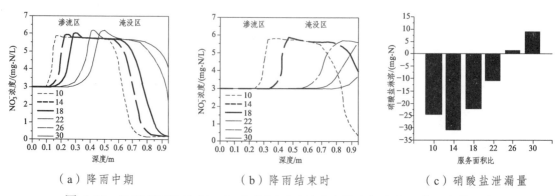

(a)降雨中期　　(b)降雨结束时　　(c)硝酸盐泄漏量

图5.12　服务面积比为10~30条件下硝酸盐浓度沿生物滞留设施深度的分布

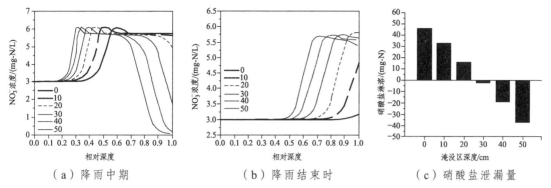

(a）降雨中期　　　　　　（b）降雨结束时　　　　　（c）硝酸盐泄漏量

图 5.13　淹没区深度为 0～50 cm 条件下硝酸盐浓度沿生物滞留设施深度的分布

参考文献

[1] CORNWELL J C, MORSE J W. The Characterization of Iron Sulfide Minerals in Anoxic Marine-Sediments[J]. Marine Chemistry, 1987, 22(2-4): 193-206.

[2] RICKARD D, GRIFFITH A, OLDROYD A, et al. The composition of nanoparticulate mackinawite, tetragonal iron(II) monosulfide[J]. Chemical Geology, 2006, 235(3-4): 286-298.

[3] RICKARD D, LUTHER G W. Chemistry of iron sulfides[J]. Chemical Reviews, 2007, 107(2): 514-562.

[4] GONG Y, TANG J, ZHAO D. Application of iron sulfide particles for groundwater and soil remediation: A review[J]. Water Research, 2016, 89: 309-320.

[5] CHEN Y, LIANG W, LI Y, et al. Modification, application and reaction mechanisms of nano-sized iron sulfide particles for pollutant removal from soil and water: A review[J]. Chemical Engineering Journal, 2019, 362: 144-159.

[6] SU Z, LI X, XI Y, et al. Microbe-mediated transformation of metal sulfides: Mechanisms and environmental significance[J]. Science of The Total Environment, 2022, 825: 153767.

[7] RICKARD D, MORSE J W. Acid volatile sulfide: Authors' closing comments[J]. Marine Chemistry, 2005, 97(3-4): 213-215.

[8] SKINNER B J, GRIMALDI F S, ERD R C. Greigite Thio-Spinel of Iron-New Mineral[J]. American Mineralogist, 1964, 49(5-6): 543-&.

[9] POPA R, KINKLE B K. Discrimination among iron sulfide species formed in microbial cultures[J]. Journal of Microbiological Methods, 2000, 42(2): 167-174.

[10] LYONS T W, WERNE J P, HOLLANDER D J, et al. Contrasting sulfur geochemistry and Fe/Al and Mo/Al ratios across the last oxic-to-anoxic transition in the Cariaco Basin, Venezuela[J]. Chemical Geology, 2003, 195(1-4): 131-157.

[11] TAYLOR L A, WILLIAMS K L. Smythite (Fe,Ni)9s11-Redefinition[J]. American Mineralogist, 1972, 57(11-1): 1571-1577.

[12] KO J M, BAE J S, CHOI J S, et al. Skeletal Overgrowth Syndrome Caused by Overexpression of C-Type Natriuretic Peptide in a Girl with Balanced Chromosomal Translocation, t(1;2) (q41;q37.1)[J]. American Journal of Medical Genetics Part A, 2015, 167(5): 1033-1038.

[13] TORRENTÓ C, CAMA J, URMENETA J, et al. Denitrification of groundwater with pyrite and Thiobacillus denitrificans[J]. Chemical Geology, 2010, 278(1-2): 80-91.

[14] CHEN Y F, SHAO Z Y, KONG Z, et al. Study of pyrite based autotrophic denitrification system for low-carbon source stormwater treatment[J]. Journal of Water Process Engineering, 2020, 37: 101414.

[15] LI R H, MORRISON L, COLLINS G, et al. Simultaneous nitrate and phosphate removal from wastewater lacking organic matter through microbial oxidation of pyrrhotite coupled to nitrate reduction[J]. Water Research, 2016, 96: 32-41.

[16] BUCKLEY A N, WOODS R. X-Ray Photoelectron-Spectroscopy of Oxidized Pyrrhotite Surfaces.1. Exposure to Air[J]. Applications of Surface Science, 1985, 22-3(May): 280-287.

[17] KARTHE S, SZARGAN R, SUONINEN E. Oxidation of Pyrite Surfaces-a Photoelectron Spectroscopic Study[J]. Applied Surface Science, 1993, 72(2): 157-170.

[18] NESBITT H W, MUIR I J. X-Ray Photoelectron Spectroscopic Study of a Pristine Pyrite Surface Reacted with Water-Vapor and Air[J]. Geochimica et Cosmochimica Acta, 1994, 58(21): 4667-4679.

[19] TAYLOR B E, WHEELER M C, NORDSTROM D K. Stable Isotope Geochemistry of Acid-Mine Drainage-Experimental Oxidation of Pyrite[J]. Geochimica et Cosmochimica Acta, 1984, 48(12): 2669-2678.

[20] REEDY B J, BEATTIE J K, LOWSON R T. A Vibrational Spectroscopic O-18 Tracer Study of Pyrite Oxidation[J]. Geochimica et Cosmochimica Acta, 1991, 55(6): 1609-1614.

[21] HOLMES P R, CRUNDWELL F K. The kinetics of the oxidation of pyrite by ferric ions and dissolved oxygen: An electrochemical study[J]. Geochimica et Cosmochimica Acta, 2000, 64(2): 263-274.

[22] WILLIAMSON M A, RIMSTIDT J D. The Kinetics and Electrochemical Rate-Determining Step of Aqueous Pyrite Oxidation[J]. Geochimica et Cosmochimica Acta, 1994, 58(24): 5443-5454.

[23] PRATT A R, MUIR I J, NESBITT H W. X-Ray Photoelectron and Auger-Electron Spectroscopic Studies of Pyrrhotite and Mechanism of Air Oxidation[J]. Geochimica et Cosmochimica Acta, 1994, 58(2): 827-841.

[24] MYCROFT J R, NESBITT H W, PRATT A R. X-Ray Photoelectron and Auger Electron-Spectroscopy of Air-Oxidized Pyrrhotite-Distribution of Oxidized Species with Depth[J]. Geochimica et Cosmochimica Acta, 1995, 59(4): 721-733.

[25] 卢龙, 薛纪越, 陈繁荣, 等. 黄铁矿表面溶解——不容忽视的研究领域[J]. 岩石矿物学杂志, 2005, 24(6): 666-670.

[26] NESBITT H W, BANCROFT G M, PRATT A R, et al. Sulfur and iron surface states on fractured pyrite surfaces[J]. American Mineralogist, 1998, 83(9-10): 1067-1076.

[27] SCHAUFUSS A G, NESBITT H W, KARTIO I, et al. Reactivity of surface chemical states on fractured pyrite[J]. Surface Science, 1998, 411(3): 321-328.

[28] NIEVA N E, BORGNINO L, GARCÍA M G. Long term metal release and acid generation in abandoned mine wastes containing metal-sulphides[J]. Environmental Pollution, 2018, 242: 264-276.

[29] WEBER P A, STEWART W A, SKINNER W M, et al. Geochemical effects of oxidation products and framboidal pyrite oxidation in acid mine drainage prediction techniques[J]. Applied Geochemistry, 2004, 19(12): 1953-1974.

[30] SPENCER P A. Influence of bacterial culture selection on the operation of a plant treating refractory gold ore[J]. International Journal of Mineral Processing, 2001, 62(1-4): 217-229.

[31] SINGER P C, STUMM W. Acidic mine drainage: the rate-determining step[J]. Science, 1970, 167(3921): 1121-1123.

[32] SAND W, GEHRKE T, JOZSA P G, et al. (Bio) chemistry of bacterial leaching-direct vs. indirect bioleaching[J]. Hydrometallurgy, 2001, 59(2-3): 159-175.

[33] GEHRKE T, TELEGDI J, THIERRY D, et al. Importance of extracellular polymeric substances from Thiobacillus ferrooxidans for bioleaching[J]. Applied and Environmental Microbiology, 1998, 64(7): 2743-2747.

[34] VANDEVIVERE P, KIRCHMAN D L. Attachment Stimulates Exopolysaccharide Synthesis by a Bacterium[J]. Applied and Environmental Microbiology, 1993, 59(10): 3280-3286.

[35] POGLIANI C, DONATI E. The role of exopolymers in the bioleaching of a non-ferrous metal sulphide[J]. Journal of Industrial Microbiology & Biotechnology, 1999, 22(2): 88-92.

[36] ROHWERDER T, GEHRKE T, KINZLER K, et al. Bioleaching review part A: Progress in bioleaching: fundamentals and mechanisms of bacterial metal sulfide oxidation[J]. Applied Microbiology and Biotechnology, 2003, 63(3): 239-248.

[37] 王朝华, 陆建军, 陆现彩, 等. 微生物胞外聚合物特征组分影响黄铁矿分解作用的实验研究[J]. 岩石矿物学杂志, 2009, 28(6): 553-558.

[38] TORRENTÓ C, URMENETA J, OTERO N, et al. Enhanced denitrification in groundwater and sediments from a nitrate-contaminated aquifer after addition of pyrite[J]. Chemical Geology, 2011, 287(1-2): 90-101.

[39] SCHIPPERS A, JORGENSEN B B. Biogeochemistry of pyrite and iron sulfide oxidation in marine sediments[J]. Geochimica et Cosmochimica Acta, 2002, 66(1): 85-92.

[40] ROHWERDER T, SAND W. Mechanisms and biochemical fundamentals of bacterial metal sulfide oxidation[M]. Microbial Processing of Metal Sulfides. Springer. 2007: 35-58.

[41] VERA M, SCHIPPERS A, SAND W. Progress in bioleaching: fundamentals and mechanisms of bacterial metal sulfide oxidation—part A[J]. Applied Microbiology and Biotechnology, 2013, 97(17): 7529-7541.

[42] MAY N, RALPH D E, HANSFORD G S. Dynamic redox potential measurement for determining the ferric leach kinetics of pyrite[J]. Minerals Engineering, 1997, 10(11): 1279-1290.

[43] ROHWERDER T, SCHIPPERS A, SAND W. Determination of reaction energy values for biological pyrite oxidation by calorimetry[J]. Thermochimica Acta, 1998, 309(1-2): 79-85.

[44] NEWMAN D K, KOLTER R. A role for excreted quinones in extracellular electron transfer[J]. Nature, 2000, 405(6782): 94-97.

[45] PANG Y M, WANG J L. Insight into the mechanism of chemoautotrophic denitrification using pyrite (FeS2) as electron donor[J]. Bioresource Technology, 2020, 318: 124105.

[46] YANG Y, CHEN T H, SUMONA M, et al. Utilization of iron sulfides for wastewater treatment: a critical review[J]. Reviews in Environmental Science and Bio-Technology, 2017, 16(2): 289-308.

[47] GARCIAGIL L J, GOLTERMAN H L. Kinetics of Fes-Mediated Denitrification in Sediments from the Camargue (Rhone Delta, Southern France)[J]. Fems Microbiology Ecology, 1993, 13(2): 85-91.

[48] HAAIJER S C M, LAMERS L P M, SMOLDERS A J P, et al. Iron sulfide and pyrite as potential electron donors for microbial nitrate reduction in freshwater wetlands[J]. Geomicrobiology Journal, 2007, 24(5): 391-401.

[49] PARK J H, KIM S H, DELAUNE R D, et al. Enhancement of nitrate removal in constructed wetlands utilizing a combined autotrophic and heterotrophic denitrification technology for treating hydroponic wastewater containing high nitrate and low organic carbon concentrations[J]. Agricultural Water Management, 2015, 162: 1-14.

[50] TROUVE C, CHAZAL P M, GUEROUX B, et al. Denitrification by new strains of Thiobacillus denitrificans under non-standard physicochemical conditions. Effect of temperature, pH, and sulphur source.[J]. Environmental Technology, 1998, 19(6): 601-610.

[51] LI R, ZHANG Y, GUAN M. Investigation into pyrite autotrophic denitrification with different mineral properties[J]. Water Research, 2022, 221: 118763.

[52] BOSTICK B C, FENDORF S, FENDORF M. Disulfide disproportionation and CdS formation upon cadmium sorption on FeS[J]. Geochimica et Cosmochimica Acta, 2000, 64(2): 247-255.

[53] CHANDRA A P, GERSON A R. Pyrite (FeS) oxidation: A sub-micron synchrotron investigation of the initial steps[J]. Geochimica et Cosmochimica Acta, 2011, 75(20): 6239-6254.

[54] VACLAVKOVA S, JORGENSEN C J, JACOBSEN O S, et al. The Importance of Microbial Iron Sulfide Oxidation for Nitrate Depletion in Anoxic Danish Sediments[J]. Aquatic Geochemistry, 2014, 20(4): 419-435.

[55] BOSCH J, MECKENSTOCK R U. Rates and potential mechanism of anaerobic nitrate-dependent microbial pyrite oxidation[J]. Biochemical Society Transactions, 2012, 40: 1280-1283.

[56] YANG Y, CHEN T H, MORRISON L, et al. Nanostructured pyrrhotite supports autotrophic denitrification for simultaneous nitrogen and phosphorus removal from secondary effluents[J]. Chemical Engineering Journal, 2017, 328: 511-518.

[57] KELLY D P, WOOD A P. Confirmation of as a species of the genus, in the β-subclass of the, with strain NCIMB 9548 as the type strain[J]. International Journal of Systematic and Evolutionary Microbiology, 2000, 50: 547-550.

[58] LI R H, NIU J M, ZHAN X M, et al. Simultaneous removal of nitrogen and phosphorus from wastewater by means of FeS-based autotrophic denitrification[J]. Water Science and Technology, 2013, 67(12): 2761-2767.

[59] TONG S, RODRIGUEZ-GONZALEZ L C, PAYNE K A, et al. Effect of Pyrite Pretreatment, Particle Size, Dose, and Biomass Concentration on Particulate Pyrite Autotrophic Denitrification of Nitrified Domestic Wastewater[J]. Environmental Engineering Science, 2018, 35(8): 875-886.

[60] KONG Z, LI L, FENG C P, et al. Comparative investigation on integrated vertical-flow biofilters applying sulfur-based and pyrite-based autotrophic denitrification for domestic wastewater treatment[J]. Bioresource Technology, 2016, 211: 125-135.

[61] ZHOU W L, LIU X, DONG X J, et al. Sulfur-based autotrophic denitrification from the micro-polluted water[J]. Journal of Environmental Sciences, 2016, 44: 180-188.

[62] TONG S, STOCKS J L, RODRIGUEZ-GONZALEZ L C, et al. Effect of oyster shell medium and organic substrate on the performance of a particulate pyrite autotrophic denitrification (PPAD) process[J]. Bioresource Technology, 2017, 244: 296-303.

[63] LI H B, LI Y F, GUO J B, et al. Effect of calcinated pyrite on simultaneous ammonia, nitrate and phosphorus removal in the BAF system and the Feregulatory mechanisms: Electron transfer and biofilm properties[J]. Environmental Research, 2021, 194: 110708.

[64] PERCAK-DENNETT E, HE S, CONVERSE B, et al. Microbial acceleration of aerobic pyrite oxidation at circumneutral pH[J]. Geobiology, 2017, 15(5): 690-703.

[65] ZHU Y J, DI CAPUA F, LI D X, et al. Enhancement and mechanisms of micron-pyrite driven autotrophic denitrification with different pretreatments for treating organic-limited waters[J]. Chemosphere, 2022, 308.

[66] DI CAPUA F, MASCOLO M C, PIROZZI F, et al. Simultaneous denitrification, phosphorus recovery and low sulfate production in a recirculated pyrite-packed biofilter (RPPB)[J]. Chemosphere, 2020, 255: 126977.

[67] KONG Z, SONG Y N, SHAO Z Y, et al. Biochar-pyrite bi-layer bioretention system for dissolved nutrient treatment and by-product generation control under various stormwater conditions[J]. Water Research, 2021, 206: 117737.

[68] CHAI H, MA J, MA H, et al. Enhanced nutrient removal of agricultural waste-pyrite bioretention system for stormwater pollution treatment[J]. Journal of Cleaner Production, 2023, 395: 136457.

[69] WENG Z, MA H, MA J, et al. Corncob-pyrite bioretention system for enhanced dissolved nutrient treatment: Carbon source release and mixotrophic denitrification[J]. Chemosphere, 2022, 306: 135534.

[70] XIAO Z, WANG W, CHEN D, et al. pH control of an upflow pyrite-oxidizing denitrifying bioreactor via electrohydrogenesis[J]. Bioresour Technol, 2019, 281: 41-47.

[71] XIAO Z X, WANG D, XIA T, et al. Effect of current density on denitrification performance and microbial community spectra in a pyrite-oxidizing bioelectrochemical system (PBES)[J]. Journal of Water Process Engineering, 2021, 42: 102110.

[72] GE Z B, WEI D Y, ZHANG J, et al. Natural pyrite to enhance simultaneous long-term nitrogen and phosphorus removal in constructed wetland: Three years of pilot study[J]. Water Research, 2019, 148: 153-161.

[73] DOHERTY L, ZHAO Y Q, ZHAO X H, et al. A review of a recently emerged technology: Constructed wetland-Microbial fuel cells[J]. Water Research, 2015, 85: 38-45.

[74] SRIVASTAVA P, YADAV A K, GARANIYA V, et al. Electrode dependent anaerobic ammonium oxidation in microbial fuel cell integrated hybrid constructed wetlands: A new process[J]. Science of The Total Environment, 2020, 698: 134248.

[75] LOGAN B E, HAMELERS B, ROZENDAL R A, et al. Microbial fuel cells: Methodology and technology[J]. Environmental Science & Technology, 2006, 40(17): 5181-5192.

[76] GE X Y, CAO X, SONG X S, et al. Bioenergy generation and simultaneous nitrate and phosphorus removal in a pyrite-based constructed wetland-microbial fuel cell[J]. Bioresource Technology, 2020, 296: 122350.

[77] YAN J, HU X B, HE Q, et al. Simultaneous enhancement of treatment performance and energy recovery using pyrite as anodic filling material in constructed wetland coupled with microbial fuel cells[J]. Water Research, 2021, 201: 117333.

[78] LU R, ZHANG Q Q, CHEN Y H, et al. Nitrate reduction pathway of iron sulphides based MFC-CWs purifying low C/N wastewater: Competitive mechanism to inorganic and organic electrons[J]. Chemical Engineering Journal, 2024, 479: 147379.

[79] LIU X B, SHI L, GU J D. Microbial electrocatalysis: Redox mediators responsible for extracellular electron transfer[J]. Biotechnology Advances, 2018, 36(7): 1815-1827.

[80] ZHANG Y, ZHANG Z Z, CHEN Y G. Biochar Mitigates N2O Emission of Microbial Denitrification through Modulating Carbon Metabolism and Allocation of Reducing Power[J]. Environmental Science & Technology, 2021, 55(12): 8068-8078.

[81] AEPPLI M, GIROUD S, VRANIC S, et al. Thermodynamic controls on rates of iron oxide reduction by extracellular electron shuttles[J]. Proceedings of the National Academy of Sciences of the United States of America, 2022, 119(3).

[82] WANG R W, LI H D, SUN J Z, et al. Nanomaterials Facilitating Microbial Extracellular Electron Transfer at Interfaces[J]. Advanced Materials, 2021, 33(6).

[83] FENG F, LIU Z G, TANG X, et al. Dosing with pyrite significantly increases anammox performance: Its role in the electron transfer enhancement and the functions of the Fe-N-S cycle[J]. Water Research, 2023, 229: 119393.

[84] LYNN T J, YEH D H, ERGAS S J. Performance of Denitrifying Stormwater Biofilters Under Intermittent Conditions[J]. Environmental Engineering Science, 2015, 32(9): 796-805.

[85] HU Y, WU G, LI R, et al. Iron sulphides mediated autotrophic denitrification: An emerging bioprocess for nitrate pollution mitigation and sustainable wastewater treatment[J]. Water Research, 2020, 179: 115914.

[86] HUANG L Q, LUO J Y, LI L X, et al. Unconventional microbial mechanisms for the key factors influencing inorganic nitrogen removal in stormwater bioretention columns[J]. Water Research, 2022, 209: 117895.

[87] LUCAS W C, GREENWAY M. Hydraulic Response and Nitrogen Retention in Bioretention Mesocosms with Regulated Outlets: Part II-Nitrogen Retention[J]. Water Environment Research, 2011, 83(8): 703-713.

[88] LOPEZ-PONNADA E V, LYNN T J, ERGAS S J, et al. Long-term field performance of a conventional and modified bioretention system for removing dissolved nitrogen species in stormwater runoff[J]. Water Research, 2020, 170: 115336.

[89] DING W, QIN H P, YU S Q, et al. The overall and phased nitrogen leaching from a field bioretention during rainfall runoff events[J]. Ecological Engineering, 2022, 179: 106624.